职业素质养成训导

（第2版）

（活页式教材）

主　审	赵剑辉	刘凤敏			
主　编	王立军	程敬松	李传欣		
副主编	张中楷	王艺茜	于　淼	闫冬凌	仇百辉
参　编	孙晨道	张碧莹	裴丽敏	崔秀红	张　楠
	刘叙彤	董爱卉	董　冶	于艳晶	张　静
	周　勇	华　英	付俊博	张福霞	李丽娜
	王若金	胡旭萌	邵丽霞	张凌雪	王丽莉
	石雨鑫	于　海			

北京理工大学出版社
BEIJING INSTITUTE OF TECHNOLOGY PRESS

图书在版编目（CIP）数据

职业素质养成训导 / 王立军，程敬松，李传欣主编.
2 版. -- 北京 ：北京理工大学出版社，2024. 11.
ISBN 978-7-5763-4049-5

Ⅰ. B822. 9

中国国家版本馆 CIP 数据核字第 2024PA2240 号

责任编辑： 龙　微　　　**文案编辑：** 邓　洁
责任校对： 周瑞红　　　**责任印制：** 施胜娟

出版发行 / 北京理工大学出版社有限责任公司
社　　址 / 北京市丰台区四合庄路 6 号
邮　　编 / 100070
电　　话 / （010）68914026（教材售后服务热线）
（010）63726648（课件资源服务热线）
网　　址 / http://www.bitpress.com.cn

版 印 次 / 2024 年 11 月第 2 版第 1 次印刷
印　　刷 / 河北盛世彩捷印刷有限公司
开　　本 / 787 mm×1092 mm　1/16
印　　张 / 17. 5
字　　数 / 478 千字
定　　价 / 55. 00 元

Preface
前言

快速变化的社会与经济环境中，职业素养成为一个人职业竞争力的核心。大量事实表明，良好的职业素养是职业发展的基石。我们的第 1 版教材配套的《职业素质养成》慕课评为首批职业教育国家在线精品课程（2022 年），让我们更为笃定这一理念。

为了帮助学生更好地适应未来职场，我们对第 1 版教材进行了拆解，同时对《职业素质养成》慕课运行 6 年以来的 12.4 万学习者的数据做了详细分析，结合未来人才发展需求趋势，整理提炼出新质生产力背景下工科高职学生职业核心素养的 24 个关键词。本书旨在通过系统化的学习和实践，培养学生适应未来职业发展需要的生涯观、职业价值观，良好的职业道德、职业技能和职业行为，即帮助学生夯实未来职业发展所需的内在素养和外在能力。

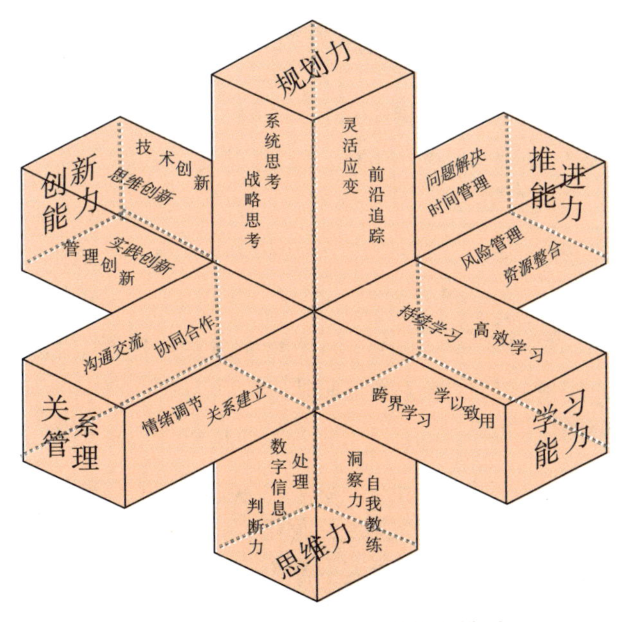

工科高职学生职业核心素养榫卯模型

- **本书的核心理念：**以塑造职业道德为纲，以培养品格才干为线，全过程训练可持续发展职业能力。
- **本书的编写视角：**外在行为养成+内在品格塑造+方法思维培养。
- **本书的结构特点：**（1）将生涯任务与职业素养主题相结合，形成分阶段、递进式训练项目。（2）根据生涯适应力理论的四个维度：生涯关注、生涯控制、生涯好奇和生涯自信，设计涵盖了自我认知、职业探索、目标设定、计划执行、人际关系、情绪管理六个方面的训练内容。（3）分四个阶段、设置6个螺旋式主题训练项目，契合“识别问题-分析洞察-形成选项-评估顺序-行动复盘”的闭环顺序，强化技能训练的效果。

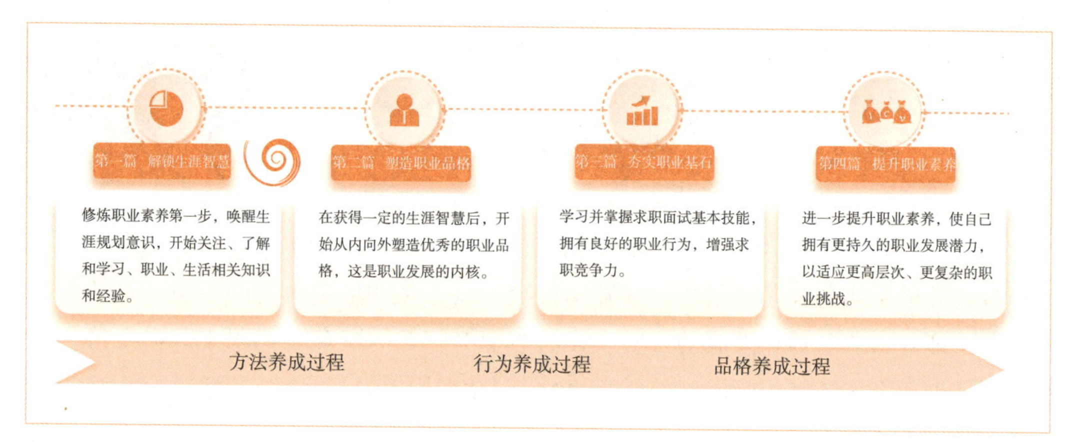

职业核心能力提升解决方案

编写过程中，我们咨询了校内外行业专家、一线专业教师、课程开发专家。他们丰富的实践经验和深厚的专业知识为本书增色不少。教材采用项目式的编写体例，每个项目由【生涯名言】【生涯思考】【生涯理论】【生涯阅读】【延伸阅读】【生涯实践任务单】部分组成，再附以相应的微课视频和练习题，这些内容使每个项目的内容主题鲜明、目标明确，便于教师和学生掌握和使用。

另外，教材编写过程中，我们考虑了各学校课程的差异，学生成长过程中的个性化需求，并从职普融通（中职-高职-本科）的角度做了思考，打破了传统教材按知识体系分类的方式，根据学生成长阶段任务、按照时间顺序、解决问题的闭环步骤设计教材的编写结构，在使用时可以根据实际情况，按照需求重新编排项目顺序，这也是教材编写团队做的一个新的尝试。

本书由吉林交通职业技术学院王立军、程敬松、李传欣担任主编；赵剑辉、刘凤敏老师主审；长春师范大学张中楷，长春数字科技职业学院仇百辉老师，吉林交通职业技术学院王艺茜、于淼、闫冬凌老师担任副主编；吉林交通职业技术学院孙晨道、张碧莹、裴丽敏、崔秀红、张楠、刘叙彤、董爱卉 、董冶、于艳晶、张静、周勇、华英、付俊博、张福霞、李丽娜、王若金、胡旭萌、邵丽霞、张凌雪、王丽莉，北京雨心视觉教育咨询有限公司创始人石雨鑫，长春誉知文化传播有限公司创始人于海参与了编写工作。特别感谢石雨鑫、于海、仇百辉三位老师的共创，为教材的编写带来了很多新颖的理念和思路。

感谢所有参与本书编写和审校工作的同仁，是你们的辛勤付出和无私奉献，使得这本教材得以顺利问世。由于编者水平所限，不当之处望赐教。我们期待广大师生在使用本书的过程中提出宝贵的意见和建议，帮助我们不断完善和改进本书。

让我们携手共进，陪伴学生一起成长为高素质复合型职业人才而努力！

编　者

2024年7月

目　　录

模块一　解锁生涯智慧

项目 1.1　成为人生设计师 …… 3

生涯理论 …… 3

一、生涯规划的三维视角 …… 3

二、有“身份”就是不一样 …… 4

三、人生是一件艺术品 …… 6

生涯实践 …… 8

实践成长任务单 1：生命三原色 …… 8

实践成长任务单 2：三层次体验 …… 9

实践成长任务单 3：生涯彩虹图 …… 10

项目 1.2　快速了解行企职 …… 11

生涯理论 …… 12

一、快速了解一个行业 …… 12

二、组织的多样类型 …… 13

三、专业与职业的关系 …… 14

生涯实践 …… 16

实践成长任务单 4：行业全景图 …… 16

实践成长任务单 5：信息收纳袋 …… 17

实践成长任务单 6：访谈小提纲 …… 18

项目 1.3　打开优势百宝箱 …… 19

生涯理论 …… 19

一、看见优势的力量 …… 19

二、找到优势关键词 …… 21

三、构建优势成长体系 …… 24

生涯实践 …… 26

实践成长任务单 7：点亮兴趣星 …… 26

实践成长任务单8：品格优势库 …… 27
实践成长任务单9：潜藏的能力 …… 28

项目1.4 别样选择别样红 …… 29

生涯理论 …… 29
一、有效启动你的“三个大脑” …… 29
二、生涯决策的循环过程 …… 30
三、五问法 …… 32
生涯实践 …… 34
实践成长任务单10：生涯纸飞机 …… 34
实践成长任务单11：人生之八问 …… 35
实践成长任务单12：生命的银行 …… 36

项目1.5 边学边练小步走 …… 37

生涯理论 …… 37
一、系统思考 …… 37
二、增强回路 …… 38
三、调节回路 …… 40
生涯实践 …… 42
实践成长任务单13：拯救拖延症 …… 42
实践成长任务单14：风车的飞轮 …… 43
实践成长任务单15：抗风险评估 …… 44

项目1.6 耐心浇灌生命树 …… 45

生涯理论 …… 45
一、精力管理 …… 45
二、存量和变量 …… 47
三、延迟满足 …… 48
生涯实践 …… 50
实践成长任务单16：精力状态图 …… 50
实践成长任务单17：风雨绘彩虹 …… 51
实践成长任务单18：创造小惊喜 …… 52

模块二 塑造职业品格

项目2.1 重新定义的人生 …… 55

生涯理论 …… 55
一、关于生涯的几个概念 …… 55

二、职业生涯规划的步骤 …… 57
三、职业生涯规划的作用 …… 58
生涯实践 …… 60
实践成长任务单 19：漫画心生涯 …… 60
实践成长任务单 20：时光穿梭机 …… 61
实践成长任务单 21：职业百宝箱 …… 62
项目 2.2 扫描职业艺术照 …… 63
生涯理论 …… 63
一、职业的发展历史 …… 63
二、职业定位公式 …… 65
三、岗位职能的分类 …… 65
生涯实践 …… 67
实践成长任务单 22：职能细分解 …… 67
实践成长任务单 23：生涯 X 光片 …… 68
实践成长任务单 24：目标职业表 …… 69
项目 2.3 读懂职业说明书 …… 70
生涯理论 …… 70
一、认识岗位的工具 …… 70
二、岗位胜任力与能力素质 …… 72
三、岗位说明书中的关键词 …… 73
生涯实践 …… 77
实践成长任务单 25：团队中角色 …… 77
实践成长任务单 26：我追我追求 …… 78
实践成长任务单 27：岗位说明书 …… 79
项目 2.4 遇见未知的自己 …… 80
生涯理论 …… 80
一、能力 …… 81
二、职业兴趣 …… 84
三、价值观 …… 86
生涯实践 …… 89
实践成长任务单 28：能力分类图 …… 89
实践成长任务单 29：职业兴趣图 …… 90
实践成长任务单 30：MPS 导航图 …… 91
项目 2.5 培养生涯决策力 …… 92
生涯理论 …… 92

一、决策风格 …… 92
二、影响职业生涯规划的因素 …… 93
三、SWOT 分析法 …… 95
生涯实践 …… 99
实践成长任务单 31：职业对对碰 …… 99
实践成长任务单 32：成就小故事 …… 100
实践成长任务单 33：SWOT 分析法 …… 101

项目 2.6 转动生涯大风车 …… 102

生涯理论 …… 102
一、真目标要从愿景出发 …… 102
二、用 SMART 原则写出高质量的目标 …… 104
三、心理比对法帮你找出“真目标” …… 104
生涯实践 …… 107
实践成长任务单 34：一起去爬山 …… 107
实践成长任务单 35：寻找真目标 …… 108
实践成长任务单 36：高质量目标 …… 109

模块三 夯实职业基石

项目 3.1 打开面试黑匣子 …… 113

生涯理论 …… 113
一、求职前准备 …… 113
二、面试类型及考查重点 …… 115
三、用乔·哈里窗思维提高面试成功率 …… 115
生涯实践 …… 118
实践成长任务单 37：流程走一走 …… 118
实践成长任务单 38：职业化形象 …… 119
实践成长任务单 39：乔·哈里窗 …… 120

项目 3.2 对标优秀职业人 …… 121

生涯理论 …… 122
一、施恩的职业生涯发展理论 …… 122
二、能力素质层级 …… 123
三、打造良好的个人品牌 …… 126
生涯实践 …… 129
实践成长任务单 40：冰山小王子 …… 129
实践成长任务单 41：品格博物馆 …… 130

实践成长任务单42：绘制能力图 …… 131

项目3.3　设计个人说明书 …… 132

生涯理论 …… 132
一、求职简历的格式 …… 132
二、求职简历的内容 …… 134
三、求职简历应如何突出个人优势 …… 135
生涯实践 …… 137
实践成长任务单43：简历不可少 …… 137
实践成长任务单44：再看自荐信 …… 138
实践成长任务单45：邮件投简历 …… 139

项目3.4　清除限制性信念 …… 140

生涯理论 …… 140
一、影响面试的因素 …… 140
二、限制性信念的特点 …… 141
三、如何清除限制性信念 …… 142
生涯实践 …… 144
实践成长任务单46：感恩心日记 …… 144
实践成长任务单47：发现小美好 …… 145
实践成长任务单48：信念大侦探 …… 146

项目3.5　升级结构思考力 …… 147

生涯理论 …… 147
一、洞察力：超越表象的力量 …… 147
二、因果链：探寻结果之源的智慧 …… 148
三、结构化倾听 …… 149
生涯实践 …… 151
实践成长任务单49：有果必有因 …… 151
实践成长任务单50：神奇的眼睛 …… 152
实践成长任务单51：结构化倾听 …… 153

项目3.6　夯实表达软实力 …… 154

生涯理论 …… 154
一、借助“4P”法展示优势 …… 154
二、STAR故事法 …… 155
三、面试自我介绍及回答问题技巧 …… 156
生涯实践 …… 159
实践成长任务单52：面试第一步 …… 159

实践成长任务单53：4P自我营销 …… 160
实践成长任务单54：平凡与伟大 …… 161

模块四 提升职业素养

项目4.1 就业政策及权益 …… 165

生涯理论 …… 165
一、大学生就业现状 …… 165
二、劳动合同 …… 168
三、就业权益及保障 …… 170
生涯实践 …… 172
实践成长任务单55：求职准备度 …… 172
实践成长任务单56：求职平台多 …… 173
实践成长任务单57：简版规划书 …… 174

项目4.2 毕业手续及流程 …… 175

生涯理论 …… 175
一、就业流程 …… 175
二、就业协议的签订 …… 175
三、就业协议的解除 …… 176
生涯实践 …… 178
实践成长任务单58：20年同学会 …… 178
实践成长任务单59：面试前思考 …… 179
实践成长任务单60：个人商业图 …… 180

项目4.3 就业心态的调适 …… 181

生涯理论 …… 181
一、"三点连一线"确定你的职业目标 …… 181
二、"准职场人"身份与心态的调适 …… 183
三、人生ABC+Z条路线 …… 184
生涯实践 …… 186
实践成长任务单61：三点连一线 …… 186
实践成长任务单62：生涯罗盘仪 …… 187
实践成长任务单63：生涯降落伞 …… 188

项目4.4 不可或缺你我他 …… 189

生涯理论 …… 189
一、PERMA时光：职业幸福感的源泉 …… 189

二、职业协同：职业幸福感的加速器 …… 191
三、团队合作：职业幸福感的稳固基石 …… 193
生涯实践 …… 197
实践成长任务单 64：时光故事廊 …… 197
实践成长任务单 65：沉浸式体验 …… 198
实践成长任务单 66：你的人脉网 …… 199

项目 4.5　练就职场硬本领 …… 200

生涯理论 …… 200
一、职业能力变化趋势 …… 200
二、写作能力：职场硬本领 …… 202
三、语言表达能力：职场软技能 …… 203
生涯实践 …… 205
实践成长任务单 67：多彩的一周 …… 205
实践成长任务单 68：积极式回应 …… 206
实践成长任务单 69：职业七色花 …… 207

项目 4.6　稳固能力的基石 …… 208

生涯理论 …… 208
一、工匠精神 …… 208
二、职业锚 …… 208
三、自我教练 …… 211
生涯实践 …… 214
实践成长任务单 70：生涯愿景图 …… 214
实践成长任务单 71：目标分解表 …… 215
实践成长任务单 72：升级思考力 …… 216

附　生涯时空

立春 · 启智 …… 219
雨水 · 润泽 …… 221
惊蛰 · 觉醒 …… 223
春分 · 均衡 …… 225
清明 · 慧悟 …… 227
谷雨 · 播种 …… 229
立夏 · 成长 …… 231
小满 · 充实 …… 233
芒种 · 耕耘 …… 235
夏至 · 跃迁 …… 237

小暑·热情…… 239
大暑·成熟…… 241
立秋·收获…… 243
处暑·收敛…… 245
白露·晶莹…… 247
秋分·均衡…… 249
寒露·沉静…… 251
霜降·沉稳…… 253
立冬·蓄势…… 255
小雪·积淀…… 257
大雪·坚韧…… 259
冬至·蓄势…… 261
小寒·磨砺…… 263
大寒·蜕变…… 265

参考文献…… 267

模块一

解锁生涯智慧

问渠那得清如许，为有源头活水来。

项目 1.1 成为人生设计师

生涯名言

吾生也有涯，而知也无涯。

——庄子

生涯思考

党的二十大报告中强调“坚持以人民为中心的发展思想”重要原则。这为我们重新定义人生和职业生涯规划提供了宝贵启示。每个人的生命都是独一无二的，具有多样性、创造性和不确定性。人生的价值不仅在于物质财富的积累，更在于内心的满足感、个人的成长与对社会责任的担当。

生命对于每个人来说只有一次，不可以重来，所以让人觉得十分可贵，然而，生命的长度是我们决定不了的，但它的宽度我们可以努力拓展，它的深度我们可以细细挖掘。

为了一次旅行，我们会做计划、查攻略，比如哪天出行、出行的周期、什么时候抢票、去哪些地方吃玩、穿什么样的服装、带哪些东西、准备多少钱等，提前筹备的旅行，游玩的时候通常也会更顺利。那么，对于宝贵的人生之旅，你将如何设计。

生涯理论

一、生涯规划的三维视角

生命是职业生涯的基石和源泉。生涯是我们在生命旅程中经历的一系列职业、学习和成长阶段，而生命为我们提供了展现自我、实现梦想的机会，是追求梦想的前提。

首先，生命赋予我们存在的意义，使我们能够体验丰富的情感，遇见不同的人与事，塑造独特的生涯。其次，生命为生涯提供了无尽的机会和挑战，这些都成为宝贵的财富。无论是成功或失败，顺境或逆境，生命始终都让我们学习和成长。此外，生命赋予我们责任和使命。我们不仅应关注自身的成就，还应关注社会福祉。我们的生涯不仅关乎个人成功，更要通过自己的努力和奉献来服务社会，积极影响他人。尊重生命，让它在生涯中绽放更耀眼的光彩。

生涯规划不仅是一个关于职业发展的过程，更是一个深度探索自我、理解自我、实现自我的旅程。在这个过程中，我们可以从三个核心维度来审视和规划自己的生涯：自然生命、社会生命和精神生命。

1. 自然生命：能量与资源的流动

自然生命是生涯规划的基石，涉及人类活动对自然环境的影响及自然对人类生存和发展的制约与支撑。自然环境是人类赖以生存的空间，遵循绿色发展的原则，采取措施保护环境，比如推广清洁能源、节能减排、保护生态等，坚持绿水青山就是金山银山的理念，站在人与自然和谐共生的高度谋划发展，实现人与自然的和谐共生，循环发展、低碳发展以及更久远的可持续发展。人类遵循人体的生理和代谢规律可以保持身体健康，比如合理饮食、充足睡眠、适量运动等，发挥身体的生物节律特点，吸收丰富的能量，使自己精力充沛，拥有更高的行动效率。

2. 社会生命：关系与角色的构建

社会生命是指我们在社会中的位置、角色和关系。每个人都是社会的一分子，做生涯规划时要考虑个体在社会中的定位与发展路径，这要求我们深思，在不同社会场景，如工作、家庭、社区中，如何恰当地扮演各自角色，并构建起积极健康的关系网络。同时，为适应社会的不断变迁与需求，我们还需持续提升自身的社会交往能力和沟通技巧，以便更好地适应社会的变化和需求。

3. 精神生命：信仰与意义的追求

精神生命构成了生涯规划中最为核心与深邃的层面。它关乎一个人的信仰、价值观以及人生的终极追求。在规划生涯的征途中，需要深入探索自己的内心世界，发掘并确立个人的信仰体系与价值观，同时明确自己的人生目标与追求。正是这一过程为生涯发展提供着不竭的动力与清晰的方向，在遭遇困境与挑战时，依然能够拥有坚韧不拔与乐观向上的精神力量。

4. 实现生涯规划的三维平衡

平衡自然生命、社会生命、精神生命以获得职业幸福感是一个多层次、多维度的过程，涉及个人在职业生涯中的方方面面。下面是一些建议，帮助我们实现这种平衡，从而增强职业幸福感：

（1）关注自然生命的健康。

①保持健康的生活方式：注意饮食、运动和睡眠，以维持身体健康，一个健康的身体是实现职业幸福的基础。②创造舒适的生产关系：聚焦国家提出的“高创新、高效能、高质量”发展目标，坚持终身学习，通过科技创新、科学管理，优化生产流程、提高工作效率，努力实现人、机、料的最佳配置，为企业和社会创造更多的经济效益，也为自身发展获得更好的福利待遇和发展空间。

（2）发展社会生命的联系。

①建立良好的人际关系：与同事、上级和下级保持积极、健康的沟通，建立互信和支持的关系。②参与社区活动：参加志愿活动、行业协会或专业组织，以拓展社交网络，增强社会归属感。

（3）充实精神生命的追求。

①追求个人兴趣和激情：将个人爱好和职业相结合，使工作成为实现自我价值的过程。②培养成长心态：持续学习、提升自我，以应对职业挑战，获得成就感。③保持工作与生活的平衡：设定合理的工作时间和界限，确保个人生活充实、满足。

二、有“身份” 就是不一样

1. 人生是一个发展过程

人的一生，都会经历“生命初始的婴儿—无忧无虑的幼年—朝气蓬勃的少年—风华正茂的青年—压力重重的中年—共享天伦的晚年”。

初生的路，跟着父母走；学生的路，跟着老师走；社会的路，跟着名人走；这已经成了一些人成长的模式。其实，跟着走的目的是要学会独立，而不是随从，更不是模仿。让心灵中开出属于自己的花，结出与众不同的果，虽然可能要付出代价，经历风雨，但也会让你自豪，让别人羡慕。可是，人生的路是自己的，如果你自己不去规划，你可能就会被别人规划。

美国职业生涯规划学家舒伯（Super），按照年龄将人生阶段和职业生涯发展阶段相结合，把生涯分为成长、探索、建立、维持、退出五个阶段。每个阶段会扮演不同的角色，这些角色拓展了生活广度和生活空间，提出了著名的“生涯彩虹图”（图 1-1-1）。

（1）成长阶段（1~14 岁）：以幻想、兴趣为中心，对职业的好奇占主导地位，随着年龄的增长，有意识的学习和社会化的培养，初步形成职业能力和态度。

（2）探索阶段（15~24 岁）：逐步对自身兴趣、能力以及对职业的社会价值观、就业机会进行考虑，开始步入劳动市场或开始从事某种职业。

（3）建立阶段（25~44 岁）：对选定的职业进行尝试，变换工作，到逐步稳定。

（4）维持阶段（45~64 岁）：在工作中已经取得了一定的成绩，维持现状，提升自己的社会地位。

（5）退出阶段（65 岁以上）：职业生涯接近尾声或退出工作领域。

舒伯特别强调各个时期的年龄划分是有弹性的，应依据个体的不同而定。

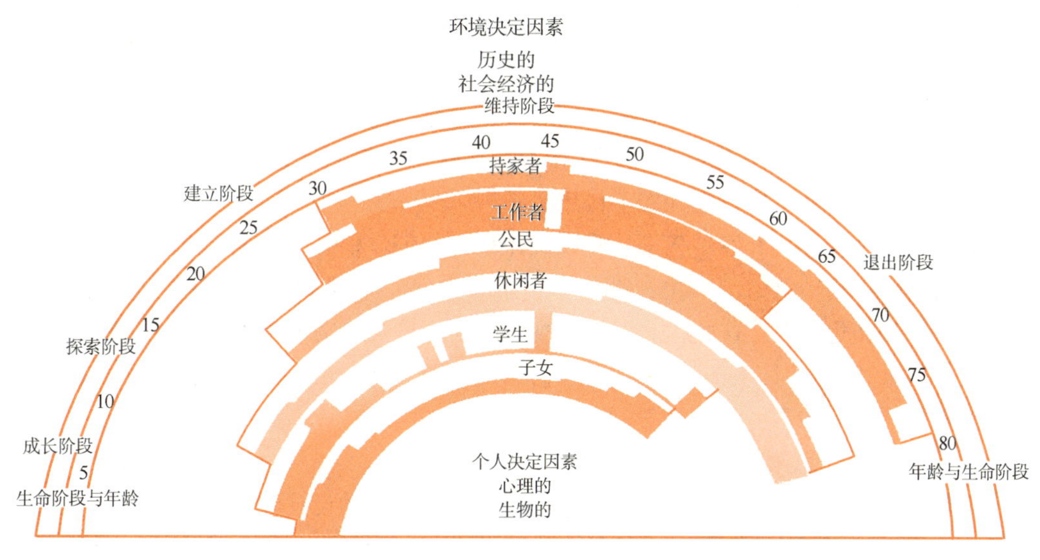

图 1-1-1　舒伯的生涯彩虹图

2. 人生是一幅彩虹图

人的一生会经历不同的年龄段，每个年龄段的特点和需要做的事情也不一样，我们所扮演的角色会随着年龄的变化而变化，每个角色在人生的不同阶段会构成一道风景线，多重角色整合起来就构成了我们的生涯彩虹。

舒伯将人们的生涯里程比喻为一道跨越天际的彩虹，七彩缤纷的颜色是我们在一生中扮演的各种角色，如子女、学生、员工、管理者、父母、公民等。世界上没有两片相同的叶子，世界上也不会有两个相同的生涯彩虹。无论人生如何变化，我们都能主宰自己的彩虹生涯，让美丽永远照耀我们的心灵，让每个角色都为自己的人生添彩。

在生涯彩虹图中，彩虹的长度代表时间的长短，彩虹的宽度代表投入时间的多少（精力的大小）。横向层面代表的是横跨一生的生活广度，外层显示人生主要的发展阶段和大致估算的年龄，包括成长阶段、探索阶段、建立阶段、维持阶段、退出阶段等。纵向层面代表的是纵观上下的“生活空间”，由一组角色和职位组成，包括子女、学生、父母、公民、员工、管理者等主要角色。每一阶段对每一角色的投入程度可以用颜色来表示，颜色面积越多表示该角色投入的程度越多，空白越多表示该角色投入的程度越少。

生涯彩虹图

人生的本质就是时间加不同的角色，各种角色之间是相互作用的，一个角色的成功，特别是早期角色的成功，将会为其他角色提供良好的基础；反之，某一个角色的失败，也可能导致另一个角色的失败。舒伯进一步指出，为了某一角色的成功付出太大的代价，也有可能导致其他角色的失败。我们也会发现其实人生是连贯的，今天看似只是一个点，但所有代表今天的点放在一起，就组成了人生的一条线。有句话说得好，人无远虑必有近忧，每个人的人生需要由自己去规划，需要长远的眼光，对未来的愿景，有目标的人生更有方向，有规划的人生能够更从容地前行。

三、人生是一件艺术品

1. 工业品和艺术品的区别

工业品是工业企业进行工业生产活动所创造的，即用于工业生产或其他工业用途的产品，它是从企业角度确定的，必须是本企业生产活动的成果。工业品通常是按照一定的标准和规格生产，旨在满足特定的工业需求和用途。工业品是工业生产的基础，为各行各业提供所需的物资和设备，在现代工业体系中发挥着重要作用，它们支持着各个行业的生产和运营，对国家和地区的经济增长起到推动作用。

艺术品是指具有审美价值、艺术品质和文化意义的创作作品，是人类创造力和文化积淀的结晶，它们以绘画、雕塑、书法、摄影、音乐、文学、舞蹈等形式呈现，充满了审美价值、艺术品质和文化意义。这些作品不仅在视觉上为人们带来美的享受，更在情感上给予人们愉悦感和满足感。同时，它们也承载着社会和文化的发展脉络，具有重要的历史和文化价值，是人类文明传承的重要载体。

2. 人生需要设计思维

工业品通常是大规模生产的，注重效率和标准化，它们的设计和制造通常是为了满足特定的功能需求。人生不能像工业品那样具有标准化和可复制性，每个人都是独一无二的，无法按照规定的模式或规格来生产。艺术品通常则更注重独特性、艺术性和手工制作的品质，它们具有更高的审美价值和个性化特征，人生也不能像艺术品那样仅追求审美和艺术价值。

因此，人生不能简单地归结为这两者之一，它既不是单纯的工业品，也不是简单的艺术品，而是一个混合体，兼具了工业品和艺术品的特征。人生具有以下特点：

（1）独特性：每个人的人生都是独一无二的，无法复制。

（2）多样性：每个人都会有各种不同的经历、情感和选择。

（3）创造性：每个人都会以自己的方式塑造想要的人生。

（4）不确定性：每个人的未来都充满不确定性，无法预知。

（5）成长与发展：人们在一生中需要不断成长和改变。

（6）挑战与困难：人们在一生中会遇到意想不到的困难和阻碍，需要面对并克服各种困境。

（7）意义与价值：人生对每个人来说都具有不同的意义和价值。

不同的人会在人生中体现出不同程度的工业品和艺术品的特质，随着时间和经历的变化，人生追求也会发生变化。

有些人把人生看作是一种创造，通过自己的努力和选择，塑造出独特而有意义的人生。也有些人认为人生是一场冒险，充满了不确定性和挑战。

其实，人生的价值和意义在于个体的选择和行动，以及在这个过程中所获得的经验、成长和满足感；人生的质量和价值不仅仅取决于外在的成就和物质财富，还包括内心的满足感、人际关系、个人成长等方面。每个人都有权利和机会追求自己想要的人生状态。

无论将人生视为工业品还是艺术品，人们都要根据自己的价值观和信念来定义和塑造自己的人生。追求意义，找到赋予人生价值的方式；适应变化，不断成长和进步；积极参与，努力创造出属于自己的精彩。

案例故事：王中美：平凡中的非凡

拓展延伸

1. 《过你热爱的生活》，作者：［美］谢尔，泰子冰译，中国轻工业出版社。
2. 《终身学习》，作者：［美］黄征宇，中国大百科全书出版社。
3. 《不让未来的你，讨厌现在的自己》，作者：特立独行的猫，武汉出版社。
4. 《每一天梦想练习》，作者：另维，湖南文艺出版社。

生涯实践

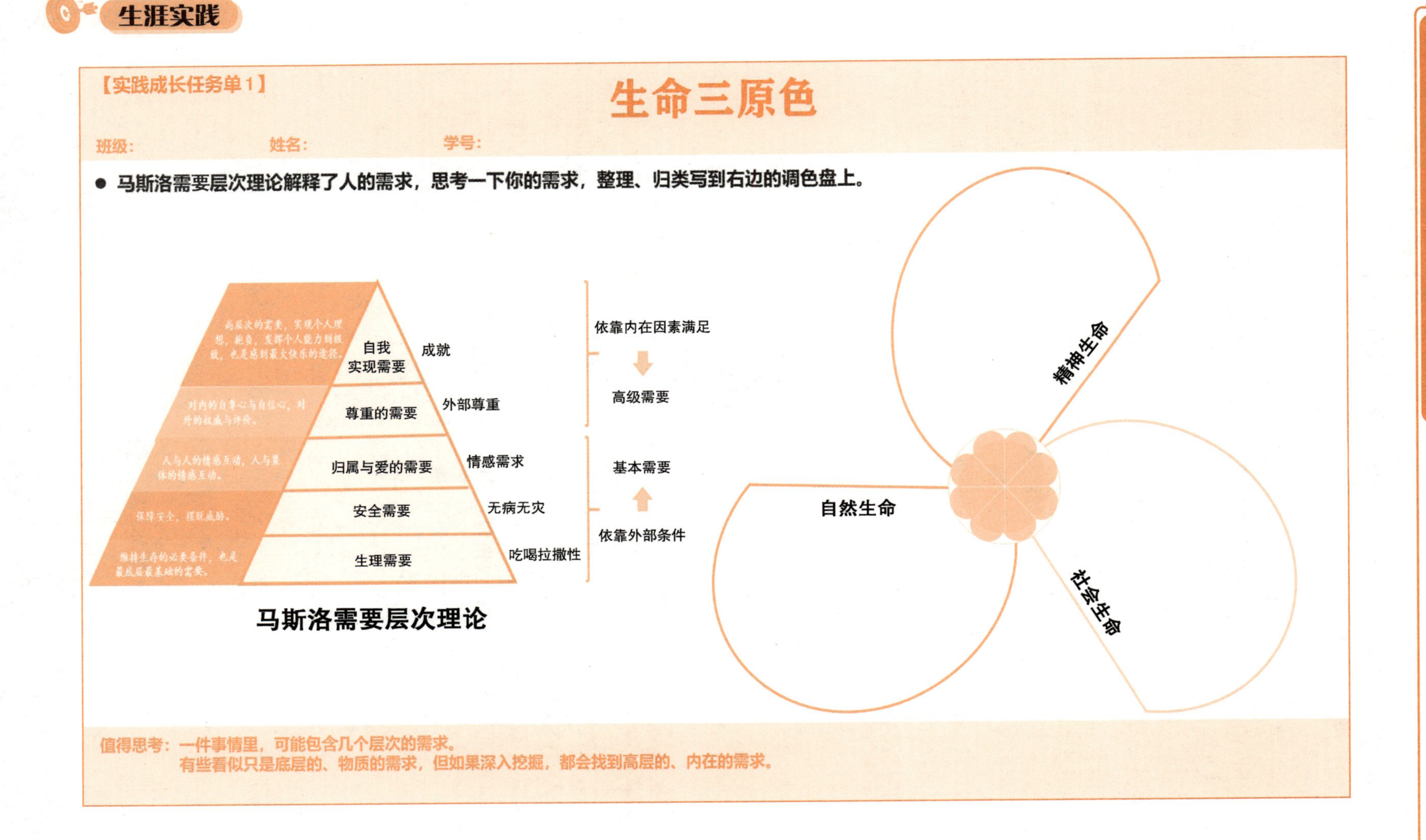
【实践成长任务单1】
生命三原色
班级：
姓名：
学号：
● 马斯洛需要层次理论解释了人的需求，思考一下你的需求，整理、归类写到右边的调色盘上。
高层次的需要，实现个人理想、抱负，发挥个人能力到极致，也是感到最大快乐的途径。
自我实现需要
成就
对内的自尊心与自信心，对外的权威与评价。
尊重的需要
外部尊重
人与人的情感互动，人与集体的情感互动。
归属与爱的需要
情感需求
保障安全，摆脱威胁。
安全需要
无病无灾
维持生存的必要条件，也是最底层最基础的需要。
生理需要
吃喝拉撒性
依靠内在因素满足
高级需要
基本需要
依靠外部条件
马斯洛需要层次理论
精神生命
自然生命
社会生命
值得思考：一件事情里，可能包含几个层次的需求。
有些看似只是底层的、物质的需求，但如果深入挖掘，都会找到高层的、内在的需求。

【实践成长任务单 2】

三层次体验

班级：　　　　姓名：　　　　学号：

- **回忆一下过往的事件中，曾给你带来哪些层次的体验。大学生活开始了，你计划做点什么、体验一下哪个层次的感受？**

有意义：体验本身是最好的奖赏和动机

充实的：所有时间都在忙碌中度过

舒适的：不舒适的解除，不好的暂时缓解

●回忆过往的时光中，让你有

（1）舒适感体验的事情：

（2）充实感体验的事情：

（3）意义感体验的事情：

●大学生活中，希望体验

（1）舒适感的事情：

（2）充实感的事情：

（3）意义感的事情：

值得思考：舒适、快乐并不是幸福生活的唯一内容。
挣扎、困难和挑战都是幸福生活不可或缺的，幸福之路并无捷径。

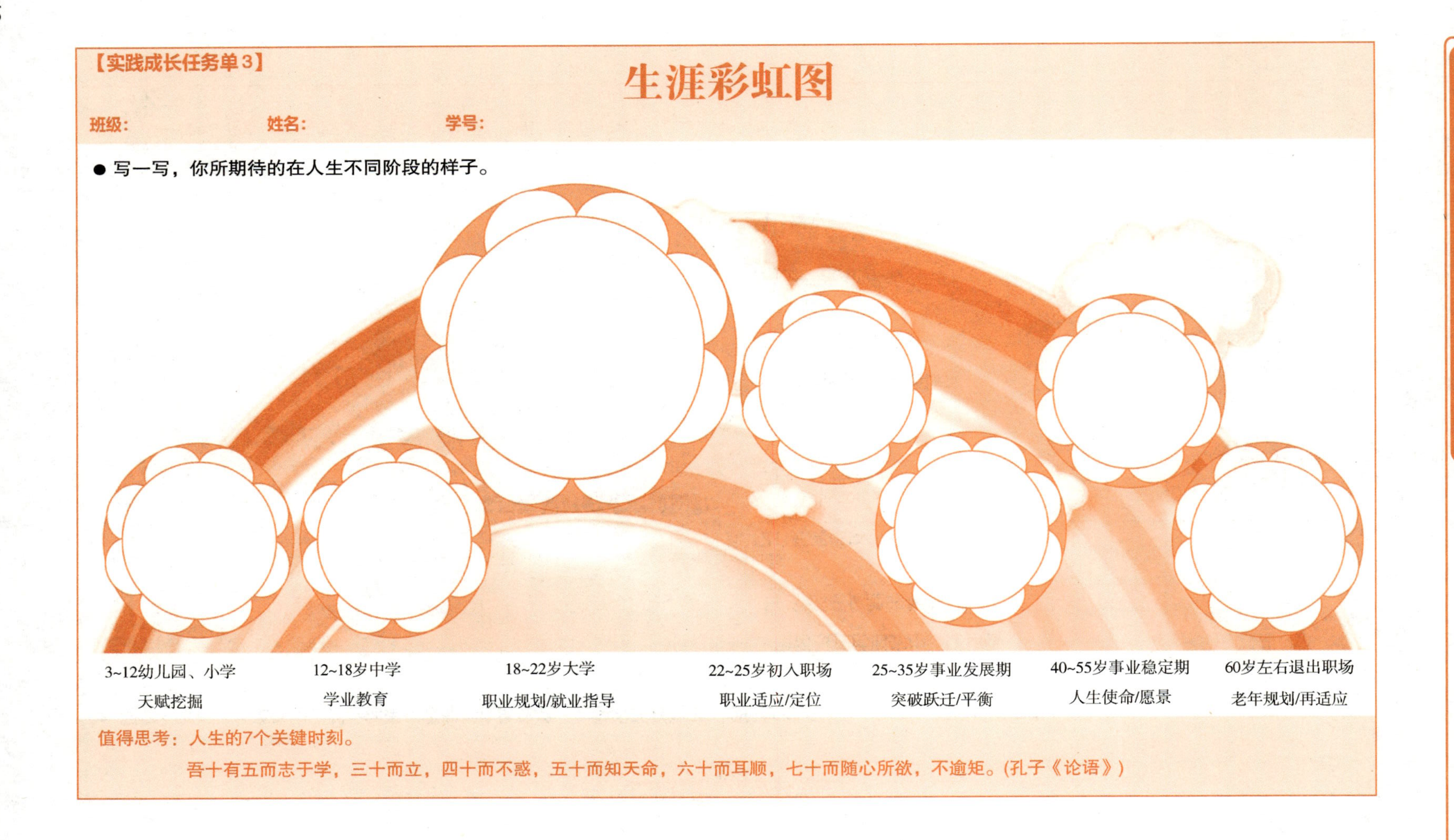

【实践成长任务单3】

生涯彩虹图

班级：　　　　姓名：　　　　学号：

● 写一写，你所期待的在人生不同阶段的样子。

值得思考：人生的7个关键时刻。

吾十有五而志于学，三十而立，四十而不惑，五十而知天命，六十而耳顺，七十而随心所欲，不逾矩。(孔子《论语》)

项目 1.2 快速了解行企职

生涯名言

三种根本性的人类活动：劳动（Labor）、工作（Work）、行动（Action）。

——汉娜·阿伦特《人的境况》

生涯思考

海尔集团的航海日志

在全球化的今天，海尔集团已成为家电及消费电子行业中的一个响亮名字，其成长之路宛如一场精彩绝伦的探险旅程。下面就让我们探索海尔集团如何从一家地方小工厂成长为全球家电巨头，以及它如何在不断变化的市场中保持领航者的地位。

起航：寻找方向

1984 年，海尔在中国青岛成立，最初只是一家生产冰箱的小厂。面对当时市场上质量参差不齐的产品，海尔以质量为船锚，坚定地在家电行业的大海中寻找方向。通过实施严格的质量控制，海尔很快赢得了消费者的信任。

探索：拓宽视野

随着初步成功，海尔开始探索更广阔的海域。它不仅扩大了产品线，从冰箱延伸到洗衣机、空调、电视等多种家电产品，还积极拓展国际市场。海尔意识到，要在全球化的浪潮中立足，就必须了解并满足全球消费者的需求。

创新：乘风破浪

进入 21 世纪，海尔捕捉到了智能科技的新风潮。它不仅将智能技术应用到产品中，更是建立了一个覆盖从智能制造到智能家居的生态系统。海尔的创新之船，依靠技术的风帆，一路乘风破浪，引领行业向前发展。

领航：照亮方向

面对激烈的市场竞争，海尔始终坚持以用户为中心的原则。它通过深入研究不同市场的消费者需求，设计出既满足功能性也兼顾个性化的产品。海尔还积极响应环保号召，推出节能减排产品，用责任和创新照亮了企业发展的方向。

启示：勇敢探索，永远前行

海尔集团的故事告诉我们：一个企业要想在行业中长久立足，必须具备探索未知的勇气、拥抱变化的智慧和以用户为中心的信念。海尔正是通过这样的信念和实践，在全球家电行业的大海中，不仅找到了自己的航道，还成为无数船只的灯塔，指引着行业的发展方向。

你从海尔的案例中得到了哪些启示？

一、快速了解一个行业

行业是指一组公司或组织，它们生产或提供相似的商品或服务，并满足特定领域的需求。行业通常按照其主要业务活动来分类，如制造业、服务业、农业等。一个行业内的企业可能面向相同的客户群体，使用相似的生产技术或营销方法，且彼此之间存在竞争和合作关系。

例如，金融服务行业包括银行、保险公司、投资机构等，它们提供的服务包括贷款、资产管理、保险保障等。制造业则涵盖汽车、服装、电子产品等制造商，这些企业利用原材料制造成品以供消费者和其他企业使用。科技行业则是快速变化的，包括软件开发、硬件制造、互联网服务等子领域，它们不断推动着创新的边界。

了解一个行业首先需要从宏观和微观两个层面入手。宏观层面上，应该考虑整个行业的规模、结构、增长速度、趋势以及受宏观经济和政策环境的影响。微观层面上，则需要深入了解行业内部的竞争态势、公司之间的关系、市场份额分布，以及关键的供应链和价值链。此外，行业分析还应该包括消费者行为、技术创新、法律法规以及国际影响等因素。通过这些角度的分析，可以对一个行业有一个全面而深入的理解。

1. 行业的起源

每个行业都从一个简单的想法或需求开始，逐步发展成为今天我们所见到的模样。正如每本书都有其引人入胜的第一句话，了解一个行业的历史就是阅读它的“第一句话”。例如，手机行业最初的功能极为基础，但现在，智能手机已经成为我们生活中不可或缺的一部分，几乎成为掌中的万能盒子。认识一个行业，首先要探索它的起点，了解它如何从简单到复杂，逐步演化到今天的状态。

2. 行业的“大家族”

行业内汇集了各式各样的公司，它们共同构成了行业的“大家族”。这个家族中，有的成员强大如巨人，有的则小巧而充满创意。深入了解这个“大家族”的结构，识别出其中的领头羊和新兴之星，有助于我们更加全面地理解一个行业的现状和发展动态。

3. 行业的“工具箱”

行业的进步和创新往往依赖于它所使用的“工具箱”，即各种技术和方法。例如，汽车行业的发展不再局限于传统的机械工程，而是融入了高科技的元素，如自动驾驶和智能导航系统。探索一个行业的工具箱，让我们了解行业如何运用现有技术满足人们的需求，以及未来可能带来哪些革新。

4. 行业的规则手册

正如每个游戏都有其规则，每个行业也遵循着一套“规则”，包括法律、政策和行业标准。熟悉这些规则不仅能帮助我们在职业道路上游刃有余，还能在创业时避免不必要的挑战。

5. 行业的经济影响

观察一个行业的经济状况，可以揭示它的稳定性和成长潜力。经济因素如消费者支出、投资流向和市场需求对行业的发展有着直接的影响。了解这些经济指标，可以帮助我们评估一个行业的“钱袋子”是否未来会更鼓。

6. 行业的消费者趋势

消费者的偏好和需求是推动行业发展的重要力量。深入了解消费者当前的喜好以及预测他们未来的需求变化，对于任何行业的参与者都是至关重要的。这不仅能帮助企业及时调整策略，还能指引行业的创新方向。

7. 行业的全球脚印

在全球化的今天，行业的发展受到全球事件和趋势的影响。理解一个行业如何在全球范围内运作，以及它如何应对国际市场的变化，可以为我们提供一个更加宏观的视角，帮助我们全面了解行业的全球动态。

《国民经济行业分类》（GB/T 4754—2017）

通过这些方面的探索和学习，我们不仅能够将学校所学与实际工作联系起来，还能为未来的社会生活和职业规划打下坚实的基础。在认识行业这个“新朋友”的过程中，我们将学会如何在复杂多变的现实世界中找到自己的位置，为自己的未来掌舵定向。

二、组织的多样类型

从广义上说，组织确实是由诸多要素按照一定方式相互联系起来的系统。这些要素可以包括人、物、信息、资金等，它们以特定的结构和关系组合在一起，以实现某种功能或目标。

从狭义上说，组织特指人们为实现一定的目标，互相协作结合而成的集体或团体。这些组织可以是党团组织、工会组织、企业、军事组织等，它们都是由人群组成，有明确的目标和任务，以及相应的结构和规则。组织不仅是社会的细胞、社会的基本单元，而且是社会的基础。无论是企业、政府、学校还是其他类型的组织，都在各自的领域内发挥着重要的作用，推动着社会的发展和进步。

从管理学的角度来看，组织是一个具有明确目标导向和精心设计的结构与有意识协调的活动系统的社会实体。组织不仅仅是为了完成任务而存在的简单集合，而是一个需要管理、协调、控制和发展的系统。它需要制定明确的目标和计划，设计合理的结构和流程，建立有效的沟通机制，以及不断适应外部环境的变化。

1. 组织类型的划分

组织可以从多个维度进行分类，每个维度都揭示了组织不同的特征和运作模式。

（1）按目的和功能划分，组织可分为以下几种：

营利性组织：以获取利润为主要目标，例如各类公司和企业。

非营利性组织：追求社会、文化或慈善目标，例如 NGO（非政府组织）和慈善机构。

政府和公共组织：提供公共服务，由政府运营，例如政府部门和公立学校。

（2）按法律结构划分，组织可分为以下几种：

个体经营：单一业主，个人承担全部责任。

合伙企业：两人或两人以上共同经营，共同分享利润与风险。

公司：法律认定的独立实体，股东承担有限责任。

（3）按所有权结构划分，组织可分为以下几种：

私有企业：由个人或私人股东拥有。

国有企业：政府拥有和控制。

合资企业/股份制企业：多方投资者共同出资。

（4）按规模划分，组织可分为以下几种：

小型企业：规模较小，员工较少。

中型企业：规模、员工数量介于小型和大型企业之间。

大型企业：规模庞大，市场影响力强。

2. 组织文化和管理风格

不同的组织不仅在结构上有所区别，它们的文化和管理风格也大相径庭。组织文化影响着工作环境、价值观和员工行为，而管理风格则决定了决策过程和权力分配方式。了解这些差异有助于我们更好地适应和选择合适的工作环境。

3. 探索组织的途径

我们可以通过以下方式深入了解组织的世界：

实地考察：亲自参观不同类型的组织，观察其运作。

阅读研究：研究相关的书籍、案例，拓宽知识视野。

交流讨论：与各领域的专业人士交流，获取第一手信息。

实践体验：通过实习或参与项目，亲身体验不同组织的工作环境。

每种组织都有其存在的价值和功能，正如社会大家庭中的每个成员都扮演着不同的角色。通过本部分的学习，希望同学们能够对组织的多样性有一个全面的认识，并在未来的学习和职业道路上，能够准确地定位自己的兴趣和目标，找到最适合自己的位置。在这个充满可能的商业世界里，每个人都可以成为自己命运的领航员。

三、专业与职业的关系

职业列表

专业是指高等教育培养学生的各个专门领域，涉及对某一领域的知识、技能、方法和理论的深入学习和掌握，旨在培养学生的专业素养和综合能力，为未来的职业发展打下坚实的基础。例如数学、物理、化学、哲学、经济学、法学、教育学、文学、历史学、理学、工学、农学、医学、管理学和艺术学等专业。

大学专业与未来的职业之路，可以概括为以下几种关系：

1. 专业影响职业选择

专业教育为学生提供了系统的知识和技能培训，通过专业学习，学生可以了解某一领域的基本理论和实践应用，掌握必要的专业技能和方法，为未来的职业发展奠定坚实的基础。不同的专业具有不同的课程设置和就业前景，一个合适的专业选择有助于学生在未来的职业生涯中更好地发挥自己的优势，实现个人价值。

2. 职业发展需要专业素养

在职业生涯中，个人需要不断提升自己的专业素养和技能水平，以适应市场需求和职业发展的要求；专业素养的提升可以通过不断学习、实践和经验积累来实现，而专业教育则为个人提供了良好的起点和基础。

3. 专业与职业不完全对应

虽然专业与职业之间存在一定的对应关系，但并不意味着专业与职业完全等同。有些职业可能需要跨专业的知识和技能，而有些专业则可能对应多个职业方向。因此，在选择专业和职业时，需要充分了解市场需求和个人兴趣，做出明智的决策。

（1）一对一。在某些领域，专业知识与职业技能的要求高度匹配，例如医疗、法律和会计等专业，高职院校学习数控机床专业的学生，毕业后最适合的工作是成为企业中的数控机床操作员或维护人员，最终可能发展成为高级技师。学生在这些领域接受的教育直接为他们未来的职业角色做准备。“一对一”的关系使学生能够更加专注地针对特定职业发展所需的技能和知识进行学习，这有助于他们在毕业后迅速适应职场并展开职业生涯。

（2）一对多。即一个专业可以从事多种职业。教育广泛性决定了专业教育不仅仅是为某一特定职业服务，而是为一系列相关职业提供了基础知识和技能。例如，计算机科学专业的学生毕业后可以选择成为软件开发工程师、网络管理员、数据分析师等多种职业角色。再如记者这个职业，学习中文或者新闻专业都可以从事。这类专业一般在普通高校中较为常见，它们为学生提供了宽广的知识基础和多样化的发展方向。随着社会的发展和经济的变化，新兴职业不断出现，老旧职业逐渐消失。在“一对多”的关系中，专业教育能够为学生提供适应这些变化的能力，使他们能够在多个领域内寻找合适的职位。也为那些希望转换职业领域的个人提供了便利。由于他们已经掌握了相关专业的基础知识，可以更容易地通过进一步培训或自我学习来进入新的职业领域。

（3）多对一。这种关系用一句话概括就是一个职业可以是很多专业来从事，不需要特定专业的学位，而是对多种专业的知识有所需求。这意味着不同专业背景的人都有可能进入这一职业领域。体现了职业的包容性，例如，一个人力资源管理职位可能招聘心理学、管理学、社会学等多个专业的毕业生。这种情况下，学生在规划学业时可能更注重职业目标而非专业知识的积累。

随着技术的发展和工作性质的变化，很多职业开始要求具备跨学科的知识，可能因为行业发展迅速、专业人才短缺等原因，需要吸纳来自不同专业背景的人才，这就要求从事这些职业的人不仅要有深厚的专业知识，还要有能力将不同领域的知识结合起来应用。

专业确实为我们的职业生涯提供了基础，它像是一张入场券，让我们有机会进入特定的行业。但是，一旦我们踏入这个领域，真正决定我们能否站稳脚跟，甚至走得更远的，就不再仅仅是专业了。那些能够持续学习、适应变化并不断提升自己技能的人，往往能在职场上获得更大的成功。专业是你的基石，能力是你的翅膀。当然，如果现在的专业不尽如人意，仍有多种途径改变现状，比如通过专升本、考研等方式选择新的专业，从而成为复合型人才。无论专业与职业之间外部是否相关，积极学习和培养“可迁移能力”及“核心竞争力”都是成功的关键。

案例故事：娃哈哈：从校园小企到国民饮品巨头

拓展延伸

1.《企业生命周期》，作者：［美］伊查克·爱迪思，中国人民大学出版社。
2.《华为管理法：任正非的企业管理心得》，作者：黄志伟，中国友谊出版公司。
3.《企业家精神》，作者：［日］稻盛和夫，机械工业出版社。

生涯实践

【实践成长任务单4】

行业全景图

班级：　　　　姓名：　　　　学号：

● 通过对行业企业进行调研，帮助自己获得更清晰的职场坐标，做更准确的职业定位。

目标行业：

该行业里有哪些类业务：

目标行业的发展趋势：

获得该行业详细信息的途径：

该行业的知名企业或代表组织：

【实践成长任务单5】

信息收纳袋

班级：　　　　姓名：　　　　学号：

● 企业文化既可以是看得见的工作环境、产品质量、机械工具，也包括看不见的愿景、精神、价值文化等，更包括随时能被感知到的制度、人际氛围等。

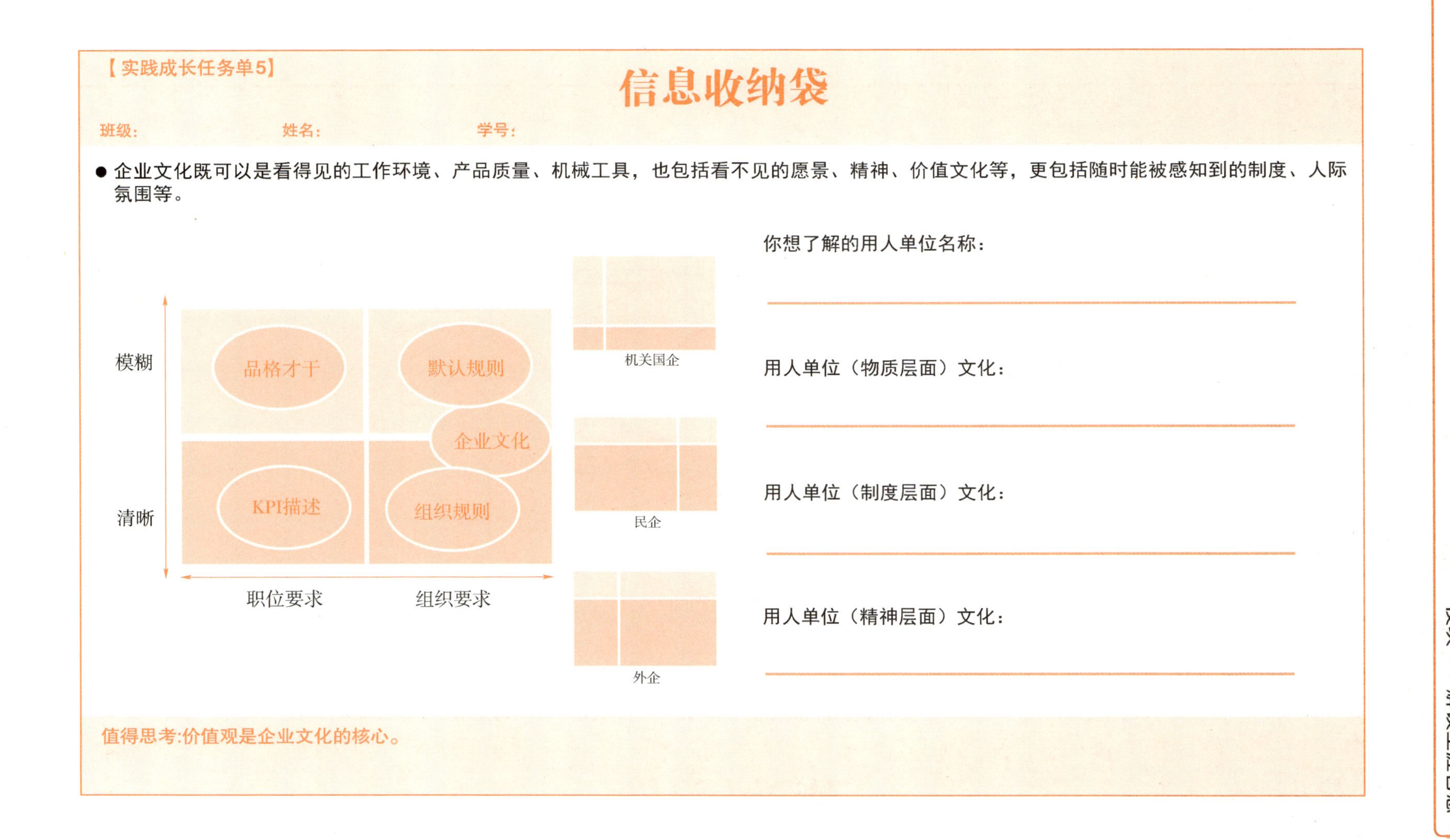

你想了解的用人单位名称：

____

用人单位（物质层面）文化：

____

用人单位（制度层面）文化：

____

用人单位（精神层面）文化：

____

值得思考:价值观是企业文化的核心。

【实践成长任务单6】

访谈小提纲

班级：　　　　　　姓名：　　　　　　学号：

● 知己知彼，入职前了解职业信息是一个重要的环节，找到你可以使用的资源，做一个职业访谈，了解一下你感兴趣的岗位的情况。

你的采访对象：________

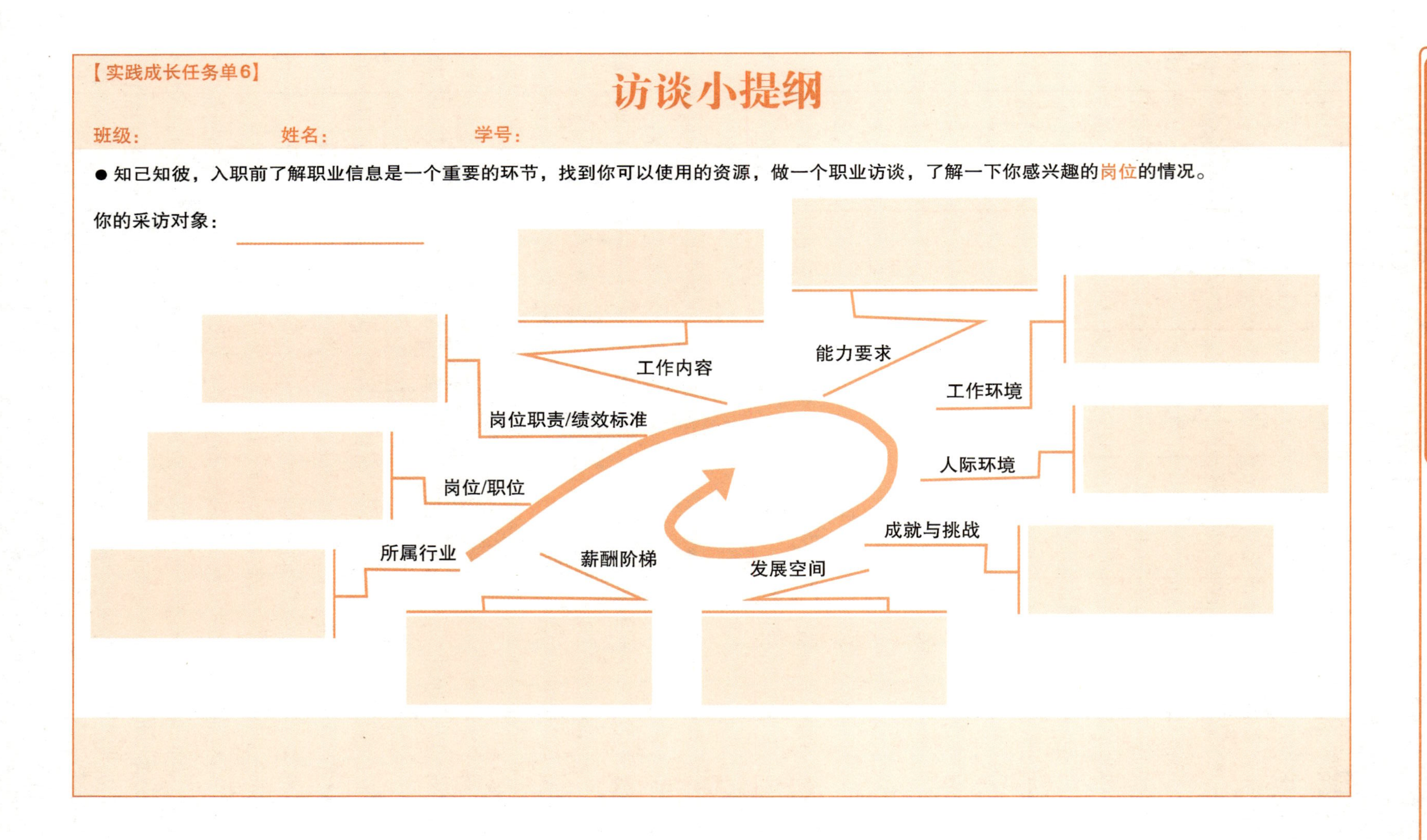

项目 1.3 打开优势百宝箱

生涯名言

我们都拥有自己不了解的能力和机会，都有可能做到未曾梦想的事情。

——戴尔·卡耐基

生涯思考

每个人都是一座内在的潜能之山，等待我们去攀登。

莫扎特：一位著名的奥地利作曲家和钢琴家，从小就展现出了非凡的音乐才华。

毕加索：一位西班牙裔的艺术家，被认为是现代艺术的创始人之一，从小就展现出了绘画的天赋。

爱因斯坦：一位德国裔的物理学家，被认为是现代物理学的创始人之一，从小就展现出了对数学和物理的天赋。

玛丽·居里：一位波兰裔的物理学家和化学家，是第一位获得两次诺贝尔奖的人，从小就展现出了对科学的天赋。

迈克尔·乔丹：一位美国籍的职业篮球运动员，被认为是篮球史上最伟大的球员之一，从小就展现出了对篮球的天赋。

内在潜能是驱动我们前进的强大动力，只有不断挖掘、磨砺，才能将潜能转化为实力，实现自我价值。

生涯理论

一、看见优势的力量

1. 盖洛普的优势理论

彼得·德鲁克曾说："大多数人穷尽一生去弥补劣势，却不知从无能提升到平庸所付出的精力，远远超过从一流提升到卓越所要付出的努力。唯有依靠优势，才能实现卓越。"这一观点启发了很多的研究者，特别是"优势心理学之父"唐纳德·克里夫顿，他带领盖洛普科学家团队进行了大量的调研，最终确立了优势理论的重要基石。

盖洛普优势理论认为每个人都有自己独特的优势，而成功的关键在于发现和利用这些优势。盖洛普优势理论提出了五个核心优势领域，分别是：执行、关系建立、战略思维、适应性和知识。

盖洛普优势理论的核心观点如下：

（1）发现优势。盖洛普优势理论认为，每个人都有自己独特的优势，这些优势是基于个人的才干发展而来的，通过识别并发展这些优势，个人和组织可以取得更大的成就。

（2）放大优势。一旦发现了自己的优势，就应该努力放大它们，通过不断实践和磨炼，将优势转化为卓越的表现力，从而在竞争中脱颖而出。

（3）避免弥补劣势。与传统观念不同，盖洛普优势理论不主张花费大量的精力去弥补劣势，因为从无能提升到平庸的努力远远大于从平庸提升到卓越所需的努力，所以更应该专注于发挥自己的优势。

2. 塞利格曼的品格优势理论

积极心理学之父、美国心理学家塞利格曼提出了品格优势理论，它是积极心理学中的一个核心概念，指的是通过认知、情感和行为反映出来的一组积极人格特质。这些特质有助于个体身心健康、幸福感提升，并能缓解抑郁与压力。塞利格曼与他的同事彼得森等经过研究，归纳出世界各大文化都珍视的六大核心美德，以及构成这些美德的二十四项品格优势。这些美德和优势构成了积极行为分类评价系统（Values in Action Classification of Strengths，VIA）。品格优势可以分为多个类别，如情绪力、抗逆力、自我效能感等，每个人如果能在生活中运用与生俱来的品格优势，将会最大限度地促进个体的参与感与意义感，更会增加人们的幸福感。

品格优势理论的优点如下：

（1）科学性与系统性。品格优势理论可以通过系统地评估个体的品格优势，为个体成长和社会发展提供科学的指导。

（2）普适性与跨文化性。品格优势理论所归纳的美德和优势具有跨文化和跨时代的普遍性。这意味着无论是个体还是集体，在不同文化和历史背景下都能找到共鸣。

（3）实践性与可操作性。通过积极行为分类评价系统，个体或者组织都可以识别一个人的品格优势，制定个性化的成长方案，帮助个体更好地发挥潜能、应对挑战、提升幸福感。

（4）强调积极面与成长性。品格优势理论鼓励个体关注自身的优势和潜能，通过发挥优势来促进个人成长和社会发展，这种积极取向有助于激发个体的内在动力，培养乐观向上的心态，从而更好地应对生活中的挑战和压力。

（5）促进个人与社会福祉。通过发挥品格优势，个体可以体验到更多的积极情绪和意义感，从而提升幸福感和生活满意度。同时，这些积极特质也有助于建立良好的人际关系和社会支持系统，促进社会和谐与进步。

（6）发展性思维与终身学习。品格优势思维方式鼓励个体保持终身学习的态度，不断发展和完善自身的品格优势，有助于培养个体的自我成长意识和自我提升能力，为个人的持续发展和社会的进步提供源源不断的动力。

3. 加德纳的多元智能理论

多元智能理论于1983年由霍华德·加德纳博士提出。该理论认为每个人都拥有不同的智能组合，包括语言智能、逻辑数学智能、空间智能、身体动觉智能、音乐智能、人际智能、内省智能等。这些智能在不同人身上表现出不同的强弱程度，形成了每个人独特的智能结构。充分认识和发挥自己的智能优势，通过不断学习和实践，将潜能转化为实力，实现自我价值。同时，我们也应该尊重和欣赏他人的智能差异，相互学习，共同进步。

多元智能理论的特点如下：

（1）认为多种智能并存。多元智能理论认为人类存在多种相对独立的智能，包括但不限于语言智能、逻辑数学智能、空间智能、身体动觉智能、音乐智能、人际智能、内省智能、自然观察智能等。这些智能在每个人身上都以不同方式存在，且同等重要。

（2）扩大了智力的外延。打破了传统智力理论对智力的狭隘定义，将智力的概念扩展到更广泛的领域，认为智力不仅仅是语言和数理逻辑的能力，还包括解决实际问题、创造有效产品以及在不同文化和社会环境中表现出的多种能力。

（3）个体智能组合的差异性。尽管每个人都拥有多种智能，但这些智能在每个人身上由于遗传、环境、教育和个体努力程度等多种因素共同作用，表现程度和组合方式却各不相同，这种差异性使得每个人的智力类型具有独特性，不同的人具有不同的认知发展水平和认知方式。

（4）解决实际问题的能力。多元智能理论强调智力是个体解决实际问题的能力，是发现新知识、创造有效产品的能力，这种实践性特点使得智力不再是抽象的概念，而是与现实生活紧密相连的实际能力。

（5）特定文化或环境中的表现。多元智能理论认为，智能是某一特定文化或特定环境中的表现，智能离不开具体的生活环境，离开情境孤立而抽象地谈智力是毫无意义的。因此，在评估和培养个体智能时，需要充分考虑其所处的文化和社会环境。

（6）智能水平的提升需要开发。多元智能理论认为，每个人在多种智能方面出现差异的最终原因在于开发程度的不同，通过有效的教育方法和手段，可以提升学生的智能水平，使其在各种智能领域都能得到充分的发展。

目前，多元智能理论尚未被完全通过实验证实，但它在全球范围内产生了广泛的影响，并且已被多个国家和地区的教育工作者所接受和应用。实践表明，通过关注和发展多种智能，可以有效提高学业成绩和综合素质。

二、找到优势关键词

1. 盖洛普优势理论的核心才干

盖洛普优势理论总结了 34 个核心才干词，归为四大领域：执行力领域、影响力领域、关系建立领域和战略思维领域（表 1-3-1）。每个领域下的核心才干词都有其独有的特征和应用场景。

表 1-3-1　盖洛普优势理论核心才干词

执行力	影响力	关系建立	战略思维
成就 统筹 信仰 公平 审慎 纪律 专注 责任 排难	行动 统率 沟通 竞争 完美 自信 追求 取悦	适应 关联 伯乐 体谅 和谐 包容 个别 积极 交往	分析 回顾 前瞻 理念 搜集 思维 学习 战略

盖洛普优势理论中的这34个核心才干词并非固定不变，它们是基于大量调研和数据分析得出的，旨在帮助个人和组织更好地了解和发展自身优势。每个人的优势组合都是独特的，没有绝对的好坏之分，重要的是要识别并发挥自己的优势，以实现个人和组织的卓越发展。

核心才干对个体职业发展具有重要作用：

（1）提升个人绩效。通过发挥个人优势，可以更加高效地完成工作任务，提升个人绩效和满意度。

（2）增强团队凝聚力。当团队成员都了解并发挥自己的优势时，整个团队将变得更加协调和高效，从而增强团队的凝聚力和战斗力。

（3）促进组织发展。组织可以通过识别和发展员工的优势来优化人力资源配置，提高组织运营效率和市场竞争力。

2. 品格优势

塞利格曼和他的研究团队提出了六大美德和二十四项品格优势，二十四项品格优势（图1-3-1）是达到智慧、意志、关爱、正义、节制和超越这六大美德的途径。这些品格优势是构建积极情绪、投入、人际关系、意义和成就的基础。每个人如果能在生活中运用与生俱来的品格优势，将会最大限度地促进个体的参与感与意义感，更会增加幸福感。

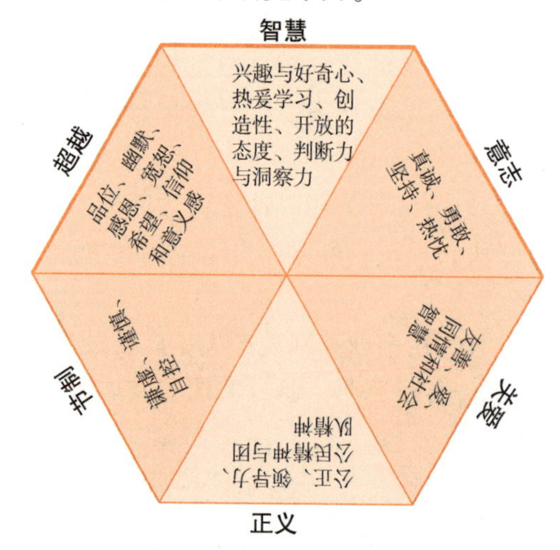

图1-3-1　二十四项品格优势

品格优势对个体职业发展具有重要作用：

（1）建立信任与人际关系。这种信任是职场中成功的基石，有助于获得更多的合作机会和职业发展资源。

（2）增强职业竞争力。拥有良好品格优势的人，如责任感、领导力和团队协作能力，往往更能脱颖而出，获得职业晋升和机会。

（3）提升职业适应能力。品格优势中的坚韧、乐观和适应性，使个体在面对职业挑战和变化时能够保持积极态度，迅速适应新的工作环境和要求。

（4）促进团队合作与领导力发展。公民精神、团队精神和领导力等品格优势有助于个人在团队中发挥积极作用，提升团队整体效能。同时，这些优势也是领导力发展的重要基础，有助于培养出优秀的领导者。

二十四项品格优势列表

（5）实现职业成功与满足。拥有良好的品格优势有助于个人在职业上的成功，从而带来内心的满足感和幸福感。

（6）塑造良好职业形象。拥有良好的品格优势有助于塑造积极的职业形象，使个人在职场中更具吸引力和影响力；有助于个人建立良好的职业声誉，为职业发展奠定基础。

（7）持续学习与成长。持续的学习和成长是职业发展的重要动力，能够使个人不断适应职场的变化和挑战。

品格优势对职业发展具有多方面的积极作用，个人在职业发展过程中应注重培养和发挥自身的品格优势，以实现更好的职业发展。

3. 多元智能的分类及作用

多元智能的分类如表 1-3-2 所示。

表 1-3-2　多元智能的分类

智能类型	描述
语言智能 （Linguistic Intelligence）	涉及口头和书面语言的运用，包括阅读、写作、演讲、辩论等能力。高语言智能者擅长理解和表达复杂的思想和概念
逻辑数学智能 （Logical-Mathematical Intelligence）	涉及数学运算、逻辑推理、问题解决和科学分析的能力。高逻辑数学智能者擅长抽象思维，对数字和逻辑系统敏感
空间智能 （Spatial Intelligence）	涉及对空间、形状、色彩、线条和形式的感知和理解。高空间智能者擅长视觉思维，在绘画、雕塑、建筑和设计等领域有优势
身体动觉智能 （Bodily-Kinesthetic Intelligence）	涉及身体运动、协调和平衡的能力。高身体动觉智能者擅长操作物体、使用工具以及进行身体表演
音乐智能 （Musical Intelligence）	涉及对音高、节奏、旋律和音色的感知与理解。高音乐智能者擅长音乐创作、演奏和欣赏
人际智能 （Interpersonal Intelligence）	涉及理解他人、与人交往和建立关系的能力。高人际智能者擅长察言观色、理解他人情绪和需求，以及有效沟通
内省智能 （Intrapersonal Intelligence）	涉及对自我内部世界的感知和理解，包括自我认知、自我反思和自我激励。高内省智能者擅长自我分析、设定目标和规划未来
自然观察智能 （Naturalist Intelligence）	涉及对自然环境和生物世界的感知和理解。高自然观察智能者擅长观察、分类和解读自然环境中的信息
存在智能 （Existential Intelligence）	涉及对人生、信仰、道德和宇宙等深层问题的思考和理解。高存在智能者擅长哲学思考、宗教体验和人生规划

多元智能对个体职业发展具有重要作用：

（1）帮助个体识别自身智能优势。每个人的智能组合都是独特的，通过识别自身的智能优势，个体可以更清晰地了解自己的潜能和特长，从而在职业选择时更加明确方向。例如，语言智能强的人可能更适合从事写作、演讲、翻译等工作；数学逻辑智能强的人则可能更适合从事科学研究、数据分析等领域。

（2）促进职业选择的多样性和个性化。多元智能理论打破了传统职业观念的限制，鼓励个体根据自己的智能优势选择多样化的职业路径，有助于个体实现个人价值，有利于促进社会职业的多样性和创新性。

（3）提升职业发展的动力和持续性。当个体从事与自己智能优势相匹配的职业时，人们更容易在工作中获得成就感和满足感，从而激发持续学习和进步的动力。同时，多元智能理论也鼓励个体不断挖掘和发展自己的多种智能，以适应职业发展的变化和挑战。

（4）增强职业竞争力和适应性。拥有多种智能优势的个体在职业竞争中更具优势，能够灵活运用不同的智能来解决问题和应对挑战，在快速变化的职场环境中，多元化的智能组合也增强了个体的适应性和灵活性。

（5）促进团队合作与协作。多元智能理论强调个体间的差异性和互补性，这提示我们，在团队工作中，不同智能优势的个体可以相互协作、取长补短，共同完成任务。

三、构建优势成长体系

了解优势是一个自我探索和发现的过程，你可以尝试使用下面这些方法，从而更清晰地了解自身的天赋。

1. 优势的作用

优势在生涯成长中的作用主要体现在以下几个方面：

（1）提高竞争力。在职场中，拥有明显的优势可以使个人在同行中脱颖而出，从而更具竞争力。这种竞争力不仅体现在工作能力的卓越上，还包括解决问题、创新思维以及团队协作能力等多个方面。

（2）增强自信心。认清并发挥自己的优势，可以帮助个人更好地认识自己，进而增强自信心。自信心是职业发展中不可或缺的心理素质，能够促进个人勇敢地面对挑战，敢于追求更高的目标。

（3）提升效率与效果。利用自身优势来完成任务，往往能够更高效地达到目标。因为优势通常意味着个人在某个领域具有超出常人的能力或资源，这自然会在工作中转化为更高的效率和更好的效果。

（4）助力发掘潜力。优势的存在往往暗示着个人在某些方面具有未被完全开发的潜力。通过不断地挖掘和培养这些优势，个人可以实现自我突破，达到更高的职业高度。

（5）增加幸福感与满足感。在工作中发挥自己的优势，更容易获得成就感和满足感，从而提升个人的幸福指数。这种积极的心理状态有助于保持工作的热情和动力，形成良性循环。

2. 构建优势体系的方法

优势在生涯成长中不仅关系到个人的职业发展，还深刻影响着个人的心理状态和生活质量。因此，认清并发挥自己的优势，是每个人在职业生涯中都应该重视的课题。

（1）深度自我探索。包括明确自己的兴趣、价值观、天赋和优势。可以通过自我评估工具、职业咨询、心理测试等方式，更全面地了解自己的优势和弱点，这有助于在职业发展中找到最适合自己的方向。

识别优势的方法：①自我反思：通过自我评估，明确自己的价值观、兴趣、技能和经验，从而了解自己的潜在优势。②他人反馈：从同事、朋友或专业人士那里获取反馈，以便更全面地了解自己的优势。③参与测评：通过职业测评工具，如性格测试、能力倾向测试等，科学地识别自己的优势。

（2）设定明确的目标。在自我认知的基础上，设定明确、可量化的职业发展目标。

设定目标时要注意：①目标要与自我优势和兴趣相匹配，能激发内在动力。②目标要明确，明确的目标有助于将优势转化为实际的行动和成果。③以终为始，目标要分为短期和长期目标，长期目标是成长的战略方向，避免南辕北辙；短期目标可以帮自己检验行动落地效果，及时做调整，提高效率。④目标也需要具有挑战性，保持足够的吸引力，推动成长和进步。

（3）制订成长计划。这个计划应该包括需要学习的知识、技能和能力，以及打算如何获取这些知识和技能。可以通过参加培训课程、阅读专业书籍、参与行业交流等方式来提升自己的能力。

注意事项：①针对每个目标，要有详细的行动计划，包括具体步骤、时间表和所需资源。②计划要有灵活性和可持续性，以便根据实际情况进行调整。

（4）持续实践与反思。理论学习是重要的，但实践同样不可或缺，需要将所学知识应用到实践中，通过实践来检验理论的正确性。

注意事项：①定期回顾和评估自己的进展，确保行动与目标保持一致。②定期反思自己的实践过程，从中总结经验教训，以适应变化的环境和需求，优化自己的成长计划。

（5）定期评估与调整并建立支持网络。职业生涯是一个持续发展的过程，需要定期评估成长进度和效果。通过收集反馈、分析数据、总结经验等方式了解成长状况、及时调整成长计划、确保成长始终与职业目标保持一致，实现持续的成长。在这个过程中，可能会遇到各种挑战和困难。因此，需要建立一个支持网络，包括家人、朋友、同事、导师等，他们可以提供必要的帮助和支持，从而增强信心和动力。

（6）其他。在构建优势成长体系的过程中，还可以参考一些具体的数字和信息。

①投入时间比例：为了确保优势的成长，需要合理分配时间和精力。例如，可以设定每周投入一定时间进行技能提升、学习新知识或参与相关活动。②成果量化指标：为了衡量优势成长的效果，可以设定一些具体的量化指标。例如，如果优势是销售能力，可以设定每月的销售额或客户增长率作为衡量标准。③反馈频率：为了及时了解自己的优势和不足，可以设定定期获取反馈的频率。例如，每季度进行一次 360 度反馈评估，以便更全面地了解自己的表现。

案例故事：梁从诫：家族荣耀与环保使命

拓展延伸

1.《生涯线》，作者：［美］戴维·范鲁伊，粟志敏等译，浙江人民出版社。

2.《远见：如何规划职业生涯 3 大阶段》，作者：［加］布赖恩·费瑟斯通豪，苏健译，北京联合出版公司。

3.《洞见》，作者：赵昂，文化发展出版社。

4.《云梯：从新人到达人的职场进化论》，作者：虞莹，电子工业出版社。

生涯实践

【实践成长任务单7】

点亮兴趣星

班级：　　　　姓名：　　　　学号：

● 兴趣就像夜空中的星，即使光亮微弱，但总能带给我们希望和光明的引导。在星星上写下你的兴趣，尝试去做，点亮它，它可能就是未来职业的机会。

值得思考：(1)兴趣从低到高分为三个层次：感官兴趣、自觉兴趣和志趣。
(2)感官兴趣只是感觉上的享受，无法成为职业。只有自愿投入、刻意练习的兴趣，才有成为职业的可能。

【实践成长任务单 8】

品格优势库

班级：　　　　姓名：　　　　学号：

● 每个人都有很多美好的品格，观察自己，把自己的美好品格记录下来。

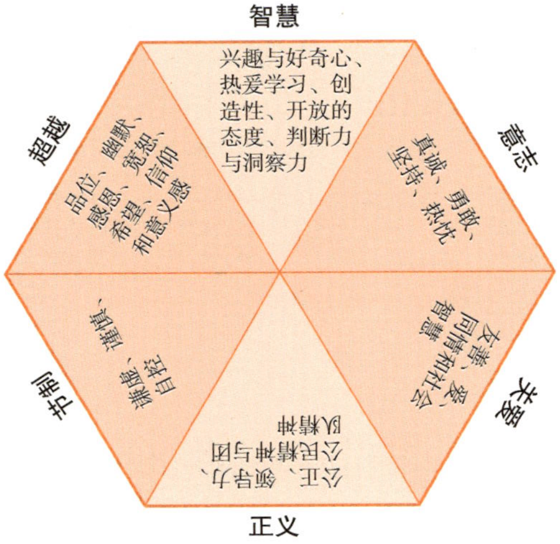

智慧：兴趣与好奇心、热爱学习、创造性、开放的态度、判断力与洞察力

意志：真诚、勇敢、坚持、热忱

关爱：友善、爱、同情和社会智慧

正义：公正、领导力、公民精神与团队精神

节制：谦虚、谨慎、自控

超越：品位、幽默、感恩、宽恕、希望、信仰和意义感

品格名称	周一	周二	周三	周四	周五	周六	周日

值得思考：(1) 优势是一种心理特质，应该在不同的环境中长期存在。并且，你可以创造这个环境。
(2) 看待自我的方式：每个人身上，没有所谓的优缺点，都是不同情境下的表现，都是特点。
(3) 优势本身有价值，常能带来好的结果。

【实践成长任务单9】

潜藏的能力

班级：　　　　姓名：　　　　学号：

● 天赋是天生的、下意识的，所以很多时候你很难辨别出来。你可以通过向自己提问和向他人提问两种方式来了解。

问自己

第一类问题：自我效能(Self-efficacy)

1. 你认为自己能够教别人什么，或者别人常向你请教什么？
2. 你跟他人聊天的时候，倾向聊什么，什么话题会让你更有自信？
3. 你在做什么事情的时候，不会感到焦虑和担心？

第二类问题：本能(Instinct)

1. 你在做什么事情的时候，很少拖延？
2. 长时间休息后，你最想做什么事情，看重这件事的哪个方面和内容？
3. 你宁愿放弃休息时间也要做的事情是什么？

第三类问题：成长(Growth)

1. 有什么事情，让你沉浸其中忘记吃饭睡觉？
2. 你在做什么事情的时候，会暂时忘记刷社交网络？
3. 你在做什么事情的时候，不容易感到疲倦和厌烦？

第四类问题：本能(Needs)

过去的工作和生活中，有什么让你获得巨大的成就感和满足感？

问他人

让你的朋友或者老师、同学，帮你回答：

1. 你觉得我身上有什么不同于别人的特质？
2. 你最欣赏或者佩服我的哪些方面？
3. 在你看来，我做什么事情的时候看起来最兴奋？
4. 你看到我做过的哪件事情让你印象深刻？
5. 以下这些方面，你觉得我更加擅长哪些？

思维方式：条理清晰、逻辑严密、脑洞很大、专注专业；
沟通协调：化解冲突、争取资源、知人善任、表达清晰；
计划执行：执行力强、追求完美、目标导向、善用时间；
人际交流：获得信任、有影响力、有领导力、合作共赢。

记录他人给予自己的反馈：

使用指南：一件事情里

项目 1.4　别样选择别样红

生涯名言

深窥自己的心，而后发觉一切的奇迹在你自己。

——培根

生涯思考

测一测你的适应力

测评结果

请快速阅读下面的陈述，并根据第一感觉选出自己的实际情况与每句话的符合程度（选项分值：A—1 分；B—2 分；C—3 分）。

1. 每次离开家到一个新的地方后，我总会出现一些不适，如失眠、拉肚子、皮肤过敏等。
A. 符合　　B. 不清楚　　C. 不符合
2. 开会轮到我发言时，我似乎比别人更镇定，发言也显得很自然。
A. 符合　　B. 不清楚　　C. 不符合
3. 冬天我比别人更怕冷，而夏天比别人更怕热。
A. 符合　　B. 不清楚　　C. 不符合
4. 在嘈杂、混乱的环境中，我仍能集中精力学习和工作，效率并不会大幅降低。
A. 符合　　B. 不清楚　　C. 不符合
5. 每次检查身体时，医生都说我“心跳过速”。其实我平时心率很正常。
A. 符合　　B. 不清楚　　C. 不符合
6. 如果需要的话，我可以熬一个通宵，第二天仍然精力充沛地学习或工作。
A. 符合　　B. 不清楚　　C. 不符合
7. 我觉得一个人做事比大家一起干效率高一些，所以我愿意一个人做事。
A. 符合　　B. 不清楚　　C. 不符合
8. 为求得和睦相处，我有时会放弃自己的意见，附和大家。
A. 符合　　B. 不清楚　　C. 不符合
9. 和别人争吵起来时，我常常哑口无言，事后才想起该怎样反驳对方，可是已经晚了。
A. 符合　　B. 不清楚　　C. 不符合
10. 无论情况多么紧迫，我都能注意到该注意的细节，不会丢三落四。
A. 符合　　B. 不清楚　　C. 不符合

生涯理论

一、有效启动你的“三个大脑”

1. 为什么情绪总是先于理性发生

情绪总是先于理性思考出现的原因，可以从以下几个方面进行归纳：

（1）生理结构与进化论解释。

人类大脑中的情感脑区比认知系统的脑网络更早成熟，这种生理结构上的特点使得情绪反应在速度上优先于理性思考。从进化角度看，情绪具有进化意义。例如，焦虑和恐惧等情绪有助于人们避免高危险活动，从而提高生存机会。这种情绪的快速出现是人类在长期进化过程中形成的一种保护机制。

（2）情感与认知的相互作用。

情感可以影响个人的理性思考。情感为个人提供了对事物的价值评估和意义解读，这种评估和意义解读往往是在理性思考之前就已经形成的，情感反应快速且直观，可以在理性分析之前就对情况做出初步的判断和反应。

（3）情境因素的影响。

在某些紧急或危险的情境下，情绪可以提供直觉和本能的指引，帮助人们迅速做出决策，而无须经过复杂的理性分析。

（4）社会文化背景的塑造。

社会文化因素也可能塑造我们对情绪和理性的看法和运用。在某些文化或社交环境中，情绪的表达和反应可能被视为更为重要和直接，从而在一定程度上强化了情绪先于理性思考的趋势。

2. 三脑理论

美国国家精神卫生研究院神经学专家保罗・麦克莱恩在1970年提出了三脑理论。三脑理论（Triune Brain Theory），也称“脑的三位一体理论”“三合一脑”，该理论认识到大脑结构是进化的产物。人脑有三种物理脑系统：网状脑系统（爬行脑）、哺乳脑系统（情绪脑）、大脑皮层系统（视觉脑），如图1-4-1所示。三脑作为人类进化不同阶段的产物，就像三台互联的生物电脑，各自拥有独立的智能、主体、时空感与记忆。

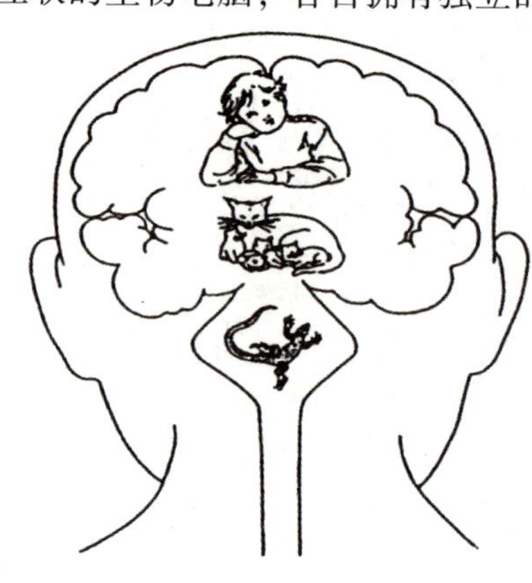

图1-4-1　大脑结构

麦克莱恩大胆提出了大脑假说，他将这三个脑分别称作新皮质或新哺乳动物脑，边缘系统或古哺乳动物脑以及爬行动物脑（即脑干和小脑）。每个脑通过神经与其他两个相连，但各自作为独立的系统分别运行，各司其职。

三脑理论告诉我们：“每一个行为背后都有一个正向的动机和意图”。爬行脑的正向意图是生存，情绪脑的正向意图是归属感，而视觉脑的正向意图则是创造、创新和探索，是聚焦未来，完成计划和实现目标。既然我们弄懂了大脑是如何运作的，那么在日常的工作、生活中，我们就不会在懵懵懂懂地被潜意识支配而不自知。

对于职业生涯规划来说，理解三脑理论有助于我们更深入地认识自我，从而做出更明智的职业选择。

二、生涯决策的循环过程

1. CASVE 循环

CASVE 循环是一种有效的职业生涯规划决策技术，涵盖了沟通、分析、综合、评估和执行五个关键步骤。这一循环旨在帮助个人或团体系统地规划职业生涯，解决职业问题，提

高生活质量。下面将详细解释这五个步骤及其在职业生涯规划中的应用。

（1）沟通（Communication）。

沟通是起点。个人需要识别并解决职业理想与现实之间的差距。这涉及对内和对外两个方面的因素。对内，个人需要考虑自身的情绪、身体状态以及直觉等内部信号，以了解自己的需求和限制。对外，则需要考虑家人、朋友、社会等外部因素，以了解职业市场的需求和趋势。通过充分的内外沟通，个人能够更清晰地认识到自己的职业需求和目标，为后续的步骤奠定基础。

（2）分析（Analysis）。

个人需要对自我知识和环境知识进行深入分析。自我知识包括兴趣、能力、价值观和人格特质等方面，而环境知识则涉及职业市场的现状、未来趋势以及不同职业的要求和机会。通过分析这些因素，个人可以更全面地了解自己和职业世界，找出可能导致理想与现实差距的原因，并评估自己有效应对这些差距的能力。

（3）综合（Synthesis）。

个人根据分析阶段的信息来制定消除差距的行动方案，包括发散性地思考各种可能的解决方案，并通过“头脑风暴”等创造性思维方法，尽可能多地列出可能的职业选择。然后，通过缩小选择范围，将最有可能实现目标的选项限定在3~5个。这一步骤有助于明确职业方向，为后续的决策制定提供依据。

（4）评估（Valuing）。

对综合阶段得出的职业选择进行具体的评估。这包括对每种选择的潜在代价和益处进行权衡，考虑它们对个人、家庭、社会等方面的影响。同时，还需要评估每种选择的可行性，确保它们与个人兴趣、能力和价值观相匹配，并且符合职业市场的需求和趋势。通过这一过程，个人能够选出最适合自己的职业方向。

（5）执行（Execution）。

执行是将决策付诸实践的关键步骤。在这一阶段，个人需要制订详细的行动计划，包括具体的时间表、行动步骤和预期结果。然后，通过积极的心态和行动，将计划付诸实施。在执行过程中，个人可能会遇到各种挑战和困难，但需要保持坚定的决心和积极的应对态度，不断调整和优化行动计划，以确保最终目标的实现。

2. CASVE 循环的作用

CASVE 循环五个步骤相互关联、相互促进，形成了一个完整的职业生涯规划过程。通过不断地循环和实践，个人可以逐步明确自己的职业目标，制定合适的职业规划，并采取有效的行动来实现这些目标。这一循环不仅有助于提高个人的职业决策能力，还有助于提升个人的职业生活质量和幸福感。

（1）强调了个体在职业生涯规划中的主动性和创造性。它鼓励个人积极探索自己的兴趣和潜能，关注职业市场的变化和趋势，灵活应对各种挑战和机遇。通过这一循环的实践，个人可以不断发展和完善自己的职业生涯，实现个人价值和社会价值的双赢。

对于那些希望提高职业决策能力、实现职业目标的人来说，学习和掌握 CASVE 循环是非常有益的。然而，需要注意的是，CASVE 循环并非一蹴而就的过程。它要求个人在职业生涯的不同阶段不断地进行反思和调整，根据实际情况灵活应用这一循环。同时，个人还需要保持积极的学习态度，不断更新自己的知识和技能，以应对不断变化的职业环境。

CASVE循环不仅适用于个人职业生涯规划，也可以应用于团体或组织的职业决策过程中。通过引导团队成员共同参与这一循环的实践，可以促进团队成员之间的沟通和协作，提高团队的职业决策效率和效果。

CASVE循环是一种全面而系统的职业生涯规划决策技术，能够帮助个人和团体更好地规划自己的职业生涯，实现职业目标。通过不断的学习和实践这一循环，我们可以不断提升自己的职业决策能力，为未来的职业发展奠定坚实的基础。

三、五问法

五问法，也称为5Why分析法，是一种问题解决方法，通过对一个问题点连续自问五个“为什么”来追究问题的根本原因。这种方法最初由丰田公司的佐吉提出，并在其生产系统中得到广泛应用。5Why分析法的关键在于鼓励解决问题的人避免主观假设和逻辑陷阱，从结果出发，沿着因果关系链条逐步深入，直到找到问题的根本原因，如古话所言：打破砂锅问到底。找问题的原因是我们日常生活和工作中最常用的技能之一，作用巨大。但是找问题的原因并不那么简单，面对同一个问题，有些人能够找到深层原因，有些人只能找到浅层原因，甚至是错误的、无用的原因。很多时候，这是深度思考能力的差别，也就是思维逻辑链条长短的差别。

对于许多大学生来说，职业生涯规划也许是一个比较模糊的概念，因而就更谈不上对自己的职业生涯进行规划了。其实，只要你对自己有一个基本认识，同时掌握一定的方法，你就能对自己进行职业规划，为自己的职业生涯发展画一张蓝图。

1. 五问法的五个问题

（1）What are you?——“我是谁”：对自己进行一次深刻的反思，把优点和缺点都一一列出来。

（2）What do you want?——“我想干什么”：是对自己职业发展的一次心理趋向的检查。每个人在不同阶段的兴趣和目标并不完全一致，有时甚至是完全对立的，但随着年龄和经历的增长将逐渐固定，并最终锁定自己的终生理想。

（3）What can you do?——“我能干什么”：是对自己能力与潜力的全面总结。一个人职业的定位最根本的还要归结于自己的能力，而一个人职业发展空间的大小则取决于自己的潜力。对于一个人潜力的了解应该从几个方面着手，如对事的兴趣、做事的韧力、临事的判断力，以及知识结构是否全面、是否及时更新等。

（4）What can support you?——“环境支持或允许我干什么”：这种环境支持在客观方面包括本地的名种状态，如经济发展、人事政策、企业制度、职业空间等。人为主观方面包括同事关系领导态度、亲戚关系等。应该把两方面的因素综合起来看。有时我们在做职业选择时常常忽视主观方面的因素，没有将一切有利于自己发展的因素调动起来，从而影响了自己的职业切入点。要知道，哪怕是在国外，通过同事、熟人的引荐找到工作也是最正常、最容易的。当然，我们应该知道这和一些所谓的“走后门”有着本质的区别。这种区别就是这里的环境支持是建立在自己的能力之上的。

（5）What can you be in the end?——“自己最终的职业目标是什么”：明晰了前面四个问题之后，第五个问题是找到它们的最高共同点，从各个问题中找到对实现有关职业目标有利的和不利的条件。列出不利条件最少的、自己想做而且能够做的职业目标之后，自然就有了一个清楚、明了的框架，从而形成自己的职业生涯规划。

在实施五问法时，不限于仅进行五次为什么的提问，重要的是持续追问直到找到问题的根本原因。这种方法适用于多个领域，包括但不限于制造业、服务业和项目管理领域，帮助我们从不同角度（如制造、检验、体系或流程）分析问题，从而找到全面的解决方案。

2. 五问法从三个层面来实施

（1）为什么会发生？从“制造”的角度。

（2）为什么没有发现？从“检验”的角度。

（3）为什么没有从系统上预防事故？从“体系”或“流程”的角度。

每个层面连续五次或多次的询问，得出最终结论。只有将以上三个层面的问题都探寻出来，才能发现根本问题，并寻求解决方案。

3. 使用五问法的基本原则

（1）回答的理由是受控的。

（2）询问和回答是在限定的流程范围内。

（3）从回答中，我们能够找到行动的方向。

案例故事：侯仁之的历史地理学之路

拓展延伸

1.《生涯规划指导》，作者：盖笑松，东北师范大学出版社。

2.《成长比成功更重要》，作者：俞敏洪、徐小平、王强等，新星出版社。

生涯实践

【实践成长任务单10】

生涯纸飞机

班级：　　　　姓名：　　　　学号：

- 导语：步骤1：在这张白纸上，写下你行动过程中的“困难”，比如你担忧什么、害怕什么……

  步骤2：把这张纸狠狠揉成一团，你有多担心这些困难，就用多大的劲儿。

  步骤3：把这个写着“困难”的纸团，使劲儿扔到讲台上。

  步骤4：把自己扔的纸团捡回来，展开纸团。

  步骤5：用喜欢的颜色，把纸上的折痕画出来，并把这些画郑重展示出来。

  步骤6：看一看纸上的这些折痕像什么，这个活动对你有什么启示。

【实践成长任务单11】

人生之八问

班级：　　　　姓名：　　　　学号：

- 写一写下面问题的答案。

1. 我是__________的人，所以我要做__________事情。
2. 我想成为__________的人，所以我要做__________事情。
3. 我想成为这样的人，是因为我喜欢__________。
4. 我能成为这样的人，因为我具备了__________能力。
5. 我在__________地方，为__________人，
   解决__________问题，为他们提供__________方法。
6. 我有__________人和__________资源可以支持我实现这。
7. 我对现状满意的部分是__________，不满意的部分是__________。
8. 我不满意的原因是__________，
   我要用__________行动改变现状。

【实践成长任务单12】

生命的银行

班级：　　　　姓名：　　　　学号：

● 如果生命是一间银行，你希望在大学阶段往银行里面存入什么，支取什么，毕业时银行结余什么呢。

大学一年级·生命银行储蓄记录

户名(姓名)		开户行(学校)		照片
账号(班级)		凭证号(学号)		
生命银行宣言 年　月　日				

提示：记录自己每年在生命银行中存入或支出的币种，重点记录是通过哪些事件存入或支出的。每个月底做一次结算，毕业前做总盘点，助力自己获得职业竞争力和幸福生活的能力。

日期	币种	存入事件摘要(+?元)	支出事件摘要(-?元)	余额(元)	操作员(合作伙伴)

币种说明：01个人健康　02娱乐休闲　03朋友他人　04家人亲戚　05个人成长　06自我实现　07职业发展　08财务理财

大学二年级·生命银行储蓄记录

户名(姓名)		开户行(学校)		照片
账号(班级)		凭证号(学号)		
生命银行宣言 年　月　日				

提示：记录自己每年在生命银行中存入或支出的币种，重点记录是通过哪些事件存入或支出的。每个月底做一次结算，毕业前做总盘点，助力自己获得职业竞争力和幸福生活的能力。

日期	币种	存入事件摘要(+?元)	支出事件摘要(-?元)	余额(元)	操作员(合作伙伴)

币种说明：01个人健康　02娱乐休闲　03朋友他人　04家人亲戚　05个人成长　06自我实现　07职业发展　08财务理财

大学三年级·生命银行储蓄记录

户名(姓名)		开户行(学校)		照片
账号(班级)		凭证号(学号)		
生命银行宣言 年　月　日				

提示：记录自己每年在生命银行中存入或支出的币种，重点记录是通过哪些事件存入或支出的。每个月底做一次结算，毕业前做总盘点，助力自己获得职业竞争力和幸福生活的能力。

日期	币种	存入事件摘要(+?元)	支出事件摘要(-?元)	余额(元)	操作员(合作伙伴)

币种说明：01个人健康　02娱乐休闲　03朋友他人　04家人亲戚　05个人成长　06自我实现　07职业发展　08财务理财

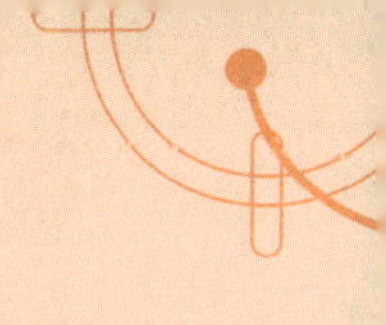

项目 1.5 边学边练小步走

生涯名言

每一个生命都要得到肯定和尊重。

——伯特 · 海灵格

生涯思考

鲁迅弃医从文以笔伐戈

1904 年，鲁迅在日本考进了仙台医学专科学校，立志学习现代医学，他准备毕业后当一名医生。但是，一件突发事件改变了鲁迅的志向。

一次上细菌学课，需要用“电影”（幻灯片，当时称电影）来显示细菌的形状和活动情况。教师讲完后，还没到下课时间，便放了几段时事幻灯片，影片歌颂了日本军国主义为了侵略和扩张在中国东北地区进行的日俄战争。影片刚刚放完，在场的学生发出了鼓掌声和欢呼声，议论着说：“看看中国人这样子，中国一定会灭亡。”这声音像剑一样刺伤了鲁迅的心。

很长时间，鲁迅的心总是平静不下来。他心情沉重，思绪翻腾。他想：自己远涉重洋，来到异国他乡，本想学点先进的医术回国后治病救人，但如果光治好了病人的身体，而精神上依旧那么麻木，中国还有希望吗？

用什么办法才能改变人们的精神，唤醒民众呢？鲁迅认为，当时的海外留学生中，有学医的、学法律的、学工程制造的等，这些只能在某一领域有所作为，而不能改变人们的精神，要改变人们的精神，首推文艺。

没过多久，鲁迅离开仙台医学专科学校，到了东京，联络了许寿裳等几个志同道合的朋友，筹办文艺杂志。不久便开始了他的文学创作生涯。后来他写了大量的杂文和小说，成为我国最伟大的现代文学作家之一。

鲁迅先生的生涯决策过程给了你哪些启示？

生涯理论

一、系统思考

1. 系统思考的概念

系统思考是一种全面、动态且注重相互关联性的方法论，将问题视为一个整体的系统来审视。在复杂多变的职业生涯中，系统思考为我们提供了深入理解问题、预测未来趋势以及制定全面有效解决方案的框架。

2. 系统思考在生涯规划中的应用

在生涯规划中，系统思考强调从全局视角出发，审视整个工作体系及其内部的相互作用。它帮助我们预测职业发展趋势，制定长期规划，优化工作流程，并培养出色的团队合作能力，以适应不断变化的职业环境。在提升职业竞争力方面，系统思考使我们能够综合分析市场需求、技能储备、适应能力等因素，从而制订出更具针对性的提升计划。通过系统思考，我们能更全面地了解自身的兴趣、能力、性格和价值观，以及行业趋势和岗位要求。

3. 系统思考对个人生涯规划的作用

系统思考在职业生涯规划中扮演着举足轻重的角色。它对于个人而言具有深远的意义。

（1）深入了解自我与职业环境。系统思考使我们能够深入分析自身的优势、劣势，同时洞察职业市场的需求和发展趋势，从而制定出切实可行的职业目标和发展路径。

（2）提升决策能力。职业发展是一个不断学习和进步的过程。在系统思考的指导下，我们能够更加全面地权衡各种因素，做出更加明智的决策，为职业生涯的每一步奠定坚实的基础。

（3）以更有效地应对各种职业挑战。在职业生涯中，我们不可避免地会遇到各种问题和困难。系统思考使我们能够深入剖析问题的本质和内在逻辑，找到有效的解决方案，以更有效地应对各种职业挑战。

系统思考在生涯规划中发挥着重要的作用，不仅有助于我们实现职业定位与规划、决策与执行、团队管理与协作以及持续学习与成长的全面提升，更为我们的未来发展奠定了坚实的基础。

二、增强回路

1. 增强回路的概念

增强回路是系统思考和复杂性科学领域中的一个重要概念，它描述了系统中因和果之间的同向增强关系。增强回路的基本思想是“因增强果，果反过来又增强因，形成回路，一圈一圈循环增强”。这种循环一旦形成，就会像飞轮一样越转越快，推动整个系统的发展。增强回路描述的是一个系统中因果关系循环增强的现象，是一个动态循环过程，其中一个环节的提升会触发下一个环节的提升，形成一个正向的、自我增强的循环。通过识别和利用增强回路，我们可以更好地理解系统的动态行为，并制定相应的策略来优化系统性能。

2. 增强回路在生涯规划中的作用

在生涯规划中，增强回路能帮我们识别并利用个人成长和职业发展中的关键点，促使我们在职业道路上不断前行，增强回路在职业生涯中的作用主要体现在以下几个方面：

（1）放大和稳定职业发展的动力。类似于增强回路在系统中的信号放大和稳定作用，职业生涯中的增强回路可以放大个人的职业动力，使其更加稳定和持久。当个人在职业生涯中取得一些小的成就或进步时，这些积极的反馈会增强他们的自信心和动力，从而推动他们继续前行，取得更大的成就。

（2）促进正向循环的形成。职业生涯中的增强回路通常表现为一种正向循环，即个人的努力得到回报，这些回报又进一步激发个人的努力。例如，一个销售人员通过不懈的努力获得了一笔大订单，这不仅带来了经济上的回报，还增强了他们的职业满足感和成就感，从而促使他们更加努力地工作，形成一个正向的增强回路。

（3）提升个人能力和技能。在职业生涯中，个人通过不断学习和实践来提升自己的能力和技能，这些能力和技能的提升又会帮助个人更好地完成工作任务，取得更好的工作成果。这种能力和技能的提升与工作任务完成之间的正向增强回路，可以使个人在职业生涯中不断进步，成为更加优秀的职业人士。

（4）增强职业适应性和韧性。职业生涯中不可避免地会遇到各种挑战和困难，通过构建增强回路，个人可以更好地应对这些挑战和困难，保持职业发展的稳定性和持续性。例如，在面对职业瓶颈或转型时，个人可以通过寻找新的机会、学习新的技能或调整自己的职业规划来打破瓶颈或实现转型。这种适应性和韧性正是增强回路在职业生涯中的体现。

（5）促进个人与组织的共同发展。在职业生涯中，个人与组织是相互依存、相互促进的，通过构建增强回路，个人可以更好地融入组织、为组织创造价值；同时组织也可以为个人提供更多的发展机会和资源支持。这种个人与组织之间的正向增强回路可以促进双方的共同发展，实现双赢的局面。

3. 如何构建有效的增强回路

构建有效的增强回路是职业生涯规划的核心，它能够帮助个人在职场中不断积累经验、提升能力，并实现职业生涯的突破和成长，如何构建有效的增强回路包括以下几个关键步骤：

（1）明确目标和关键节点。首先确定你想要增强的具体目标，如提升职业技能、增强人际关系或提高工作效率等；然后找到与目标相关的关键节点，即影响目标达成的核心要素或环节。例如，在提升职业技能方面，关键节点可能包括学习新知识、实践应用、反馈调整等。

（2）分析因果关系。深入分析每个关键节点之间的因果关系，确保它们能够形成一条闭环的因果关系链。例如，“学习新知识”导致“技能提升”，“技能提升”又使得“工作表现得更好”，而“工作表现更好”则可能带来“更多的学习机会”，从而形成一个增强回路。

（3）强化正向反馈。在增强回路中，重点是强化正向反馈，即“因”增强“果”，“果”又增强“因”的循环，这可以通过设立奖励机制、积极反馈、庆祝小成功等方式来实现。例如，每当完成一次有效的学习或实践后，给自己一个小奖励，以增强学习动力。

（4）调整负向反馈。虽然我们主要关注正向增强回路，但负向反馈也是不可避免的，当遇到挑战或失败时，要学会从中吸取教训，调整策略，避免陷入恶性循环，这可能需要一些自我反思、寻求帮助或改变方法。

（5）持续迭代和优化。构建增强回路是一个持续的过程，需要不断地迭代和优化，定期回顾和评估你的进展，找出可以改进的地方，并做出相应的调整。例如，你可能会发现某些学习策略更有效，或者某些人际关系对你的职业发展更为重要，因此你需要调整你的时间和精力分配。

（6）利用外部资源。不要忽视外部资源在构建增强回路中的作用，这可能包括导师、同事、家人、朋友或专业机构等，他们可以提供支持、建议、反馈或机会，帮助你更好地实现目标。

（7）保持耐心和毅力。构建有效的增强回路需要时间和努力，不要期望一蹴而就，而是要保持耐心和毅力，持续努力。随着时间的推移，你会逐渐看到成果和进步。

构建有效的增强回路需要明确目标和关键节点、分析因果关系、强化正向反馈、调整负向反馈、持续迭代和优化、利用外部资源以及保持耐心和毅力，这些步骤和要点可以帮助你更好地规划和管理自己的职业生涯或任何其他重要领域的发展。

（8）保持灵活性和适应性。职业生涯中充满了变数和不确定性。要使增强回路更加有效，你需要保持灵活性和适应性，随时准备应对变化并调整策略。

（9）关注长期效益。虽然短期成果可以带来即时的满足感，但关注长期效益更为重要。在构建增强回路时，要考虑长期的职业规划和发展目标，确保你的行动与长期目标保持一致。

（10）保持积极心态。积极心态有助于你更好地应对挑战和困难。在构建增强回路的过程中，保持积极心态和态度可以帮助你更加专注于目标，更加坚定地追求成功。

三、调节回路

1. 调节回路的概念

调节回路是指通过反馈信号对被控对象进行控制和调节的一种自动控制系统。在一个复杂系统中，各个组分相互作用，形成特定的通路，用于维持系统的稳定性、实现动态平衡和优化系统性能，这些通路就是调节回路。“组分”指的是构成复杂系统的各个基本单元或要素。

调节回路的基本思想就是“因增强果，果反过来减弱因，从而抵抗系统变化的因果回路”。即其中某一因素（因）的变化会触发另一种因素（果）的变化，当这个变化达到一定程度时，果会反过来影响因，使其变化减缓或停止。它就像给超速行驶的车踩刹车保持平衡，是一个自我调整和校正的机制，能使系统在一定范围内保持稳定。在生涯规划中，调节回路表现为个人在职业发展过程中，不断根据外部环境和内部状态进行调整，以实现个人职业目标和生涯规划的稳定与平衡。

2. 调节回路在生涯规划中的作用

调节回路在职业生涯中扮演着重要角色，它可以帮助个体监控自身的行为、情绪和认知，以便及时调整和优化自己的表现。在生涯规划中，我们需要不断地面对各种挑战和变化，它能帮助我们应对和适应变化，调整我们的行为和策略，以实现职业发展的平衡和稳定。通过调节回路，我们可以优化目标实现程度，提升自我满足感，进而实现个人的职业目标。

（1）打破职业发展中的“天花板”。在生涯规划过程中，个人可能会遇到各种隐性的限制，如思维定式、固有信念或对职业发展的误解，这些都可以视为职业发展中的“天花板”，调节回路的应用在于识别和打破这些“天花板”，个人需要挑战自己的思维限制，不断拓宽视野，尝试新的职业机会和领域，从而打破限制，实现职业生涯的飞跃。

（2）建立自我修复机制。在生涯规划过程中，个人会面临各种风险和挑战，如职业瓶颈、技能过时等，通过建立自我修复机制，个人可以定期评估自己的职业进展，识别问题并寻找解决方案，这种机制可以通过反馈循环、动态调整或自适应学习等方式实现，帮助个人在遭遇挑战时迅速恢复并继续前进。

（3）实现工作与生活的平衡。调节回路强调在追求职业发展的同时，保持工作与生活的平衡，在生涯规划中，个人需要设定明确的职业目标，并考虑这些目标对个人生活的影响。通过合理安排工作时间、培养兴趣爱好、保持健康的生活方式等，个人可以实现工作与生活的和谐平衡。

（4）促进持续学习与成长。生涯规划是一个持续的过程，需要个人不断学习和成长以适应职业发展的需求，调节回路的应用在于鼓励个人保持学习的态度，不断更新知识和技能。通过参加培训课程、阅读专业书籍、参与行业会议等方式，个人可以不断提升自己的职业竞争力，实现职业生涯的持续发展。

（5）实施变革管理。在职业生涯中，变革是不可避免的，调节回路的应用在于帮助个人应对变革，实现职业生涯的转型和升级。当面临职业变革时，个人需要识别变革的机遇和挑战，调整自己的职业目标和计划。同时，通过变革管理策略，如找到变革的受益者、调整激励机制等，个人可以推动变革的进行，实现职业生涯的转型和升级。这三个关键点为我们提供了一个全面的视角，能够帮助我们在职业生涯中更好地应对各种挑战和变化。

3. 调节回路在生涯规划中的应用场景

（1）职业目标调整。当个人在职业生涯中设定了过高的目标，并因此而面临巨大的工作压力时，调节回路会发挥作用。个人可能会意识到过度的压力和工作量可能不利于长期的职业发展和身心健康，因此会适当调整目标，寻求工作与生活之间的平衡。

（2）工作效率与质量的平衡。在工作中，个人可能会遇到工作效率与工作质量之间的矛盾。例如，为了完成更多的任务，可能会牺牲工作质量。这时，调节回路会促使个人反思，找到两者之间的平衡点，既保证工作效率又保证工作质量。

（3）个人成长与职业规划。在职业生涯中，个人会不断学习和成长，同时也需要不断地调整自己的职业规划，调节回路会帮助个人识别当前职业规划与个人成长之间的不匹配之处，并促使个人进行必要的调整，以更好地实现个人职业目标。

（4）应对职业挑战与压力。职业生涯中不可避免地会遇到各种挑战和压力，调节回路会帮助个人在面对挑战和压力时，保持冷静和理性，找到应对的策略和方法，避免过度的压力对个人职业生涯产生负面影响。

（5）维持工作与生活的平衡。调节回路在职业生涯中最重要的应用之一是帮助个人维持工作与生活的平衡，当个人面临工作压力过大、生活质量下降的情况时，调节回路会提醒个人关注生活的重要性，促使个人调整工作状态和生活方式，以维持工作与生活的和谐与平衡。

案例故事：陶渊明的故事

1.《你的努力终将成就更好的自己》，作者：冯化志，民主与建设出版社。

2.《戒了吧，拖延症》，作者：辰格，天津人民出版社。

生涯实践

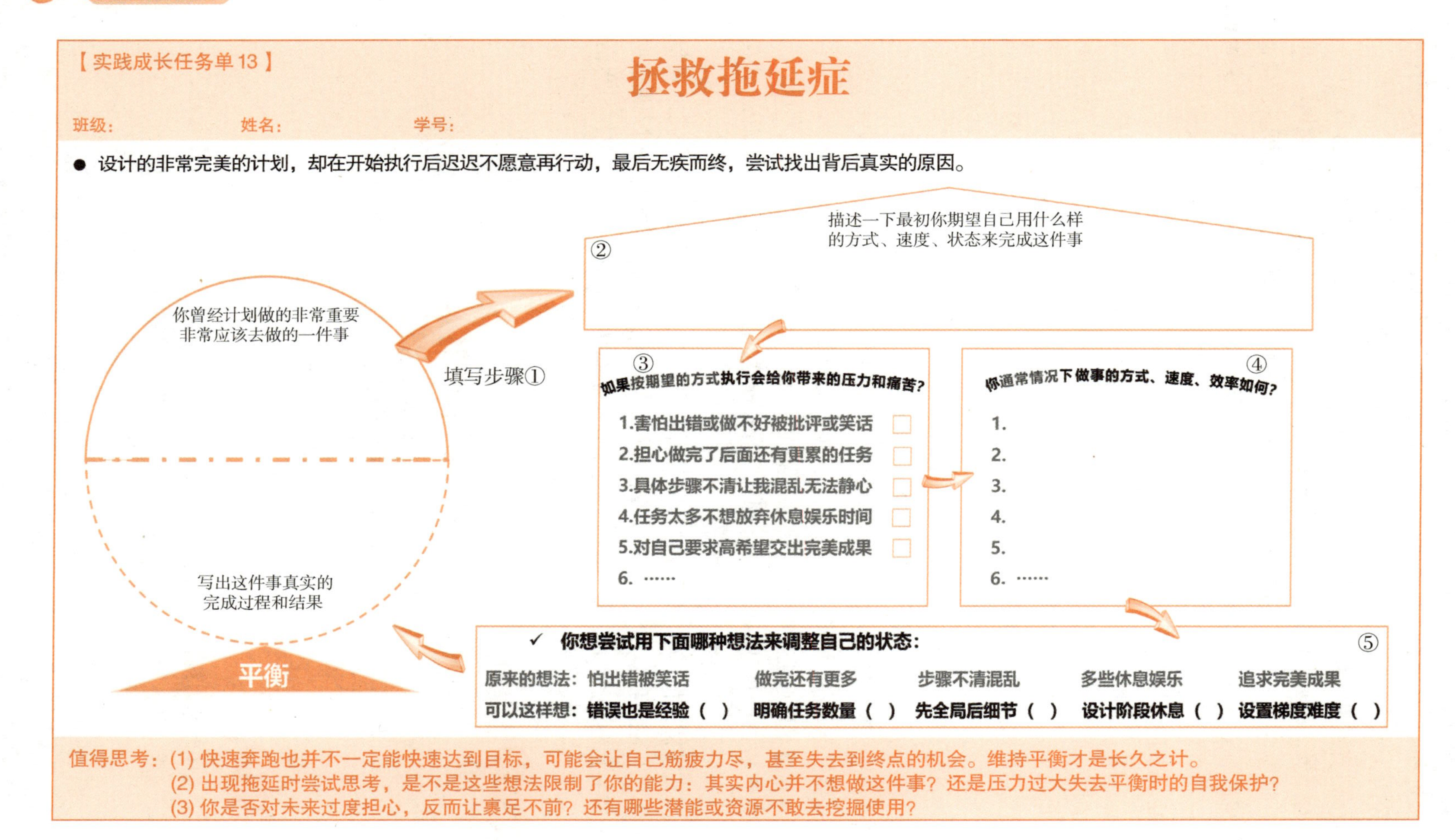

【实践成长任务单13】

拯救拖延症

班级：　　　　姓名：　　　　学号：

● 设计的非常完美的计划，却在开始执行后迟迟不愿意再行动，最后无疾而终，尝试找出背后真实的原因。

值得思考：(1) 快速奔跑也并不一定能快速达到目标，可能会让自己筋疲力尽，甚至失去到终点的机会。维持平衡才是长久之计。
(2) 出现拖延时尝试思考，是不是这些想法限制了你的能力：其实内心并不想做这件事？还是压力过大失去平衡时的自我保护？
(3) 你是否对未来过度担心，反而让裹足不前？还有哪些潜能或资源不敢去挖掘使用？

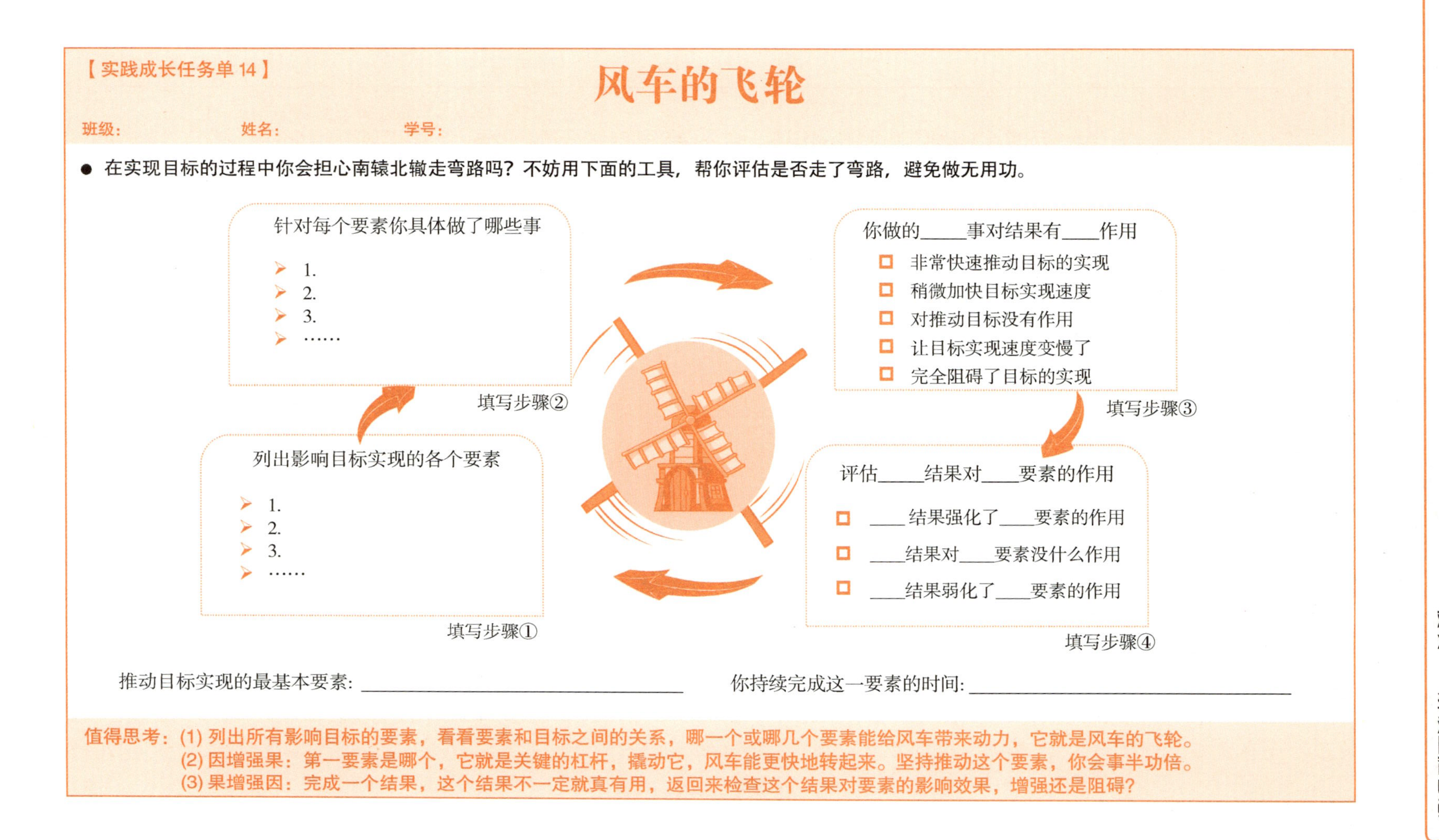

【实践成长任务单 14】

风车的飞轮

班级：　　　　姓名：　　　　学号：

● 在实现目标的过程中你会担心南辕北辙走弯路吗？不妨用下面的工具，帮你评估是否走了弯路，避免做无用功。

列出影响目标实现的各个要素

- 1.
- 2.
- 3.
- ……

填写步骤①

针对每个要素你具体做了哪些事

- 1.
- 2.
- 3.
- ……

填写步骤②

你做的____事对结果有____作用

- □ 非常快速推动目标的实现
- □ 稍微加快目标实现速度
- □ 对推动目标没有作用
- □ 让目标实现速度变慢了
- □ 完全阻碍了目标的实现

填写步骤③

评估____结果对____要素的作用

- □ ____结果强化了____要素的作用
- □ ____结果对____要素没什么作用
- □ ____结果弱化了____要素的作用

填写步骤④

推动目标实现的最基本要素：________________　　你持续完成这一要素的时间：________________

值得思考：(1) 列出所有影响目标的要素，看看要素和目标之间的关系，哪一个或哪几个要素能给风车带来动力，它就是风车的飞轮。
(2) 因增强果：第一要素是哪个，它就是关键的杠杆，撬动它，风车能更快地转起来。坚持推动这个要素，你会事半功倍。
(3) 果增强因：完成一个结果，这个结果不一定就真有用，返回来检查这个结果对要素的影响效果，增强还是阻碍？

【实践成长任务单15】

抗风险评估

班级：　　　　姓名：　　　　学号：

- 评估一下我们的成长系统抵御意外和风险的能力水平。

娱乐休闲
朋友他人
家人亲戚
内在成长
自我实现
职业发展
个人理财
身心健康

- 存入能量的速度?
- 存入能量的数量?
- 如果存入暂停，能坚持多久?
- 监控能量的措施?

➢ 自我检查频率(时间)：__________

➢ 检查方式：

(1) 自我反思
(2) 请教他人
(3) 求助专家
(4) 其他__________

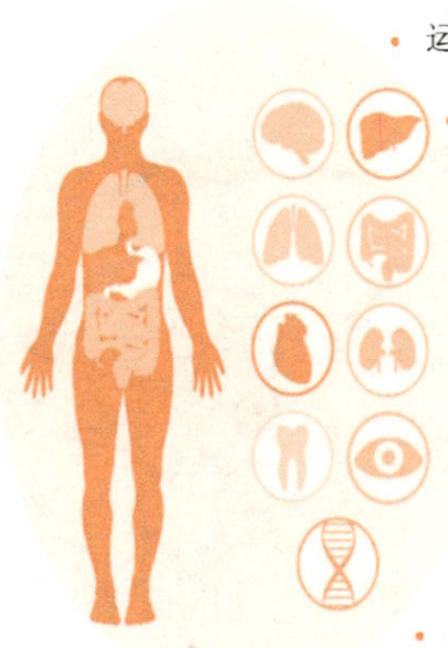

运动系统
神经系统
循环系统
内分泌系统
呼吸系统
消化系统
泌尿系统
生殖系统

你有哪些可利用的资源和人脉?
能分为几个独立又配合的系统?

- 给自己一个“特立独行”区，让自己做点不一样的尝试，未来的某天没准会派上用场（不能挑战法律、规则）

值得思考：人体是一个由很多独立的系统组成的复杂大系统，这种组合方式让人能抵御意外和风险。我们拥有的资源也是一样。盘点一下你的资源可以有哪些组合方式。

项目 1.6 耐心浇灌生命树

生涯名言

生活最重要的不是你所处的位置，而是你所朝的方向。

——亨利·大卫·梭罗

生涯思考

你的精力够用吗?

你是否经常感到精力不足，做事效率不高，从而导致时间不够用？精力充沛是做好任何事情的前提，那么，很多人会问，怎样判断自己精力是否充沛，需要做精力管理吗？在做精力管理之前，首先问问自己是否存在以下问题：

1. 好多时候都觉自己精力不够，经常犯困。
2. 体重忽高忽低，或者持续肥胖，无法控制体重。
3. 感觉太忙，没有时间，总有借口不去做某些事。
4. 因为焦虑而失眠，入睡困难或多梦易醒。
5. 注意力下降，每次进入一个领域的时候，进入状态往往很慢，不像他人那样可以迅速锁定注意力并找到沉浸其中的时刻。
6. 疲于奔命的感觉越来越强。
7. 觉得生活没什么意义。

如果你遇到了上述问题中的两个以上，那么你就需要学习精力管理了。

生涯理论

一、精力管理

1. 精力管理的概念

精力管理是自我管理的一部分，是一个复合概念，它包括四个部分：体能、情绪、思维和意志，即精力管理金字塔模型。精力充沛并不是与生俱来的，而是在后天逐渐修炼自我的过程中形成的，所以我们不要把它看作一个人的天赋，而是把它看作可以被自己习得的技能。精力管理的水平确实与身体素质有关，但更与你的能力和修炼方法有关。

精力管理是指个人对自身的体力、情感、思维和意志等精力资源的有效控制和利用，以维持最佳的工作效率和生活质量。它涉及对精力的识别、评估、规划、分配和恢复等多个方面。

有效的精力管理不仅可以帮助我们保持高效的工作状态，还能提升个人的生活质量，促进身心健康，是自我管理的前提，直接影响着一个人的工作和生活。

2. 精力管理的危害、好处和方法

（1）精力不足的危害。

当一个人精力充沛去做一件事和精力不足时去做一件事，效果和效率肯定是不一样的。精力不足时会导致做事心有余而力不足，体现在多方面，如饮食、睡眠、情绪等。

饮食是为人体输送能量的重要来源，如果不能很好地供给或者营养不能均衡，会直接影响人的身体健康，导致身体状况不佳，整个人的精气神也会不好，这时即使你想去做好一件事情，精力也不允许。

睡眠质量直接影响一个人的体力和精力。有的人一遇到事情就可能失眠，比如第二天就要考试了，有些人想快点入睡，很早就上床准备睡觉，反而迟迟难以入睡，甚至一夜未眠，这样的睡眠质量第二天反而会严重影响考试发挥。

人是一种典型的情绪动物，喜怒哀乐是最基本的四种情绪，但这四种情绪又像是四种极不稳定的火山，交替释放。有的人可以将情绪控制得很好，有的人却不会控制自己的情绪，情绪管理的根本是管理自己的大脑，简单来说就是要做大脑的主人。

（2）精力管理的好处。

① 提高效率和产出。精力管理帮助个人识别并优化自己的最佳状态，通过合理分配和恢复精力，人们可以在工作和生活中保持高度的专注力和创造力，从而提高效率和产出。

② 促进身心健康。有效的精力管理有助于减少压力和疲劳感，增强身体的抵抗力和免疫力，通过规律的锻炼、充足的睡眠和健康的饮食习惯，人们可以维持良好的体能和情感状态，减少疾病和不适感。

③ 改善情绪状态。精力管理不仅关注身体的健康，也关注情感和心理的平衡，通过有效的情绪调节和压力管理，人们可以保持积极的心态和情绪状态，减少焦虑和抑郁等负面情绪的影响。

④ 增强适应性和韧性。在面对挑战和困难时，良好的精力管理能够让人们保持冷静、乐观和坚韧的态度，通过调整自己的精力和注意力，人们可以更好地应对压力和挑战，增强自己的适应性和韧性。

⑤ 做出更好的决策。当精力充沛时，人们往往能够更清晰地思考问题、分析信息并做出明智的决策，有效的精力管理可以帮助人们保持清晰的思维和判断力，避免在疲劳或压力状态下做出错误的决策。

3. 精力管理的方法

学游泳，从一开始不会游到通过训练，游泳技能就会实现从 0 到 1 的突破，反复练习之后，有的人甚至能游几千米的距离。精力管理也是一样，按照正确的方法多加练习，把它变成自己的习惯，你就知道应该怎样去计划改善自己的精力了，精力管理能力也能得到提升。

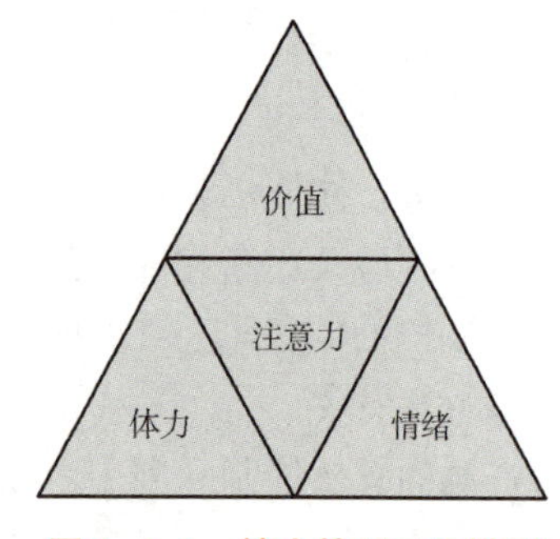

图 1-6-1　精力管理三角模型

精力管理三角模型（图 1-6-1）为我们提供了一种深入理解与提升精力管理能力的框架。下面是对该模型的逻辑梳理：

（1）基础层：体力和情绪。

① 体力：体力是精力管理的基础。医学研究表明，体力好的人，特别是心肺功能强大

的人，大脑的供血、供氧、供糖更为充足，从而大脑的工作效率也更高，长时间工作也不易疲劳。因此，维持良好的体能是提升精力的关键。

② 情绪：情绪对精力的影响同样重要。积极的情绪能激发人的潜能，提升工作效率；而消极的情绪则可能导致效率低下，甚至引发冲动行为。保持愉悦的心情，有效管理情绪，是精力管理不可或缺的一环。

(2) 核心层：注意力。

在体力和情绪得到良好管理的基础上，需要进一步提升注意力。注意力是精力的核心，它决定了人能否高效地完成任务。如果做事时心不在焉，即使体力和情绪状态良好，也难以取得好的成果。

(3) 顶层：价值。

价值为精力管理指明了方向。不同的价值观会导致我们对同一件事产生不同的认知和行为反应，如果认为自己在做一件有意义的事情，大脑会创造性地输出，激发潜能和创造力；如果只是应付性地完成任务，那么大脑的反应也会相应减弱。因此，明确自己的价值观，找到工作的意义和价值，是提升精力管理能力的关键。

二、存量和变量

1. 存量的概念及特性

(1) 存量是指在某一指定的时点上，过去生产与积累起来的产品、货物、储备、资产负债的结存数量。这一概念主要应用于经济学领域。

(2) 存量的特性。

① 累积性：存量是随时间而累积的变量，可以在每一个时间节点被测量。

② 静态性：与流量不同，存量没有时间维度，表示在某一时点上的状态或数量。

③ 经济学应用：国民财富、货币数量、投资总额等都是存量的例子。

2. 变量的概念及特性

(1) 变量，是系统中的实体、属性或要素，它们具有不同的状态和特性，既能够影响其他变量，也受其他变量的影响。

(2) 变量的特性。

① 任意性和未知性：在初等数学中，变量通常表示为数字的字母字符，具有不确定的值。

② 多样性：变量可以是数字、向量、矩阵，甚至是函数，在计算机科学中，变量则表示计算机存储器中的值。

③ 变化的本质：变量的值可以随着条件或时间的变化而改变。

3. 存量和变量的关系

例如，打开水龙头向浴缸中注水，存量就是在某一个静态的时间点，浴缸中积蓄了多少水；变量则是在这个过程中流入或流出浴缸的水的量。存量和变量的关系可以概括为：

① 变量和存量都是系统中重要的概念，但它们具有不同的特性和应用场景。

② 变量表示可以变化的值或实体，其值受多种因素影响，并在不同条件下可以发生变化。

③ 存量代表在某一时间点上的累积量，通常用于描述系统在某一时刻的状态或资源数量。

4. 存量和变量在生涯规划中的作用

从生涯规划的角度可以这样理解，存量代表个人已有的知识、技能、经验、人脉、声誉、心理素质等资源，是职业发展的基础，影响着职场的竞争力。变量则包括新技能、新知识、工作环境、行业趋势、人际关系、机会、挑战、工作角色和职责的变化等，是推动职业生涯发展和成长的关键动力。

在职业生涯中，存量和变量是相互作用的。存量作为职业生涯的基石，为个人提供了职业发展的起点和基础，而变量则通过引入新的元素和变化，推动职业生涯的进步和成长。变量可以转化为新的存量，丰富资源，而存量的积累也能创造更多的变量机会。

因此，在生涯规划中，需要同时关注存量的积累和变量的增长。通过不断学习和实践，积累更多的知识和技能，建立更广泛的人脉和声誉，以提高自己的职业竞争力。同时，也需要关注外部环境的变化和新的机会，积极拥抱变化，勇于接受挑战，以不断推动职业生涯的发展和进步。

（1）存量的影响主要体现在以下几个方面。

① 提供稳定基础，已有的知识、技能、经验等存量，为职业发展提供了坚实的基础。

② 构建核心竞争力，在求职和晋升中具有优势，有助于个人在职场中脱颖而出。

③ 提高工作效率，凭借丰富的存量，可以提高工作任务完成的效率，更快地解决工作中的各种挑战和问题。

（2）变量的影响主要体现在以下几个方面。

① 带来新的机遇，拓展职业空间，创造新机会，为新的路径和发展方向提供有力支持。

② 促进个人成长，实现自我能力提升，增强自信心，表现更为出色。

③ 提升适应能力，新领域的出现，市场需求和工作环境的变化等，使个人能够紧跟时代步伐，培养灵活应变能力，更快速地成长，避免被淘汰。

（3）两者结合的影响主要体现在以下几个方面。

① 实现动态平衡，在存量的基础上，通过变量实现可持续发展。

② 促进全面发展，在不同领域和角色中积累经验，提升个人综合素质。

③ 为了更好地实现职业发展，要持续提升存量，保持学习和进步；关注变量，敏锐洞察并积极应对；有效利用流量，建立广泛的人际关系网络资源。灵活调整职业规划，适应变化的环境。

三、延迟满足

1. 什么是延迟满足

“延迟满足”并非只是日常所说的“忍耐”，它体现的是一种深思熟虑的抉择，即为了更有价值的长远目标而主动放弃即时满足的能力。这种抉择不仅涉及个人的自我控制，还展示了在等待期间所保持的坚韧与定力。

20世纪60年代，斯坦福大学的心理学教授沃尔特·米歇尔（Walter Mischel）进行了一项著名的“软糖实验”，这一实验深刻揭示了延迟满足的概念。实验中，研究人员向一些4岁的孩子提供了一颗美味的软糖，并给出了一个选择：立即吃掉这颗糖，只能享用一颗；等待20分钟，便能得到两颗糖的奖励。

延迟满足不只是学会等待、抑制欲望，更不是让人只经历磨难而不知收获的喜悦，它的本质是一种面对当前困难情境时，能够克服即时冲动，追求长远利益的能力。一个人的延迟满足能力发展不足，可能表现为无法专心完成任务（如边做作业边看电视）、注意力分散（如上课时东张西望）以及缺乏耐心和急躁的性格特点。进入青春期后，在社交中可能显得羞怯和固执，面对挫折时容易心烦意乱，遭遇压力时则可能退缩不前或手足无措。

这项实验的长期追踪结果进一步验证了延迟满足的重要性。那些在童年时期能够耐心等待吃两颗糖的孩子，到了青少年时期仍然能够保持耐心，等待最佳时机，而不是急于求成。相比之下，急不可待、只吃了一颗糖的孩子，在青少年时期则更容易展现出固执、优柔寡断和压抑等个性特质，这一发现进一步强调了延迟满足在个人成长和成功过程中的关键作用。

2. 延迟满足的意义

通过实践延迟满足发现人们能够有效地规划和管理自己的生活，从而迈向更长远的幸福和成功。延迟满足具有以下深远且重要的意义：

（1）提高了自控力和自律性，更好地驾驭行为和情绪。例如，在面对诱人的高热量食物时，能够坚定地控制欲望，遵循健康饮食计划，坚守对健康和长远福祉的承诺。

（2）教会人们克制当下的即时欲望，专注于长远利益的追求。即时的满足虽能带来短暂的快乐，但往往不及长期回报所带来的深刻满足和成就感，支持一个人愿意为了一个更好的未来而努力学习，而非沉迷于即时的娱乐和轻松。

（3）提升自我效能感，让人相信自己有能力掌控和等待。这种自信不仅增强了人面对生活挑战的勇气，也让人在追求长远目标时更加从容和自信。例如，股票投资者能够耐心等待合适的时机再做出买卖决策，而不是盲目跟风，这种自信源于他们对自己决策能力的信任。

案例故事：载人潜水器钳工技师顾秋亮“蛟龙”守护者

拓展延伸

1.《精力管理》，作者：［美］吉姆·洛尔、［美］托尼·施瓦茨，高向文译，中国青年出版社。

2.《不懂管理，你就自己干到死》，作者：张小强，广东人民出版社。

3.《精力管理手册》，作者：张萌，中信出版社。

4.《番茄工作法图解》，作者：诺特伯格，大胖译，人民邮电出版社。

【实践成长任务单 16】

精力状态图

班级：　　　　　　姓名：　　　　　　学号：

- 饱满的精力是高效做事的前提，尝试用下面的精力状态图做一次评估。
- 每隔1小时给自己的精力状态打个分，连接所有分值点就知道你一天的精力波动情况了。

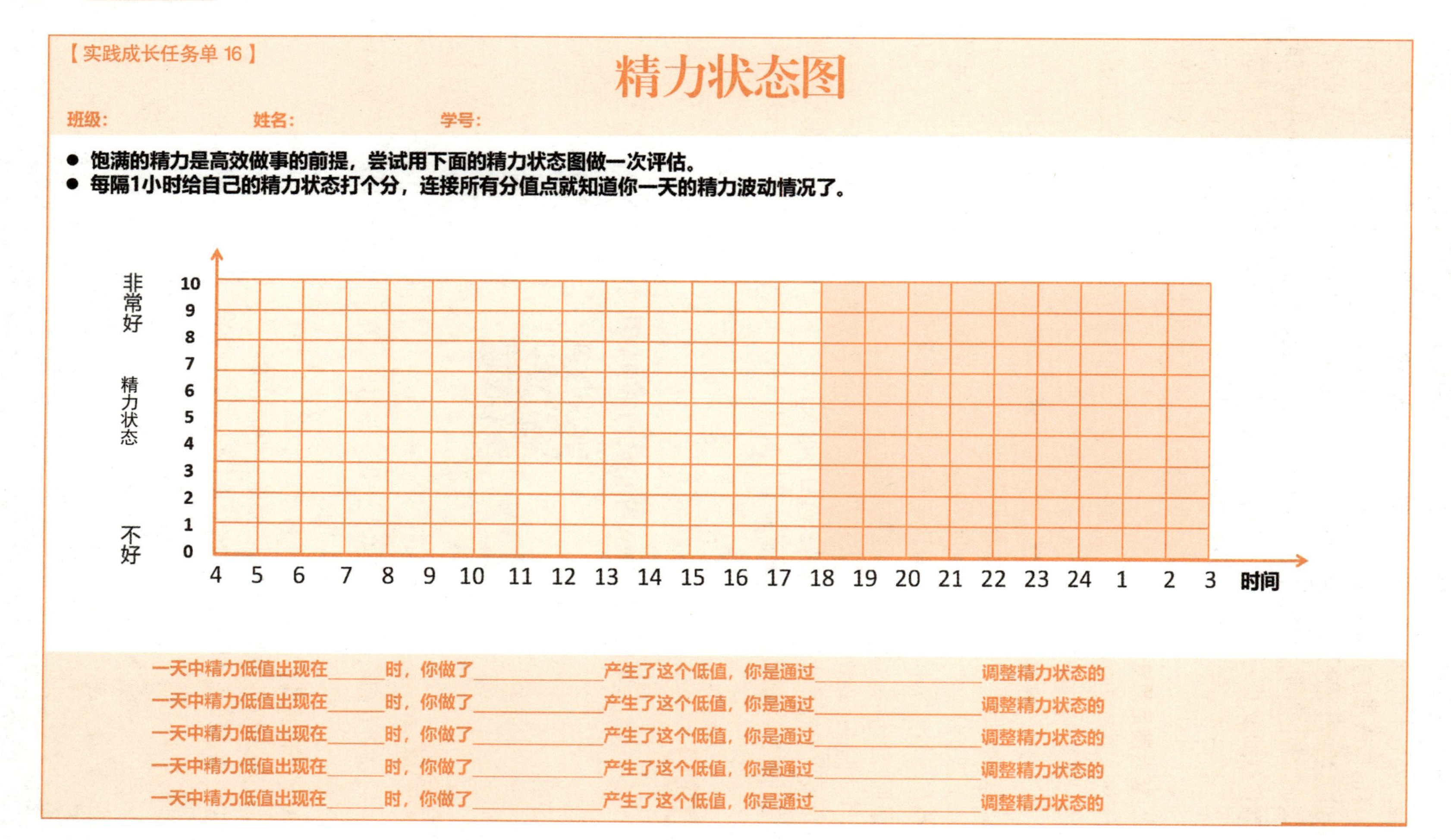

一天中精力低值出现在______时，你做了______________产生了这个低值，你是通过________________调整精力状态的

一天中精力低值出现在______时，你做了______________产生了这个低值，你是通过________________调整精力状态的

一天中精力低值出现在______时，你做了______________产生了这个低值，你是通过________________调整精力状态的

一天中精力低值出现在______时，你做了______________产生了这个低值，你是通过________________调整精力状态的

一天中精力低值出现在______时，你做了______________产生了这个低值，你是通过________________调整精力状态的

【实践成长任务单 17】

风雨绘彩虹

班级：　　　　姓名：　　　　学号：

● 世上本没有路，走的人多了，便成了路。当下看似没什么用的投入，说不定在未来的某一天就会回报你一个成果。回忆一下，你有这样的经历吗？

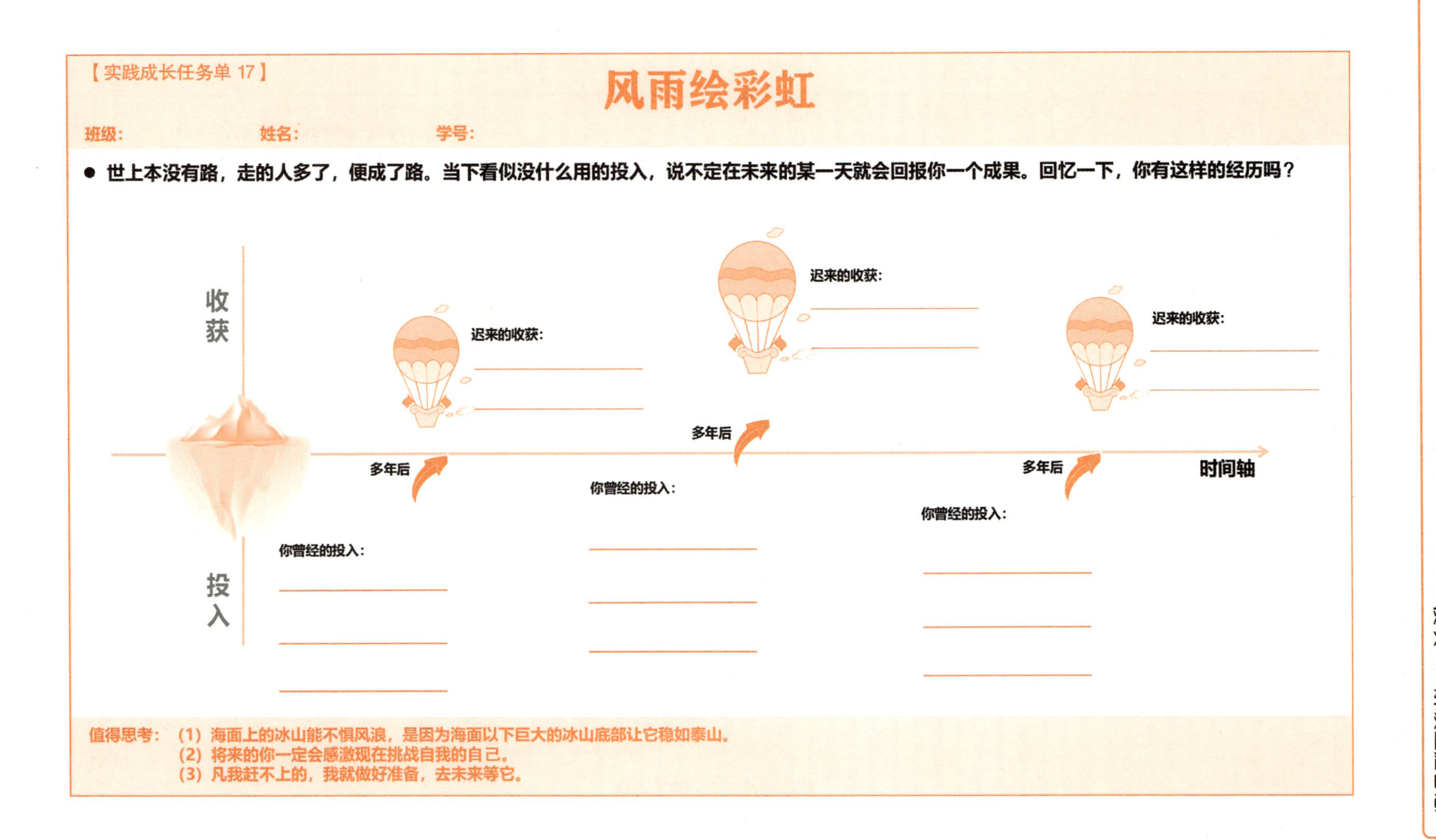

值得思考：（1）海面上的冰山能不惧风浪，是因为海面以下巨大的冰山底部让它稳如泰山。
（2）将来的你一定会感激现在挑战自我的自己。
（3）凡我赶不上的，我就做好准备，去未来等它。

【实践成长任务单 18】

创造小惊喜

班级：　　　　　　姓名：　　　　　　学号：

● **找到和你有一样想法的伙伴，一起用你们的合作、创意来筹划一件事情吧。**

这里你和伙伴们可以加入：
创意，改进方案！
这个可以有！

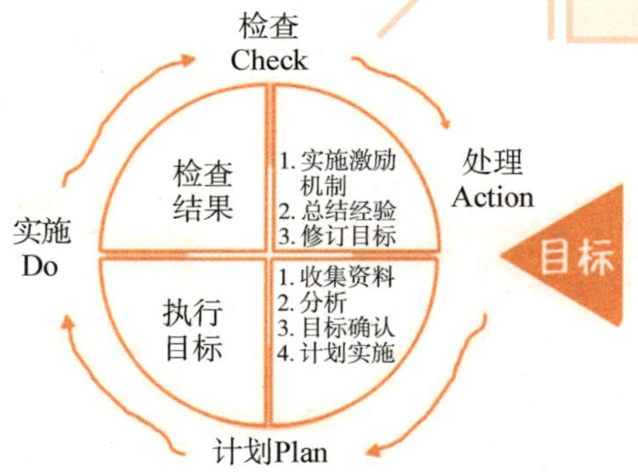

PDCA循环模型

小惊喜记录单

计划	实施方案	检查	改进方案

值得思考：（1）很多人善于在头脑里想象阻碍，然而试都没试过，怎么知道做不到。
（2）积极主动是成果的第一要素。

模块二

塑造职业品格

横看成岭侧成峰，远近高低各不同。

项目 2.1 重新定义的人生

生涯名言

认识自己，方能认识人生。

——苏格拉底

生涯思考

十年后的自己

迈入大学的校门，标志着我们的人生正式步入了新的篇章。大学时期对我们来说充满了各种机遇与挑战，是我们从稚嫩走向成熟、开阔视野、锻炼能力的重要阶段。当然，我们也会常常在闲暇之余憧憬未来，时常问自己："十年后的我，会是什么样子呢？我的人生之路将如何去选择呢？"

或许，十年后的我，已经完成了学业深造，成为某一领域的专家，依靠深厚的专业知识和丰富的实践经验，在学术界或产业界发出有影响力的声音。参与多个研究项目，为国家的发展和社会的进步做出自己的贡献。

或许，十年后的我，已经走上创业的道路。我的创业项目到那时已经初具规模，我学会了如何管理一个团队，如何平衡商业利益与社会责任，如何在困难与挑战中不断前行。

也许，十年后的我，会在某个国际组织工作，为全球的发展与合作贡献自己的力量。我会经常出国交流，与不同文化背景的人合作，努力推动世界的和平与发展。

当然，我也可能选择回到家乡，利用自己所学的知识与技能，参与家乡建设，为家乡的发展出一份力。

大学生活为我们的未来发展提供了无数的可能性，十年之后，想要成为更好的自己，现在的我们，又需要如何去做呢？

生涯理论

一、关于生涯的几个概念

1. 生涯

"生涯"这个词和每个人如影随形，然而又经常被视而不见地"忘记"，想去弄清楚它时，似乎又感觉有些模糊，无法清晰地勾画出它的轮廓。生涯大师舒伯说：生涯是以人为中心的，只有在个人需要它时，它才存在。

现代意义上的"生涯"或"职业生涯"概念主要源于西方。生涯的英文是"Career"，从字源看，来自罗马字和拉丁字，指古代的战车。在希腊语中，有疯狂竞赛精神的意思，在西方人的概念中，"生涯"一词就如同在马场上驰骋竞技，含有未知、冒险、克服困难的精神。1953年舒伯在《美国心理学家》杂志发表文章，提出“生涯”的概念，指人的职业经历与类型，包括就业以前各阶段的经验与活动以及就业以后的一切经验与活动。广义的生涯是一个更为宽泛的概念，指个体一生中所经历的各种职业和生活的角色，以及这些角色如何随时间而演进。生涯不仅包含职业生活，还涵盖了与工作直接或间接相关的其他生活方面，如家庭、社交、休闲等。生涯的发展是有方向的，是个体主动寻求和塑造的过程。

在中国，“生涯”或“职业生涯”的概念在古汉语中已有出现，《庄子·养生主》中提到“吾生也有涯，而知也无涯”，意思是生命的长度是有限的，但求知的道路是无限的。从古代先贤的哲思中，我们可以引申出“生涯”或“职业生涯”的丰富内涵：它不仅仅是指一个人从事职业活动的时间历程，更蕴含了在这有限的时间里，如何不断追求知识、技能与智慧的成长，以及如何实现个人价值与社会贡献的深刻思考。在传统文化的背景下，“生涯”被赋予了更为深远的意义，它强调的是个体在有限的生命里，如何像探索无垠的知识海洋一样，规划并实践自己的人生道路，追求心灵的富足与自我超越。这要求个人不仅要关注职业的外在成就，更要注重内心的修养与成长，实现内外兼修的生涯发展。

随着时代的发展和教育理念的进步，生涯教育已经成为中西方教育领域的重要组成部分。

2. 生涯的特征

（1）方向性。生涯具有明确的方向性，它代表了生活里各种事态的连续演进方向。

（2）时间性。生涯的发展是一生当中连续不断的过程，它概括了一个人一生中所拥有的各种职位和角色。

（3）空间性。生涯以事业的角色为主轴，同时也包括了其他与工作有关的角色，体现了生涯的多元化和综合性。

（4）独特性。每个人的生涯发展都是独一无二的，它基于个人的动机、抱负和目标而形成与发展，反映了个人的价值观和信念。

（5）发展性。生涯是一个动态的发展历程，个人在不同的生命阶段中会有不同的企求，这些企求会不断地变化和发展，个体也就不断地成长。

（6）主动选择和创造。生涯是一个人的愿望和可能性之间、理想和现实之间妥协和权衡的产物，是一人不断主动选择的结果。

（7）文化性。对比中西方对生涯的理解，可以发现明显的文化差异，西方人的生涯观更强调专业化和职业化，注重自我在职业发展中得以充分发展；中国人的生涯观不仅包含自我的充分发展，也强调关系的和谐，如自我与他人（特别是家人）、自我与社会、自我与职场的和谐。

生涯是一个复杂而多维的概念，它涵盖了个人在职业和生活中的各种经历、角色和发展过程，体现了个人与社会的互动和个人的成长与变化。生涯不仅是一个人的“职业”或者“工作”，还包括了个人的生活风格，即同时期所有的生活角色（家长、配偶、持家者、学生等）交互作用，以及人们整合和安排这些角色的方式；生涯是持续一生的过程，需要终身学习、终身发展。

3. 职业生涯

职业生涯是指一个人一生中经历的所有职位的整个历程，是一个人在工作和生活中所历经的所有职业或职位的总称。虽然职业生涯也是以“工作”为中心的历程，但它是从进入工作生活到退出工作生活的一段历程。

职业生涯不包含在职业上的成功与失败或进步快与慢的含义。它是一个长期的、多方面的、动态的过程；是一个人从进入职场工作岗位，到最后完全退出职场的一段连续的工作经历；不论职位高低，不论成功与否，每个工作着的人都有自己的职业生涯。另外，职业生涯受多方面因素影响。

4. 职业三阶段

美国积极心理学的鼻祖塞利格曼提出了具有影响力的职业三阶段理论。这一理论揭示了个人在职业生涯中不同阶段的核心目标和关注点。根据塞利格曼的职业三阶段理论，职业生涯可以划分为以下三个阶段：

（1）工作期（Job）。

核心目标：以生存为核心目标。

特点：这一阶段主要是为了满足基本的生存需求和安全需求。个人初入职场，主要关注如何通过工作获得稳定的收入，以维持基本的生活开销。

工作更多是为了养家糊口，并不期待从中获得除经济回报以外的其他价值。

（2）职业期（Career）。

核心目标：以发展为核心目标。

特点：随着收入的增加和基本生存需求的满足，个人开始追求职业上的发展，寻求归属感与获得尊重。

这个阶段，个人不仅关注金钱回报，还希望通过工作的升迁来彰显自己的成就和成功，有些人开始为自己的事业做出探索和投资，寻找自己真正热爱并愿意长期投入的领域。

（3）事业期（Calling）。

核心目标：以兴趣与自我实现为核心目标。

特点：进入事业期，个人已经找到了自己真正热爱并擅长的工作领域，工作本身成为一种追求和享受，事业导向的人认为他们的工作是有价值的，对这份工作充满了热情，即使不再追求金钱或升迁，也愿意持续投入并感到满足。

这个阶段，个人更多地关注自我价值的实现和精神层面的满足，工作成为一种自我表达和实现人生意义的方式。

塞利格曼的职业三阶段理论为我们理解个人职业生涯的发展提供了有力的框架，从工作期到职业期，再到事业期，每个阶段都有其特定的核心目标和特点。这一理论不仅有助于个人更好地规划自己的职业发展路径，也有助于企业和组织更好地理解员工的需求和动机，从而更有效地进行人才管理和激励。

5. 职业生涯规划

职业生涯规划，又称职业规划，根据中国职业规划师协会的定义，职业规划是对职业生涯乃至人生进行持续的系统的计划的过程，包括职业定位、目标设定和通道设计三个要素。

职业生涯规划是把个人发展与社会、组织的发展相结合，在对个人的内外环境因素进行分析的基础上，选择个人的岗位，确定个人的生涯发展目标，选择最佳生涯发展路线，制订实现个人职业生涯目标的具体计划与措施。简单来说，主要就是寻找个人与企业发展的结合点，并实施行动方案。

二、职业生涯规划的步骤

根据职业生涯规划的发展思路，我们可以将职业生涯规划依次分为五个步骤，即自我识别与测评定位、职业环境分析、明确职业目标、制订行动计划与实施方案、评估与回馈修正。

1. 自我识别与测评定位（知己）

目的就是认识自己、了解自己，人们只有认识了自己，才能对自己的职业做出正确的选择，才能选择适合自己发展的生涯路线。可以从职业兴趣、职业能力、职业价值观、性格以及他人眼中的自己等多方面的分析和探索，明确自己喜欢什么、能做什么、希望做什么和适合做什么，根据分析，初步确定职业方向。

2. 职业环境分析（知彼）

可以从工作岗位职责、工作环境、工作内容、能力要求、人际环境、薪酬待遇、成就挑战和未来发展等方面来了解自己喜欢或者所学专业适合的工作。另外，还要对组织环境、社会环境、经济环境等外部环境进行分析，从而厘清职业环境对职业发展的要求、影响及作用。

3. 明确职业目标（决策）

综合自我认知和职业环境分析，初步进行职业选择与定位。良好的职业目标定位是以自己的最佳才能、最优性格、最大兴趣、最有利的环境等信息为依据的，在选择和定位的过程中要考虑性格与职业的匹配、兴趣与职业的匹配、能力与职业的匹配、专业与职业的匹配等，如果有多个选择，要根据分析进行取舍。

4. 制订行动计划与实施方案（行动）

确定职业目标以后，最重要的就是采取行动和措施来实现它，即制定具体的行动方案来指导自己，包括目标名称、分几个阶段、时间节点、有利资源、能力优势、现实阻碍、方法、措施等，应做到全面详尽、切实可行。职业目标分为短期目标、中期目标、长期目标。有了行动方案以后，要及时落实，否则没有行动的职业目标，只能停留在梦想阶段。

5. 评估与回馈修正（调整）

影响职业生涯规划的因素很多，这些因素有的是可以预测的，有的则难以预测，因此，要使职业生涯规划行之有效，就必须不断地对行动方案进行评估与修正。效果是需要去检验的，实施计划的时候并不是一成不变地必须按照行动方案进行，可以根据自己在实施过程中所遇到的情况，及时诊断行动方案各个环节出现的问题，找出相应对策，对其进行调整与完善。首先，对某一阶段的计划进展情况进行总结，明确哪些目标已经按计划完成了，哪些目标没有完成；其次，对未完成的目标进行分析，找出未完成原因及问题所在，制定解决问题的相应对策及方法；最后，根据评估结果，对下一阶段的计划进行修正与完善。如果有必要，也可以考虑对职业目标和发展路线进行调整，但一定要谨慎行事。

三、职业生涯规划的作用

1. 增强就业核心竞争力，夯实未来事业成功的基础

有效的职业生涯规划，有利于明确人生未来的奋斗目标，形成积极向上的人生观，帮助我们更高效地对接职场。大学阶段虽然还算不上是职业生涯阶段，却是职业生涯的准备期。一个人在大学阶段为自己未来职业生涯准备得如何，对其未来的职业发展有着非常重要的影响。

职场的发展就是一个梳理确定目标、执行目标、修正调整方案往复循环的过程。想要成就一番事业，仅有清晰的目标是不够的，如果缺乏目标感，会导致我们做事情缺乏动力，没有足够的热情和决心去追求心中的理想。假如一名对自己的未来有着明确规划的大学生，渴望成为一名成功的企业家，创建自己的公司并为社会带来价值。那么在大学期间，就要围绕这个目标来规划自己的学习和实践经历。例如，为了培养自己的创业能力，主动参加各级大学生创业比赛，或者参与各种与创业相关的讲座和研讨会，学习创业相关的理论知识，通过实践项目来锻炼自己的实际操作能力；或者与志同道合的同学组队，共同开展市场调研、产品设计、营销推广等工作，努力将自己的创业梦想变为现实。

当你对自己的目标有清晰的认识，并具备实现这些目标的决心和行动力时，你将更容易迈向成功的道路。

2. 点亮内职业生涯，闪耀外职业生涯

职业生涯可以分为外职业生涯和内职业生涯。外职业生涯指的是从事一份职业时，工作单位、工作地点、工作环境、工作内容、薪资报酬等因素组合和变化的过程。这些因素通常比较直观，很容易被注意到，就像职业树上的枝叶和花果。当然，每个人都希望自己的职业树能够枝繁叶茂，硕果累累。但是想象一下，如果这棵树的树根扎得不够深，树上却长满了枝叶和果实，那这棵树会怎么样呢？它会更容易倒下。而让大树稳定生长，汲取更多营养的关键就在于树的根基有多牢固。同理，一个人在职业道路上取得成就的关键也取决于他的内职业生涯。

内职业生涯指的是从事一份职业时所积累的知识、观念、经验、能力、心理素质、内心感受等因素的组合和变化的过程。内职业生涯的各项因素往往需要通过个人的努力学习和不懈追求才能实现。它与外职业生涯的区别在于，外职业生涯的构成因素是物质化的，一般是由别人认可和给予的，因此也很容易被别人否定和收回。而内职业生涯的各项因素一旦得到积累，就不会轻易被收回或剥夺，其内在的稳定性更强。内职业生涯为我们的职业发展提供了源源不断的强大动力。内职业生涯的发展是外职业生涯发展的重要前提，内职业生涯的发展程度，决定了外职业生涯的发展程度。

因此，我们应当重视内职业生涯的发展，一定要把职业树的根基打牢，把焦点放在代表内职业生涯的树根上。只有树根向地心不断发展和扩大，才能为树枝上的花叶和果实输送更多的营养。反过来，大树的枝繁叶茂也促使树根向更深更广的地方去延伸。二者相辅相成，缺一不可。职业生涯需要内外职业生涯的协调发展，在职场初期，内职业生涯的发展速度最好略快于外职业生涯的发展速度，也就是说，我们要主动去快速提升自身的知识和经验，培养良好的心理素质，解决问题的能力以及积极乐观的心态，这样才能带动外职业生涯的发展，形成良性循环，拥有心理上的幸福感和职业上的成就感。

案例故事：金承志：可以被用心“浪费”的时间

拓展延伸

1.《生涯线》，作者：［美］戴维·范鲁伊，粟志敏等译，浙江人民出版社。

2.《远见：如何规划职业生涯 3 大阶段》，作者：［加］布赖恩·费瑟斯通豪，苏健译，北京联合出版公司。

生涯实践

【实践成长任务单 19】

漫画心生涯

班级：　　　　姓名：　　　　学号：

- 画一画，10年后你期待的生活。

【实践成长任务单 20】

时光穿梭机

班级：　　　　姓名：　　　　学号：

● 静下心来，梳理一下，最近想到的、经常聊的事情，都和什么有关，把它写下来。

关于当下

最近一个月你经常和朋友谈到的三件事：

1.________________

2.________________

3.________________

最近一周你经常想到的三件事：

1.________________

2.________________

3.________________

关于未来

用文字描述出你未来生活的样子：

思考

和现在有关的事：有________件

和过去有关的事：有________件

和一个月后有关的事：有________件

和一年以后有关的事：有________件

思考这些事件

具体性（1~10分）：________分

长远性（1~10分）：________分

重要性（1~10分）：________分

现实性（1~10分）：________分

乐观性（1~10分）：________分

【实践成长任务单 21】

职业百宝箱

班级：　　　　姓名：　　　　学号：

● 查阅专门的招聘网站，收集16个你感兴趣的职业信息，写在下面的表格中。

序号	职业名称	单位名称	所在行业	单位性质	序号	职业名称	单位名称	所在行业	单位性质
1					9				
2					10				
3					11				
4					12				
5					13				
6					14				
7					15				
8					16				

项目 2.2 扫描职业艺术照

生涯名言

热爱他的职业，不怕长途跋涉，不怕肩负重担，好似他肩上一日没有负担，他就会感到困苦，就会感到生命没有意义。

——汉姆生

生涯思考

什么是好职业

不管是法官还是律师，只要是从事法律工作的人，他们接受到的训练，不仅是判断眼下的是非，而是把眼下的是非放入到人类总体生活的历史长河里面，看到这个是非判断是怎么来的，以及现在的判断怎样增进未来人类生活的福祉。所以，从事法律行业的人有一种对现实的超越性。

同理，我们可以拿这个标准来判断任何一个职业的优劣。比如，好的职业，像医生、教师，甚至一个手艺工匠，他们都是有超越性的，是站在一个漫长的知识传统上，反过来处理今天面对的一个具体问题。

在这样的职业里，人会有自豪感、有奔头、有上升的阶梯。否则，即使收入很高，也不是一个好职业。

（资料来源：改编自“逻辑思维”公众号）

生涯理论

一、职业的发展历史

1. 职业的概念

战国时期的《荀子·富国》中提到：“事业所恶也，功利所好也，职业无分，如是，则人有树事之患而有争功之祸矣。”这里提到的“职业”是指人们的工作岗位或社会角色，如官职和社会上的士农工商四个阶层的常业（常业：①固有之业。我国古代以农业立国，故特指农业。②各阶层人民的本业；主要的职业）。这表明古代中国社会已经有了明确的职业分工，职业不仅仅关联着个人的生计，也与个人在社会中的角色和责任紧密相连。

中国职业规划师协会给职业的定义是：性质相近的工作的总称，通常指个人服务社会并作为主要生活来源的工作。在特定的组织内它表现为职位（即岗位，Position），每一个职位都会对应着一组任务（Task），作为任职者的岗位职责。要完成这些任务就需要这个岗位上的人，即从事这个工作的人，具备相应的知识、技能、态度等。

2. 职业的发展历程

远古时代，人类社会尚处于原始阶段，劳动分工相对简单，人们依据各自的天赋和技能，投身于狩猎、捕鱼、采集等日常活动中，此时尚未形成明确的职业概念。随着铁器的使用和耕牛的出现，生产力得到提高，农业快速发展。同时，手工业迅速发展，商品交换日益频繁，商人作为新的职业群体出现。社会分工进一步细化，脑力劳动与体力劳动开始分离，文人阶层逐渐产生。随着工业革命的到来，社会结构发生了翻天覆地的变革，带动商业、金融、地产以及服务业的蓬勃发展，手工业逐渐被高效的机械化生产所取代，这一转变不仅推动了职业的进一步细化，还催生了诸如机器操作员、铁路工人、警察、律师、教师等全新的职业。随着科技的进步和生产力的提高，职业分工越来越细化。

伴随互联网技术和全球化进程的加速推进，职业领域呈现出多元化趋势，人们不再局限于某一固定职业，而是可以身兼多职，实现劳动和职业的多元化。例如共享经济、互联网金融、电子商务等新兴业态的兴起带动了快递员、网约车司机、酒店试睡员等新职业的出现。随着人们对环境保护和可持续发展的重视，一批绿色职业逐渐兴起。这些职业主要涉及环境监测、生态保护、新能源利用等领域。随着人工智能技术的快速发展和广泛应用，许多传统职业将逐渐被自动化系统所取代，或者向绿色化职业转型，以适应可持续发展的需要。例如，农业生产中的生态农业技师和技工等职业的出现。未来，在信息时代背景下人们对个性化和定制化服务的需求不断增加，将持续催生出一系列新的职业机会，未来职业的发展将更加注重跨界融合和创新，不同领域之间的交叉和融合将成为常态，这将为职业发展带来更多的可能性和机遇。

党的二十大报告中，对职业与工作的讨论主要集中在推动高质量和创新驱动发展策略上。报告中提到，为适应经济发展的新要求，需要提升劳动者的素质和技能，通过系统培养和有效利用人才，构建完善的职业教育和终身学习系统，通过科技进步和创新来推动产业升级，这些举措将直接影响职业结构和劳动市场的需求，共同推动国家的经济现代化和社会进步。

3. 职业收益的三个核心维度

站在职业起跑线上，深入理解职业回馈的深层含义对于即将踏入社会的大学生至关重要。职业回馈的价值远不止于表面的薪酬数字，它根植于为个人成长铺开的无限可能性和职业带来的内心满足。职业收益的三个核心维度：经济收益、发展成长以及情感回馈。

（1）经济收益：职业价值的直接反映。

金钱作为职业回馈中最为直接和具体的部分，不仅关系到基本生活保障，更是个人劳动价值的体现。而单一地将职业选择和规划依据薪资水平来定夺是不全面的，需要从更广的角度审视薪酬所代表的含义，探索其中蕴含的职业稳定性、收入增长的可能性及其与个人技能和贡献的匹配度。

（2）发展成长：推动职业发展的内在动力。

职业发展成长维度涉及技能的培养、职位的提升及个人成就感的实现，是职业生涯中不容忽视的核心部分。一个充满成长潜力的工作岗位不仅能够激发个人的潜能，促进持续学习和进步，也为职业生涯铺设通往成功的阶梯。评估职位或行业的成长空间对于未来的职业生涯规划具有决定性意义。

（3）情感回馈：职业生涯中的情感纽带。

情感回馈指的是职业带给个人的心理和情感上的满足，包括对工作的热爱、团队间的和谐、职场环境的舒适度及实现个人价值的满足感等。这种情感层面的满足能够显著提升工作激情和忠诚度，成为维系职业生涯持续向前发展的情感基石。找到既能提供经济收益、又兼顾个人成长与情感满足的职业，是每位学生职业探索旅程中的重要追求。

二、职业定位公式

1. 职业定位公式

$$\text{职业}_t=\text{行业}+\text{组织}+\text{职能}$$

职业旁边的 t，意味着职业还是时间的函数，行业、组织、职能都会随着时间变化。

根据公式所构成的要素，还需要了解几个概念。

（1）行业：从事相同性质的经济活动的所有单位的集合，如金融行业、服装行业、建筑行业等。

（2）组织：从广义上说，组织是指由诸多要素按照一定方式相互联系起来的系统。从狭义上说，组织就是指人们为实现一定的目标，互相协作结合而成的集体或团体，如党团组织、工会组织、企业、军事组织，等等。这里提到的组织，更多的可以理解成你所在的单位。

（3）职能：人、事物、机构所应有的职责与功能（作用），如研发、生产、市场、销售、客服、人力资源、财务，等等。

2. 三者的联系

（1）在同一个行业中，不同的职能往往拥有各自独特的称谓。以通信行业为例，负责销售工作的人员通常被称为营业厅销售员，而专注于产品开发的人员则被称为软件工程师。这种差异不仅体现了各职能的专业性和独特性，也凸显了行业内不同岗位的分工与协作。

（2）同一个职能在不同行业中也可能拥有不同的名称和职责。例如，在教育领域，从事研发工作的专业人员通常被称为教研员或教师，他们专注于教学方法和内容的研究与创新；而在汽车行业，负责研发的人员则被称为汽车设计师，他们主要负责设计汽车的外观、电路以及发动机等核心部件，确保汽车的性能和品质。

（3）不同组织规模下的职能也会展现出显著的差异。大企业与中小企业在相同职能上的薪资待遇、晋升空间等方面往往存在明显差异。这种差异不仅源于企业规模的不同，也与企业的发展战略、组织架构以及市场定位等多种因素密切相关。

三、岗位职能的分类

在现代商业的竞争舞台上，企业的成功不仅取决于其产品或服务的质量，更在于如何高效地整合和发挥其内部各职能部门的作用。岗位的八大核心职能：销售、市场、人力资源、行政管理、研究与开发（研发）、客户服务（客服）、生产与服务、财务管理。通过本部分的学习，希望同学们能够获得全面的视角，理解这些职能在企业运营中的重要性，并为他们未来的职业道路提供坚实的基础。

岗位职能分类

1. 销售：企业的动脉

销售是企业与市场之间的桥梁，它直接负责将企业的产品或服务推向市场，实现企业的收益目标。一个高效的销售团队对于企业的成功至关重要。他们不仅要有出色的销售技巧，还需要深入了解市场的需求和竞争态势，以便制定有效的销售策略。

2. 市场：塑造品牌形象

市场是通过策略性的广告、公关和促销活动，致力于提升企业品牌的知名度和市场占有率。它不仅仅关注当前的销售额，更注重长期的市场战略和品牌建设。

岗位主要任务

3. 人力资源：企业的基石

人力资源，即人事，最广泛定义是指人力资源管理工作，包含六大模块：人力资源规划、招聘、培训、绩效、薪酬和劳动关系等。人力资源是组织单位中的一个重要职位，是其实现长期发展的基石，确保组织单位拥有实现其目标所需的高素质人才。

4. 行政管理：日常运营的保障

行政管理是企业日常运营的重要保障。它负责处理各种行政事务，确保企业的正常运转。

5. 研发：创新的源泉

研发是企业持续成长和创新的关键。它负责开发新产品、改进现有产品以及探索应用新技术的可能性，为企业创造竞争优势。

6. 客服：建立持久关系

客服部门是企业与客户之间的桥梁。它负责处理客户的咨询、投诉和售后支持等事务，为企业构建和维护良好的客户关系，可以分为客户服务和维修。

7. 生产与服务：质量的保证

生产与服务部门负责实际的商品生产和服务提供，它们通过严格的质量控制和高效的生产流程，确保企业能够持续地向市场提供高质量的产品和服务。

8. 财务管理：稳健发展的基础

财务管理职能监督企业的财务健康，涵盖资金管理、成本控制、财务规划和风险管理等方面，为企业的战略决策提供重要的财务数据和分析。

企业的八大核心职能相互依存、相互影响。

案例故事：忠义致远：范仲淹的职业抉择

拓展延伸

1. 《职业重塑》，作者：廖书琪，机械工业出版社。
2. 《你不努力谁也给不了你想要的生活》，作者：曾庆灿，中译出版社。

生涯实践

【实践成长任务单 22】

职能细分解

班级：　　　　姓名：　　　　学号：

- 找到你感兴趣的用人单位，查一下他们招聘哪些岗位，写一写这些岗位的具体职能。

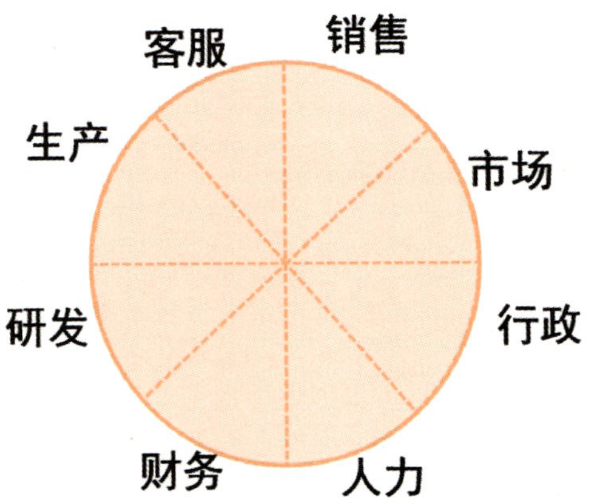

销售　市场　行政　人力　财务　研发　生产　客服

岗位职能分类

单位名称：________________

“销售”岗位职能：________________

“市场”岗位职能：________________

“行政”岗位职能：________________

“人力”岗位职能：________________

“研发”岗位职能：________________

“财务”岗位职能：________________

“生产”岗位职能：________________

“客服”岗位职能：________________

【实践成长任务单 23】

生涯X光片

班级：　　　　姓名：　　　　学号：

- 你期望的职业是什么样子？你期望从这份职业中获得什么？

取得____________成就

形成____________观念

掌握____________技能

通过这些学会____________知识

用____________心态迎接这些

完成____________工作内容

遇到____________挑战

有一个____________职业生涯过程

内职业生涯

成绩：____________

环境：____________

收入：____________

岗位：____________

外职业生涯

值得思考：（1）内职业生涯是自己想追求、探索和获得的内容；外职业生涯的内容是由他人决定给予，可以被剥夺、否定的。
（2）内职业生涯是外职业生涯的前提，带动外职业生涯发展。内职业生涯的内容不会因为外职业生涯而改变丧失。
（3）成功≠成就。成功：和失败相对，一段时间内的成绩。成就：衡量时间的一种方法。

【实践成长任务单 24】

目标职业表

班级：　　　　　姓名：　　　　　学号：

● 找到你身边的人，或者查阅网站，了解你感兴趣的职业，填写下面的表格。

你希望从事的职业名称(3~5个)					所在行业			
你期待的生活方式								
你喜欢和仰慕的人群								
你期望的社会地位和荣誉								
你期望工作能给你带来什么								
工作性质	工作岗位/责任	工作环境特点	主要工作内容/耗时	需要的技术 / 素质	人际环境	收入	成就/挑战	发展空间
我喜欢的工作	1.							
	2.							
我所学专业适合从事的工作	3.							
	4.							

项目 2.3 读懂职业说明书

生涯名言

人生不能等待风景，而应让自己成为他人眼中的风景。

——罗曼·罗兰

生涯思考

找工作是双向选择，现在请你站在用人单位的角度思考以下问题：

1. 招聘时录用依据有哪些？
2. 如何对员工进行目标管理？
3. 绩效考核的基本依据是什么？
4. 制定薪酬依据的政策是什么？
5. 员工需要哪些培训？
6. 如何为员工的开发和晋升提供依据？

生涯理论

一、认识岗位的工具

1. 招聘海报

招聘海报是一种广告形式，其目的在于通过视觉和文字信息，向公众传达有关职位空缺的信息。它通常具有醒目的设计、清晰的职位描述和吸引人的职位亮点，以便迅速吸引潜在应聘者的注意。

（1）内容与结构。

① 标题：通常包含“招聘”或“职位空缺”等字样，以及公司或组织的名称。

② 职位描述：详细列出职位的名称、主要职责、所需技能和经验等。

③ 职位要求：明确列出应聘者需要满足的资格条件，如学历、工作经验、语言能力等。

④ 职位亮点：突出职位的吸引力，如良好的工作环境、有竞争力的薪酬、广阔的职业发展空间等。

⑤ 联系方式：提供公司或招聘负责人的联系电话、邮箱或网址等，以便应聘者进一步了解详情和投递简历。

（2）发布渠道。

招聘海报可以通过多种渠道发布，如公司网站、社交媒体、招聘网站、校园招聘会等。不同的发布渠道适用于不同类型的职位和应聘者群体，用人单位可以根据实际情况选择合适的发布渠道。

2. 岗位说明书

岗位说明书是人力资源管理中最基础的文件，是工作分析的最终结果，又称为职务说明书或职位说明书，是通过工作分析过程，用规范的文件形式对组织内各类岗位的工作性质、任务、责任、权限、工作内容和方法、工作条件、岗位名称、职种、职级以及该岗位任职人员的资格条件、考核项目等做出统一的规定。

岗位说明书包括以下主要内容：

岗位说明书格式例文

(1) 岗位基本信息。

① 岗位名称：明确职位的正式名称。

② 所属部门：说明该职位所在的部门或团队。

③ 岗位编号：如有需要，可设置唯一的岗位编号以便管理。

④ 工作地点：说明该职位的工作地点。

(2) 岗位目的。

简要阐述该岗位存在的目的和价值，以及与公司战略目标的关联。

(3) 工作职责。

① 主要职责：列举该职位的主要工作任务和职责。

② 辅助职责：说明除主要职责外，可能涉及的其他相关工作任务。

③ 工作成果：描述该职位工作成果的具体表现，如完成的项目、达成的业绩指标等。

(4) 工作权限。

明确该职位在工作中的权限范围，包括决策权、审核权、建议权等。

(5) 工作关系。

① 内部关系：说明该职位与公司内部其他职位或部门的协作关系。

② 外部关系：描述该职位与外部机构、客户、合作伙伴等的沟通和协调需求。

(6) 任职资格。

① 学历要求：说明该职位所需的最低学历要求。

② 工作经验：描述该职位所需的相关行业或职位的工作经验要求。

③ 专业技能：列举该职位所需的专业知识、技能和工具使用能力。

④ 个人素质：说明该职位所需的个性特征、沟通能力、团队协作能力等。

(7) 工作条件。

① 工作时间：说明该职位的工作时间安排，如全职、兼职、轮班等。

② 工作环境：描述该职位的工作场所、设备、安全要求等。

③ 职业发展：简要介绍该职位的职业发展路径和晋升机会。

(8) 绩效考核。

说明该职位的绩效考核标准和周期，以及相关的奖惩措施。

(9) 其他事项。

根据需要，可以添加其他与该职位相关的信息，如培训需求、保密要求等。

3. 岗位说明书对求职者的指导作用

(1) 明确岗位信息。

岗位说明书详细列出了职位的名称、所在部门、上级领导等基本信息，帮助求职者快速了解岗位在公司组织结构中的位置，通过对工作职责和职能的明确描述，包括日常任务和项目目标等，求职者能够清楚地了解该岗位的具体工作内容和要求。

（2）提高求职成功率。

岗位说明书详细阐明了招聘标准，如教育背景、专业技能、工作经验和其他任职要求，使求职者能够对照自身条件，判断自己是否符合该岗位要求，有助于求职者进行自我评估，避免盲目投递简历，提高求职效率。

（3）提供职业方向。

岗位说明书为求职者提供了清晰的职业发展方向，使求职者了解在该岗位上可能获得的培训和发展机会，通过了解岗位的背景和组织结构，求职者能够更好地理解公司的文化和价值观，从而做出更明智的求职决策。

（4）优化求职策略。

求职者可以根据岗位说明书中的关键词和描述，优化自己的简历和求职信，使其更符合岗位要求。在面试过程中，求职者可以围绕岗位说明书中的职责和要求，准备相关问题的答案，提高面试表现。

二、岗位胜任力与能力素质

1. 岗位胜任力

岗位胜任力为人力资源术语，是指在特定工作岗位、组织环境和文化氛围中有优异成绩者所具备的任何可以客观衡量的个人特质，即承担职务（职位）的资格与能力。这些特质包括知识、技能、自我形象、社会性动机、特质、思维模式、心理定式，以及思考、感知和行动的方式。

2. 能力素质

能力素质是指潜藏在人体身上的一种能动力，是影响个体行为和绩效的多种条件的综合。它包括工作能力、组织能力、决策能力、应变能力和创新能力等素质，是管理学和心理学中的一个重要概念，也叫胜任力。1973 年，心理学家麦克利兰在《美国心理学家》杂志上发表文章《测量能力特征而非智力》中写道，从第一手材料直接发掘的、真正影响工作业绩的个人条件和行为特征就是能力素质。他提出的素质冰山模型如图 2-3-1 所示。

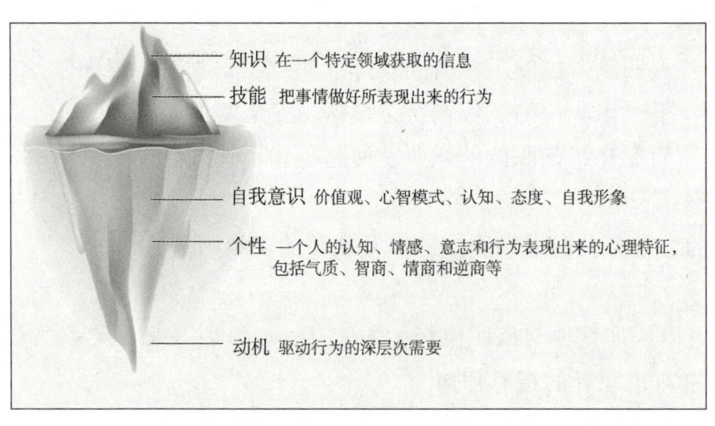

图 2-3-1　素质冰山模型

能力素质模型也叫胜任力模型，以素质冰山模型为基础，由“知识、技能”等显性的“应知、应会”部分和隐性的“价值观、自我定位、驱动力、人格特质”等情感智力部分构成。通常包括以下几个核心要素：

（1）知识（Knowledge）：指员工在特定领域内所掌握的事实、信息、理论和原则。

（2）技能（Skill）：指员工在特定工作情境中，通过练习和实践获得的可操作的、具体的、可衡量的行为或活动方式。

（3）能力（Ability）：指员工在完成工作任务时，所表现出来的认知、心理和身体方面的特征，如分析能力、沟通能力、领导力等。

（4）特质（Trait）：指员工个性中较为稳定的部分，包括性格、气质、价值观等，它们影响员工的行为方式和态度。

（5）动机（Motivation）：指推动员工不断前进的内在动力，包括职业兴趣、职业价值观、职业抱负等。

3. 岗位胜任力与能力素质的关系

（1）二者的联系。

二者都是关于个体在工作中的表现和能力，都包含知识和技能等外显特征，以及动机和特质等更深层次的特征。能力素质中的各项能力，如工作能力、决策能力等，都是岗位胜任力的重要组成部分。

（2）二者的区别。

岗位胜任力侧重于特定岗位的要求，是在特定的工作情景中体现出来的，具有明显的岗位特性。能力素质更偏向于个体的整体能力和素质，不仅仅局限于某一岗位，而是一个更广泛的概念。胜任力是以绩效为导向的，高胜任力的人一定是高绩效的，而能力高却不一定能带来高绩效。

（3）相互作用。

二者在人力资源管理中都具有重要的作用，需要综合考虑。岗位胜任力是能力素质在具体工作岗位上的体现，是能力素质与特定岗位需求相结合的结果。个体的能力素质是其岗位胜任力的基础，能力素质的高低直接影响其在岗位上的胜任力。通过梳理岗位说明书，可以帮助求职者更准确地定位该职务在组织中的相对价值以及职务评估考核和招聘的标准，即明确该岗位的胜任力要求，同时对标自身的能力素质是否胜任该岗位，做出更理性的评估，以实现个体与岗位的最佳匹配。

三、岗位说明书中的关键词

岗位说明书不仅是一份职责和要求的清单，更是指导员工行为语言的操作手册，引导员工在组织中如何行事、如何沟通、如何协作。在一个组织内，不同岗位之间的职业发展路径和等级设定都有各自的体系，即岗位族群，这二者构成了员工职业发展的两条重要路径。

1. 岗位族群

岗位族群是指在同一岗位等级中，具备相同或类似技能、知识和能力，从事相似工作的员工群体。岗位族群按工作性质和职责划分如表 2-3-1 所示。

表 2-3-1　岗位族群划分

族群名称	工作性质和职责
营销族群	包括销售、市场、客服等岗位，这些岗位主要负责产品的推广、市场的开拓和客户的维护
财务族群	包括财务、会计、审计等岗位，这些岗位主要负责企业的财务管理、会计核算和审计监督
技术族群	包括研发、设计、测试、生产等岗位，这些岗位主要负责企业的产品或技术的研发、设计和测试
管理族群	包括人力资源、行政、法务等岗位，这些岗位主要负责企业的管理、行政和法务工作

2. 行为语言

用人单位评价求职者是否拥有胜任该岗位的能力，普遍的共识是通过行为看能力。无论是能力素质模型的等级标准，还是任职资格工作过程中的行为标准，都是采用行为语言进行描述。读懂岗位说明书重要的任务就是读懂“岗位工作内容”和“岗位职责”部分的行为语言。

（1）行为语言的的特点。

① 行动动词：使用具体的、明确的行动动词来描述员工应该执行的行为。这些动词应该是可以观察、可以衡量的。

② 任务或活动：明确说明员工需要执行的具体任务或活动。这可以是一个完整的过程，也可以是一个具体的步骤。

③ 目标或结果：描述执行该任务或活动后应达到的目标或结果。这有助于员工理解他们的努力将如何影响整体业绩。

④ 情境或条件：在某些情况下，你可能需要描述任务或活动执行的特定情境或条件。这有助于员工理解在何种情况下应该执行该行为。

⑤ 频率或时间：如果适用，可以说明执行该行为的频率或时间要求。

⑥ 质量或标准：描述执行任务或活动时应遵循的质量标准或要求。

（2）行为语言的描述格式。

行为语言的格式通常根据具体的应用场景和目的有所不同，一般为“行为情景”+“行为动词”+“达到结果”。岗位关键行为及目标值如表 2-3-2 所示。

表 2-3-2　岗位关键行为及目标值

序号	岗位名称	关键行为与标准规范	目标值
1	财务	1. 负责公司的日常财务管理和会计核算工作。 2. 编制财务报表和预算，分析财务状况和经营成果。 3. 监控公司的资金流动和风险管理，确保财务稳健。 4. 参与公司战略规划和投资决策，提供财务分析和建议	1. 确保财务报表准确无误，按时完成。预算偏差率控制在 5%以内。 2. 降低财务风险，确保资金安全。 3. 至少每季度提供一次财务分析和建议

续表

序号	岗位名称	关键行为与标准规范	目标值
2	人力	1. 制定并执行公司的人力资源政策和计划。 2. 负责招聘、培训、绩效管理和员工关系等工作。 3. 组织和实施员工培训和发展计划，提升员工能力和素质。 4. 跟踪员工绩效和满意度，为公司人才管理和组织发展提供支持	1. 员工满意度达到80%以上，离职率控制在10%以下。 2. 招聘周期缩短至30天内，员工培训覆盖率达到100%。 3. 员工能力提升率达到10%以上。 4. 定期进行员工绩效评估和满意度调查
3	市场	1. 分析市场需求和竞争态势，制定市场策略和计划。 2. 负责品牌推广和市场营销活动，提升公司知名度和品牌形象。 3. 跟踪市场变化和客户需求，为产品研发和销售提供市场支持。 4. 与销售团队紧密合作，共同达成销售目标	1. 市场占有率提升5%以上。 2. 品牌知名度提升10%以上。 3. 每月至少进行一次市场调研，为产品研发和销售提供准确数据支持。 4. 协同销售团队完成销售目标
4	研发	1. 深入研究市场需求和技术趋势，制定产品研发计划和路线图。 2. 主导产品设计和开发工作，确保产品符合技术标准和客户需求。 3. 与团队成员紧密合作，进行技术攻关和问题解决，提升产品性能和用户体验。 4. 跟踪新技术发展，持续进行产品优化和迭代	1. 完成年度产品研发计划，确保产品按时上市。 2. 产品技术性能达到行业领先水平，客户满意度达到90%以上。 3. 解决关键技术难题，产品性能提升10%以上。 4. 每季度至少推出一次产品优化或新功能
5	生产	1. 按照生产计划和标准操作规程进行产品制造和加工。 2. 监控生产过程中的质量、效率和安全，确保产品符合质量要求。 3. 协调生产设备和原材料的采购、管理和维护，保障生产顺利进行。 4. 对生产过程进行优化，提升生产效率和降低成本	1. 达成生产计划目标，产品合格率达到98%以上。 2. 降低产品质量投诉率，提高生产效率。 3. 确保生产设备正常运行率达到95%以上。 4. 生产效率提升5%以上，成本降低3%以上
6	销售	1. 深入了解客户需求和市场动态，制定销售策略和计划。 2. 拓展新客户，维护老客户，建立稳定的客户关系网络。 3. 达成销售目标，包括销售额、市场份额和客户满意度等指标。 4. 跟踪销售数据，分析销售趋势，为销售策略调整提供依据	1. 达成年度销售目标，销售额增长10%以上。 2. 新客户增长率达到15%以上，客户流失率控制在5%以下。 3. 客户满意度达到85%以上。 4. 每季度进行一次销售策略调整

续表

序号	岗位名称	关键行为与标准规范	目标值
7	客服	1. 接听客户来电、邮件和在线咨询，解答客户问题和提供技术支持。 2. 跟踪客户反馈和投诉，及时解决问题并提升客户满意度。 3. 维护客户关系，提供优质的售后服务和增值服务。 4. 收集和整理客户反馈，为产品改进和服务优化提供建议	1. 客户问题解答率达到100%，响应时间不超过24小时。 2. 客户投诉处理率达到100%，客户满意度提升5%以上。 3. 客户满意度保持在90%以上。 4. 每季度至少提出一次产品改进或服务优化建议
8	行政	1. 负责公司日常行政事务的管理和协调。 2. 维护公司办公环境和设施，确保员工工作舒适。 3. 组织和安排公司会议、活动和接待工作。 4. 管理公司文件和档案，确保信息安全和合规性	1. 确保行政事务处理及时、准确。 2. 员工对办公环境满意度达到85%以上。 3. 会议和活动组织满意度达到90%以上。 4. 文件和档案管理规范，信息安全无事故

这些行为情景和描述不仅定义了员工在特定岗位上的行为语言要求，也提供了员工在实际工作中运用相关技能的指导和方向。通过遵循这些行为语言规范，员工能够更好地履行岗位职责，提高工作效率，为公司的发展做出贡献。它既是员工工作的指南针，也是员工行为的参照标准。只有真正理解和掌握了岗位说明书中的行为语言，员工才能更好地融入组织、发挥作用、实现价值。因此，我们应该认真对待岗位说明书的学习和理解工作，将其作为提升个人职业素养和推动组织发展的重要途径。

案例故事：小张和小王

拓展延伸

1. 《大学生职业生涯规划与指导》，作者：王琴，大连理工大学出版社。
2. 《员工胜任素质模型与任职资格全案》，作者：杨雪，人民邮电出版社。

生涯实践

【实践成长任务单 25】

团队中角色

班级：　　　　姓名：　　　　学号：

- **在团队合作过程中，你经常扮演什么角色？**

□ **智多星：** 给团队带领新想法。	□ **协调者：** 挖掘发展团队成员的才能。	□ **完成者：** 一切都力求完美。
□ **审议员：** 不断评估智多星的想法。	□ **外交家：** 能搞清团队内部局面和外部需求。	□ **凝聚者：** 创造良好氛围，强化内部沟通。
□ **执行者：** 推进工作进程。	□ **鞭策者：** 能让团队充满动力。	□ **专业人士：** 致力于自己擅长的领域。
□ **旁观者：** ① 参与了，只是被动接受安排。	□ **旁观者：** ② 参与得很少。	□ **旁观者：** ③ 完全不参与。

【实践成长任务单 26】

我追我追求

班级：　　　　姓名：　　　　学号：

● **有人说：人生就是一种选择，选择一种你想要的生活方式，你会怎么选？**

人身安全　精确性　多元化的企业文化　竞争

工作环境　挑战性　常规性　团队合作

身体挑战　美感　影响力　人际和谐

健康　归属感　自我成长　冒险

环保　实用性　家人认同　同事关系　艺术创造

工作生活平衡　创新　成就感　信仰与道德

智慧　薪酬收入　客观评价　休闲

独立自主　社会价值　利他助人　社交活动

发挥专长　追求新意和多元化

价值观

这里没有提到，你想补充的内容

从左边选出8项，你会选哪些？

从8项中筛选出5项，你会选哪些？

从5项中筛选出3项，你会选哪些？

现在把选择权交给你

最后这 3 项是否可以舍弃
如果不能舍弃，这就是你内心想要的

值得思考：（1）价值观就是一个人主观的想法，深藏于内心，是你的理想、标准、准则。
（2）一个人的行动会被自己最热切想追求的价值观所驱动，无论你是否意识到它，它都在影响着你的行动。
（3）价值观没有好坏、优劣之分，它在一定时间阶段是稳定的，但也会随着你的需求和视角的变化而变化。

【实践成长任务单 27】

岗位说明书

班级：　　　　姓名：　　　　学号：

● **岗位说明书就像是一个指南针，有了这个神奇的工具，员工就能够清晰地知道岗位对职业人的具体要求，是你做好入职准备的必修课。**

岗位基本信息	职位名称		任职资格	年龄要求	
	职位的汇报上级			学历要求	
	职位的管理下属			专业要求	
	工作联系			工作经验要求	
	工作职责			工作所需知识	
	工作内容和活动			工作中需要掌握的软件、工具等	
工作环境	工作场所			职位的资格和认证	
	工作时间			职位相关培训	
工作者技能	素质要求		工作者特质	职业兴趣	
	其他要求			性格特征	
待遇及发展	薪酬（等级）			价值观	
	福利		生涯发展	晋升职位	

项目 2.4　遇见未知的自己

生涯名言

最难的事是认识自己。

——泰勒斯

生涯思考

陈静乐，2000 年出生于福建平潭，是中国女子风筝冲浪运动员，也是首位夺得风筝冲浪国际赛事冠军的中国人。

陈静乐从小就有运动天赋，小学时期开始田径训练，并且平潭当地 60 米、100 米、200 米短跑女子纪录保持者。2012 年，风筝冲浪教练翟大辉在平潭选人时相中了她，于是 12 岁的陈静乐从田径转到了风筝冲浪运动，这是她首次接触风筝冲浪。最初，陈静乐也只是觉得这项运动好玩，可以自由自在在水面上航行。然而，随着时间的推移，她逐渐发现自己越来越喜欢这项运动。

陈静乐的训练过程体现了极高的专业性和对风筝冲浪运动的执着追求。她几乎每天都要在海里泡上四五个小时进行风筝冲浪的训练。她要习惯在大风中破浪前行，面对海风的突然变化能够迅速作出反应，这需要极高的专注力和技巧。同时，风筝冲浪是一项技术性很强的运动，需要掌握复杂的技巧和平衡能力，陈静乐通过大量的训练和练习，不断提升自己的技术水平。另外，风筝冲浪的运动员需要一定的体重来应对复杂的天气和风力情况，陈静乐一开始的体重过轻，导致难以控制风筝板，为此她进行了增重训练。为了增加体重，她需要每天吃四顿饭以上，并且全家都参与监督她的饮食，衣服从中码增加到了加大码。

这些年，陈静乐在国内外赛场上获得了多项冠军。这些成绩的取得，不仅证明了她在风筝冲浪领域的实力，也让她更加坚定自己在这条道路上的选择。特别是在参与国际比赛的过程中，她逐渐认识到风筝冲浪作为一项国际性运动的魅力。她通过与来自世界各地的运动员交流竞技，不仅提升了自己的技能水平，也拓宽了自己的国际视野，她说最开始学风筝冲浪只是觉得自己开心，而当五星红旗升起和国歌奏响时，她觉得很骄傲。

回顾陈静乐选择风筝冲浪的职业过程，早期是因为接触这项运动并培养了浓厚的兴趣，当然，作为兴趣爱好时是好玩，而真的转到专业风筝冲浪运动员身份之后，陈静乐说她哭过无数次，“怎么这么苦啊！”然而她问自己放弃吗？她的答案是不放弃！

天赋，热爱，执着，有梦想，共同促成了陈静乐在这项运动中的卓越表现。

生涯理论

1909 年，美国波士顿大学的弗兰克·帕森斯（Frank Parsons）教授在他的著作《选择一个职业》中提出并详细阐述了特质因素理论（图 2-4-1），这个理论也被称为人职匹配理论，是职业辅导领域中的早期重要理论。帕森斯教授提出每个人都拥有独一无二的人格模式，并且每种人格模式都有与之最为契合的职业类型，因此，人与职业的匹配是职业选择的核心所在。

这里的“特质”，指的是个体的人格特征，涵盖了能力倾向、兴趣、价值观和整体人格等多个维度，而这些特质都可以通过特定的心理测量工具进行准确评估。特质是从哪来的？一方面从父母基因里遗传而来，另一方面是外在环境造就的，长大以后我们又选择了自己喜欢的环境，这些都会让我们的特质变得很难改变。

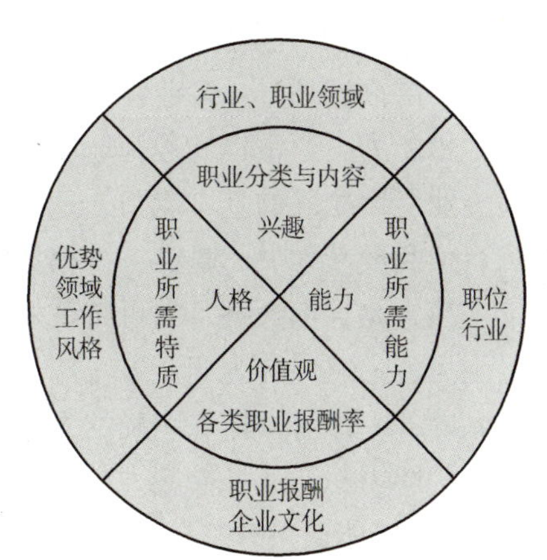

图 2-4-1　帕森斯的特质因素理论

这里的“因素”，指的是在职业上取得成功所不可或缺的条件或资质，这些条件和资质可以通过对工作性质的深入分析来了解和确定。例如，人格特质包括这个人是内向还是外向，待人苛刻还是友善，这个人做事时是认真还是马虎等行为风格；外貌特质包括这个人的高矮胖瘦；能力特质包括这个人是迟钝还是聪明。每人的特质都不相同，都有自己的特色。特质具有稳定性，一般很难改变。

简而言之，帕森斯的特质因素理论认为每个人身上的特质，是预测这个人未来发展的利器，为个体寻找最适合自身的职业提供了重要的理论指导。

一、能力

1. 能力结构

能力是指个体相对于某事物而言，能够给此事物创造的利益的大小，这种利益可以是广义上的，指一切好的事物，更具体地说，能力是人们成功完成某种活动所必需具备的个性心理特征，它直接影响活动的效率，是活动得以顺利进行的心理特征。

能力是一个相对固定但又可发展的个体特质，它涉及个体在完成某种活动或任务时所展现出的实际本领和能量。面试中，面试官会非常注重求职者能力与应聘岗位之间的匹配度。

通过分析招聘广告、岗位说明书，能力包括求职者所掌握的知识、技能，以及求职者在具体的活动中运用这些知识和技能，能否高效完成任务的态度和综合素质，即职业素养，也是求职者完成任务效果的有力证明。

(1) 能力结构内容（图 2-4-2）。

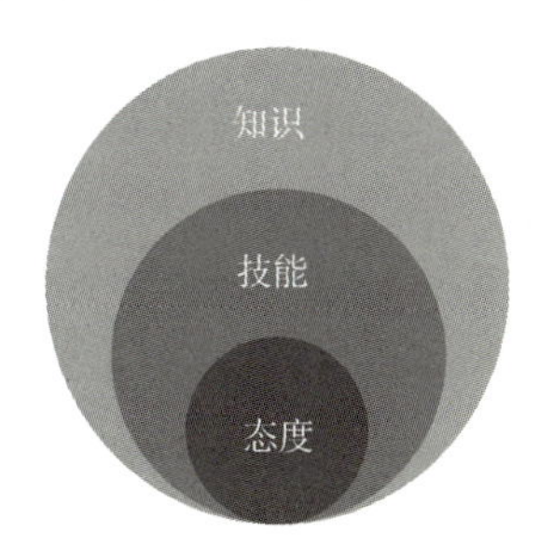

图 2-4-2　能力结构内容

① 知识：指的是我们通过学习获得的，知道和理解的东西，是一个领域的专业知识、概念，或者做事情的流程。

② 技能：指的是经过一定的训练掌握的，能够操作和完成的技术，如写作、信息搜索等。

基于知识和能力的应用领域和技能的通用性，知识和技能可以分为专业知识和专业技能、通用知识和通用技能。

③ 态度：是我们通过大量练习后内化到无意识中使用的一些技能，往往是无意识中使用的技能、品质和特质，是天赋和后天

大量练习的混合结果，如幽默感、直觉等。单一的才干经常无法被识别，需要与知识、技能结合在一起展现，没有评价标准，一般用形容词和副词表示。

（2）通用能力。

1998 年 9 月，国家劳动和社会保障部在《国家技能振兴战略》中，对我国职业技能做出了三个层面的划分：专业特定技能、行业通用技能、关键能力（即通用能力）。

通用能力，通常也被称为职业核心能力、关键能力、可迁移能力，是指在职业生涯中除岗位专业能力之外的基本能力，这些能力是从事任何职业都需要的一种综合职业能力，可以让人自信和成功地展示自己，并根据具体情况选择和应用；适用于各种职业，能适应岗位的不断变换，是伴随人终身的可持续发展能力。

通用能力可以分为职业方法能力和职业社会能力两大类，其中职业方法能力是指主要基于个人的，一般有具体和明确的方式、手段的能力，主要指独立学习、获取新知识技能、处理信息的能力；职业社会能力是指与他人交往、合作、共同生活和工作的能力。

《国家技能振兴战略》中，将通用能力分为以下几个方面：

① 自我学习能力：能够自主获取知识、技能和信息的能力，这是个人职业发展中不可或缺的能力。

② 信息处理能力：在信息化时代，有效筛选、分析和利用信息是至关重要的能力。

③ 数字应用能力：涉及基本的数字运算、逻辑推理等，对于很多职业来说都是基础能力。

④ 与人交流能力：良好的沟通和表达能力对于团队协作和职业发展都非常重要。

⑤ 与人合作能力：团队合作是现代职场中的常态，能够与他人有效合作是职业成功的关键。

⑥ 解决问题能力：面对工作中的问题和挑战，能够分析问题并提出解决方案的能力。

⑦ 创新能力：在快速变化的工作环境中，创新能力是保持竞争力和适应性的重要因素。

⑧ 外语应用能力：随着全球化的加速，外语能力对于跨国交流和职业发展越来越重要。

Hay/McBer 公司 1996 年出版了《分级素质词典》，这本《分级素质词典》是世界范围内迄今为止经透彻研究后最好的胜任力分级素质词典。收录在该词典里的通用核心素质，标准系列共有 18 个素质，通常被用来推导出一个人的素质模式，即每一行为事件访谈都会用这 18 个素质进行分析。

胜任力分级素质词典中收录的通用能力：

A：成就导向（ACH）：追求卓越，关注结果的渴望和驱动力。

B：演绎思维（AT）：从一般原则推导出特殊情况的逻辑思维能力。

C：归纳思维（CT）：从具体情况中提炼出一般规律或原则的能力。

D：服务精神（CSO）：愿意帮助他人，为客户提供优质服务的态度。

E：培养人才（DEV）：识别和发展他人潜能的能力。

F：监控能力（DIR）：对工作或项目的进展进行有效监督和控制的能力。

G：灵活性（FLX）：适应变化，灵活应对各种情况的能力。

H：影响能力（IMP）：说服他人，使其接受自己观点或建议的能力。

I：收集信息（INF）：主动获取信息，对信息保持敏感的能力。

J：主动性（INT）：采取行动来克服障碍或实现目标的意愿和行动力。

K：诚实正直（ING）：坚持道德原则，坦诚待人的品质。

L：人际理解能力（IU）：理解他人需求、情感和关切的能力。

M：组织意识（OA）：对组织目标、结构和文化的理解和认同。

N：献身组织精神（OC）：对组织的忠诚和投入，愿意为组织贡献自己的力量。

O：关系建立（RB）：与他人建立并维持良好关系的能力。

P：自信（SCF）：对自己能力和价值的肯定和信心。

Q：领导能力（TL）：引导和带领团队实现目标的能力。

R：合作精神（TW）：与他人协作，共同实现目标的态度和能力。

培养和提升这些通用能力，有助于个人在职场中更好地适应变化、解决问题，并实现个人和职业成长，这些能力不仅适用于某一特定职业，而且可以迁移到多种职业环境中，因此是每个人职业生涯中都需要不断发展和提升的重要技能。

2. 能力发展阶段

在知识和能力的学习过程中，一般会经历四个心理和能力层面的阶段：

（1）无知无能。这个阶段的特点是既不知道某项技能或知识，也不具备执行相关任务的能力。

（2）有知无能。这个阶段的特点是虽然个体通过学习了解了相关理论或方法，但由于缺乏实践经验和技能训练，还未能将这些知识转化为实际的操作能力。

（3）有知有能。这一阶段的特点是已经开始将所学知识应用于实践中，并且能够在有意识的努力下完成任务，但能力还不够熟练和自然。

（4）无知有能。这是能力发展的最高阶段，也称为无意识的能力或精通阶段，通过大量的实践和训练，相关技能或知识变得非常熟练和自然，在执行任务时，几乎不需要意识的参与，就能轻松地完成。

这四个阶段，被称为达克效应（Dunning-Kruger Effect），也称为邓宁-克鲁格效应或 D-K 效应，揭示的是能力发展过程中的心理现象，构成了一个完整的能力发展循环，从最初的无知无能到最终的精通，个人通过不断学习和实践，逐步提升自己的能力水平。

3. 能力管理策略

工作岗位任务是复杂的，对员工能力要求也一定是综合性的，掌握多种能力更有利于职业发展。根据能力的使用情况，可以把能力分为擅长、不擅长和愿意使用、不愿意使用。由此，可以将能力对应地分为四类，即优势能力、潜藏能力、退路能力和盲区能力。对这四个区域的能力管理的策略分别如下：

（1）优势能力。这是你最擅长的领域，用一个关键词概括就是“建设个人品牌”。可以不断磨炼和提升专业技能，确保竞争中的领先地位。同时，“主动展示”也至关重要，即不仅要默默精进，更要主动宣传和分享能力，让其成为个人标签。这样，你的核心竞争力将为你吸引无数机遇和资源。

（2）潜藏能力。这是你渴望在未来精通的技能，关键是投入时间和精力进行刻意练习。由于精力的限制，建议每次专注练习 1~3 项技能，提高练习的效率。

（3）退路能力。是过去掌握的技能，可能是在生活的压力下逐渐磨炼出来的，稳固的后盾，确保你不会陷入一无所有的境地，建议定期回顾和练习这些技能，以保持熟练度。同时，可以尝试重新定位或结合新兴趣发展这些能力，为它们注入新活力，注意保持低调，避免过多展示，以防不必要的干扰。

（4）盲区能力：面对不擅长的领域，首先要正视自己的不足，然后积极采取回避策略。例如，分配给你不擅长的任务，可以尝试沟通，看是否能承担其他更适合你的任务，或者授权或与他人合作，通过合作可以实现双赢。

二、职业兴趣

1. 霍兰德职业兴趣

美国约翰·霍普金斯大学的心理学教授、职业指导专家约翰·霍兰德（John Holland），1959年提出了职业兴趣理论。霍兰德认为，人的人格类型、兴趣与职业选择之间存在着密切的关系。他强调兴趣是人们从事各类活动的巨大动力，对于那些与个体兴趣相符的职业，人们通常会表现出更高的积极性。当人们从事与自己兴趣相符的职业时，他们会更乐意投入，从而能够更积极、更愉快地工作。霍兰德认为人格可以分为六种类型（图2-4-3），每种类型都有其独特的特点和适合的职业领域。下面是对这六种类型的详细介绍。

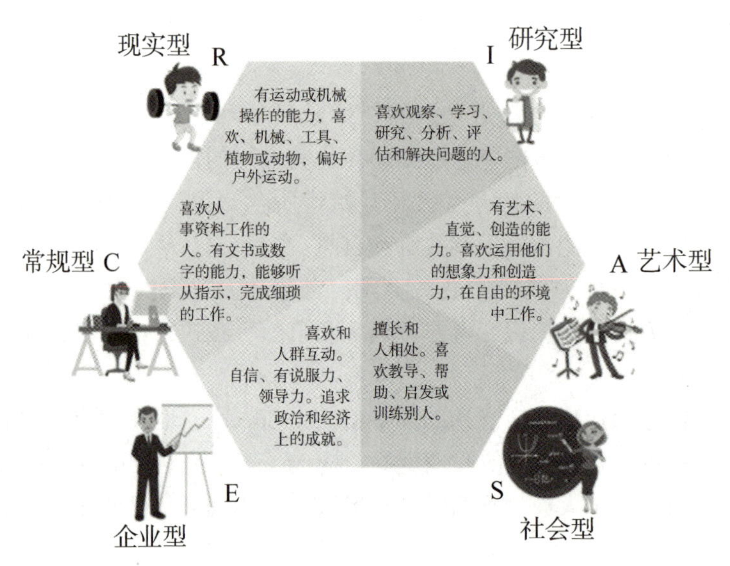

图2-4-3　霍兰德职业兴趣类型

（1）现实型（Realistic）。

共同特征：这类人喜欢从事需要动手能力强、具体操作的工作，善于与物打交道，而不善于与人打交道。

典型职业：木匠、农民、操作X光的技师、机械制造师、汽车维修技师、飞行员、航海员、无人机操作员、3D打印技术员、工业机器人操作与维护工程师等。

（2）研究型（Investigative）。

共同特征：这类人喜欢思考和理解事物，善于分析和解决问题，喜欢从事需要逻辑分析和推理的工作。

典型职业：科研人员、数学家、天文学家、生物科技研究员、数据分析师、人工智能工程师、软件开发者、环境科学家、金融科技分析师等。

（3）艺术型（Artistic）。

共同特征：这类人具有丰富的想象力和创造力，善于通过艺术形式来表达自己的情感和思想，适合从事艺术创作、设计、文学和科学方面的工作。

典型职业：演员、导演、艺术设计师、平面设计师、动画师、游戏设计师、用户界面/用户体验设计师、音乐家/作曲家、时尚设计师、视频剪辑师/特效师等。

(4) 社会型（Social）。

共同特征：这类人喜欢与人交往，善于倾听和理解他人，有强烈的社会责任感，适合从事教育、社会服务、咨询等方面的工作。

典型职业：教师、社会工作者、心理咨询师、社会活动策划、公共关系专员、人力资源经理、医疗保健协调员、社区组织者、非政府组织工作人员、患者权益倡导者等。

(5) 企业型（Enterprising）。

共同特征：这类人具有领导才能和冒险精神，喜欢追求权力和地位，善于管理、销售和决策，适合从事企业管理、政治、销售等方面的工作。

典型职业：如企业家、政治家、销售经理、创业家、风险投资经理、市场营销经理、电子商务经理、品牌经理、活动策划经理、网红/直播销售主播等。

(6) 常规型（Conventional）。

共同特征：这类人喜欢按照计划和规章制度工作，注重细节和精确性，善于处理数据和资料，适合从事会计、审计、行政管理等方面的工作。

典型职业：税务专员、风险管理师、质量控制经理、供应链管理专家、数据分析师（偏业务分析）、网络安全分析师、健康信息管理员等。

通过了解自己的职业兴趣类型，个人可以更好地选择适合自己的职业方向，从而提高工作满意度和职业成就感。需要注意的是，大多数的人并非只有一种职业兴趣倾向，可能两代码、三代码，也有三个以上代码都比较相似的情况，霍兰德代码的灵活性允许它适应不同人的复杂兴趣模式，这种情况可能说明这个人的兴趣范围确实较为广泛，适合从事需要多种技能或跨领域合作的工作。

2. 兴趣金字塔

兴趣金字塔是指兴趣发展的三个不同阶段，这些阶段构成了兴趣金字塔模型，从下到上分别为感官兴趣、自觉兴趣和志趣，如图 2-4-4 所示。

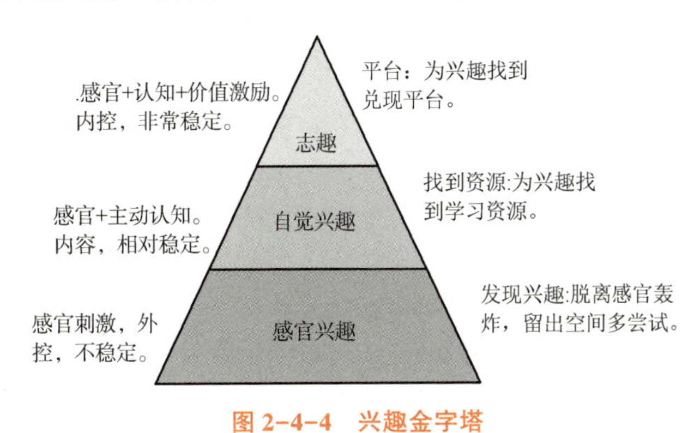

图 2-4-4　兴趣金字塔

(1) 感官兴趣。

感官兴趣也称为直观兴趣，是通过直观的感官刺激产生的兴趣，是最原始的兴趣阶段，多变且不稳定。例如，小孩可能会被不同的玩具或颜色所吸引，但这种兴趣很容易转移，感官兴趣的长度和强度由外界的刺激决定，无法专注于一个事物并形成能力。

（2）自觉兴趣。

自觉兴趣也称为乐趣，是在情绪的参与下，将兴趣从感官推向思维层面，产生的更加持久的兴趣，在自觉兴趣阶段，开始对事物产生更深的理解和探索。比如，喜欢一首歌不仅仅是因为它旋律动听，还可能是因为了解了歌词背后的故事或歌手的经历，这种理解增加了对歌曲的兴趣。自觉兴趣比感官兴趣更高级，因为它涉及认知和行为的参与，使兴趣转化为能力，而能力的提升又反过来增强兴趣，形成良性循环。

（3）志趣。

志趣也称为潜在兴趣，是兴趣的最高层级。它加入了志向和价值观的元素，使兴趣变得更加强大而持久，当把感官兴趣通过学习变成能力，并通过这些能力找到平台实现价值时，兴趣就升华到了志趣的层次。志趣是与个人的长远目标和价值观紧密相连的，因此它能够持续一生。

三、价值观

《孟子·告子上》中说："鱼，我所欲也，熊掌，亦我所欲也；二者不可得兼，舍鱼而取熊掌者也。"究竟如何在鱼与熊掌之间做选择呢？毕业找工作的时候，什么才是好工作，什么才是适合自己的工作？《西游记》中唐僧带着他的徒弟们西天取经，历经重重磨难却依旧初心不改，直到取回真经，普度众生。有的人看来不理解他们的做法，但对唐僧而言这却是他认为必须做的事情，行动的背后其实就是价值观的驱动。

1. 价值观的含义及特点

（1）价值观的含义。

价值观是我们内心对于价值之间的重要程度排序，我们每个人的生命、时间、资源都有限，知道什么是重要的，什么是更重要的，就是价值观，它指向一生中最重要的东西，因此它也是一种自我激励机制。

（2）施瓦茨的价值观地图（图 2-4-5）。

心理学家谢尔顿·施瓦茨（Shalom H. Schwartz）通过对不同文化和社会群体的研究，总结出了一系列普遍性的价值观念，这些观念被归纳为 19 种基本价值观，划分为四个主要方面：自我方向（Self-direction）价值观、智慧传授（Stimulation）价值观、成就值（Achievement）价值观、共同体方向（Self-transcendence）价值观；定义了 10 种不同文化背景下人们的普遍价值观，并在 70 多个国家跨文化样本基础上进行了检验。10 种普遍的基本价值观为：①精彩：兴奋、新奇和生活中的挑战。②自由：独立的思想和行为，

图 2-4-5 施瓦茨的价值观地图

包括选择、创造、探索等。③博爱：理解、欣赏、包容以及保护所有人的福利以及本性。④助人：保护同时提高经常进行交际的人的福利。⑤守规则：克制一切可能伤害他人或者违背社会准则的行为、倾向、思想等。⑥责任与传统：尊重、接受、保护文化和宗教的习俗以

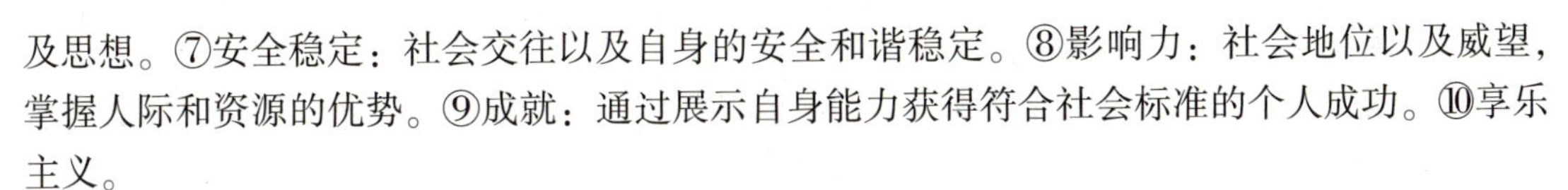

及思想。⑦安全稳定：社会交往以及自身的安全和谐稳定。⑧影响力：社会地位以及威望，掌握人际和资源的优势。⑨成就：通过展示自身能力获得符合社会标准的个人成功。⑩享乐主义。

（3）舒伯总结的职业价值观。

舒伯总结了 13 种职业价值观，涵盖了多个方面，它们对于个人的职业选择、发展和工作满意度具有重要影响。表 2-4-1 是对舒伯的职业价值观的归纳。

表 2-4-1　舒伯的职业价值观

利他主义	重视为他人谋福利，愿意为社会服务，关注他人的利益和需求
智力激发	追求工作中能够不断思考、学习和理解新事物，满足智力上的挑战和成长
声望地位	看重职业所带来的社会地位和尊重，希望自己的工作能够得到他人的认可和赞赏
安全稳定	重视工作的稳定性和安全性，希望工作能够提供稳定的收入和职业保障
经济报酬	关注工作所带来的经济收益，包括薪水、福利和奖金等
成就满足	重视工作成果，追求成功和成就感，喜欢能够看到实际成果的工作
工作环境	关注工作环境的舒适度，认为良好的工作环境对工作效率和员工满意度至关重要
美的追求	重视工作是否能带来美的享受，或者能够创造美丽的物品，将美带给世界
独立自主	强调工作中的自主性和独立性，希望能够以自己的方式完成任务，有自由裁量权
追求新意	追求工作中的多样性和变化性，希望能够尝试不同的工作任务和角色
社会交往	重视工作的目的和价值，能和不同的人交往，建立广泛的社会联系和关系
创造力	看重工作中能否发挥创造力，产生新的想法、解决方案或产品
管理权力	追求在工作中有一定的权力和影响力，能够影响决策和他人的行为

这些职业价值观并非孤立存在，而是相互关联、相互影响的。个人在职业生涯中的选择和发展往往受到这些价值观的共同驱动。了解并明确自己的职业价值观，有助于个人做出更明智的职业决策，实现职业成功和满足感。

（4）价值观的特点。

① 稳定性与持久性：在特定的时间、地点和条件下，人们的价值观是相对稳定和持久的。

② 历史性与选择性：价值观受时代和社会生活环境的影响，不同时代和社会环境下形成的价值观是不同的。

③ 主观性：价值观是根据个人内心的尺度进行衡量和评价的，具有主观性。

2. 如何修炼价值观

修炼价值观是一个持续不断的过程，涉及自我反思、学习、实践和不断的调整，下面是帮助你修炼和塑造自己价值观的建议：

（1）探索与确认。深入了解自己的信念、动机和欲望，通过心理测试、自我反思或与咨询师交流来增进自我了解；或者阅读哲学、伦理学、心理学等领域的书籍，参加讲座、研讨会或在线课程，与不同背景的人交流思想，以拓宽视野并理解不同的价值观体系。

（2）实践与反思。在日常生活中践行价值观，定期反思自己的行为是否与价值观一致，分析原因并调整；不害怕犯错，因为错误是成长的一部分，当面临道德困境或价值观冲突时，勇于做出选择并承担后果。

（3）反馈与提升。向信任的朋友、家人或同事寻求反馈，了解他们如何看待你的价值观和行为；设定个人发展目标，不断提升自己在知识、技能和道德层面的素养，鼓励自己走出舒适圈，尝试新事物以拓宽视野。

（4）开放与坚持。在坚守核心价值观的同时，学会在不同情境下灵活应对；理解并尊重他人的价值观，寻求共同点以建立和谐关系，对于负面反馈，保持开放心态并考虑如何改进。

性格类型：了解你的性格

拓展延伸

1.《职面未来》，作者：詹笑红，首都师范大学出版社。
2.《将来的你一定感谢现在拼命的自己》，作者：宋璐璐，北方妇女儿童出版社。

生涯实践

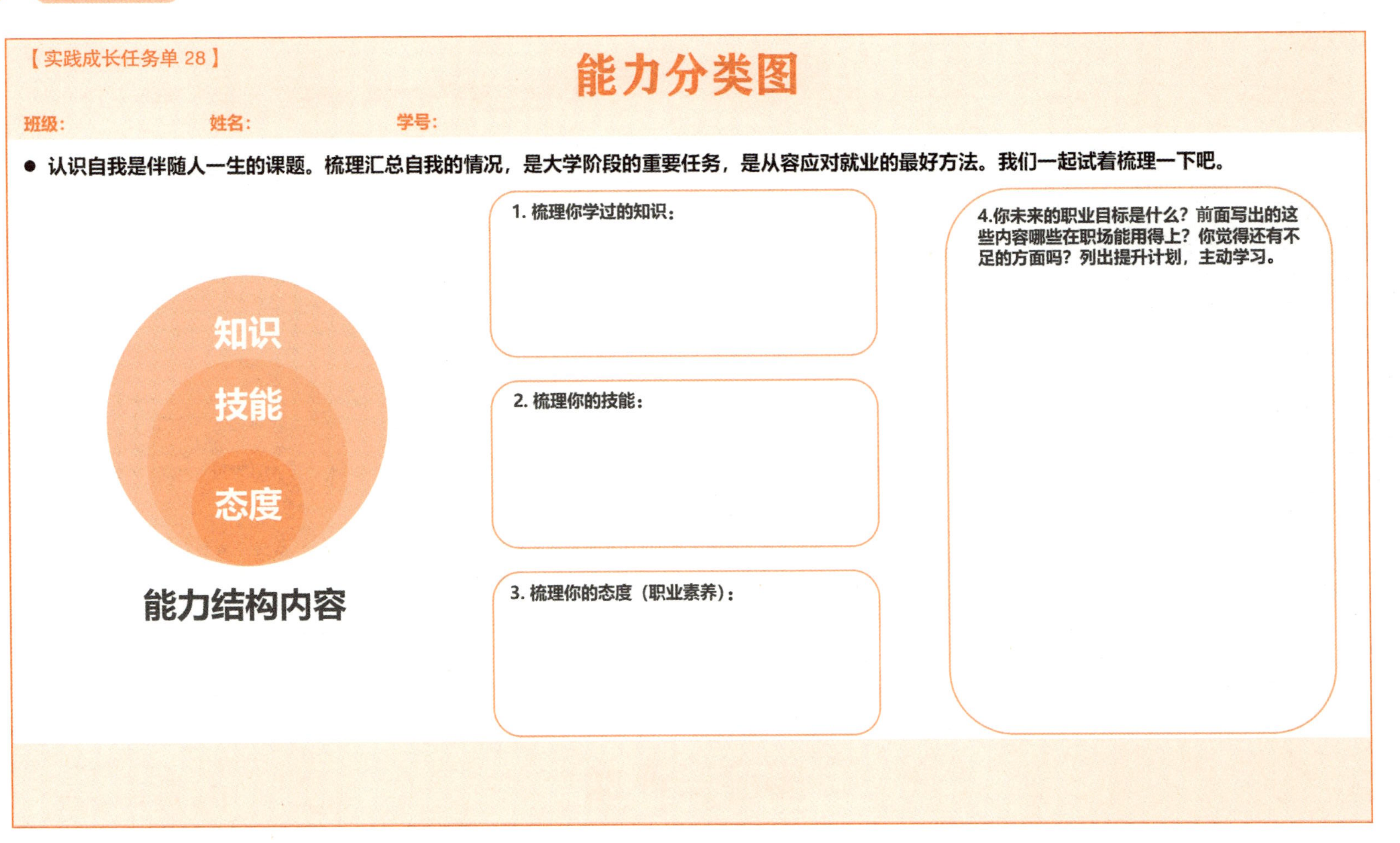

【实践成长任务单 28】

能力分类图

班级：　　　　姓名：　　　　学号：

- 认识自我是伴随人一生的课题。梳理汇总自我的情况，是大学阶段的重要任务，是从容应对就业的最好方法。我们一起试着梳理一下吧。

能力结构内容

1. 梳理你学过的知识：

2. 梳理你的技能：

3. 梳理你的态度（职业素养）：

4.你未来的职业目标是什么？前面写出的这些内容哪些在职场能用得上？你觉得还有不足的方面吗？列出提升计划，主动学习。

【实践成长任务单 29】

职业兴趣图

班级：　　　　姓名：　　　　学号：

● 你买的彩票中了大奖！你决定找一个小岛去度假，接下来的一年时间，你和这个岛上的居民一起享受岛上的生活方式。你最想去哪个小岛度假？

R岛：自然原始岛
岛上有热带原始植物，自然生态保持得很好，也有相当规模的动物园、植物园、水族馆。你和岛上的居民一起做手工、种植花果蔬菜、修缮房屋、打造器物、制作工具。

C岛：现代井然岛
岛上处处耸立着现代建筑，标志着这是一个进步的、都市形态的岛屿。岛上的市政管理、物业管理及金融管理都十分完善。你和岛上的居民一起冷静保守、井井有条地办事。

E岛：显赫富庶岛
岛上的居民热情豪爽，善于企业经营和贸易。经济高度发达，有很多高级饭店、俱乐部、高尔夫球场。你和企业家、经理人、政治家、律师等一起创业，谈论政治，享受高品质的生活。

R岛　I岛　C岛　A岛　E岛　S岛

I岛：深思冥想岛
岛上平畴绿野，人少僻静，适合夜观星象。有很多天文馆、科技博物馆、科学图书馆。你和岛上居民一起钻研学问、探究真知，喜欢和来自各地的哲学家、科学家讨论学术问题，交流思想。

A岛：美丽浪漫岛
这个岛上到处是美术馆、音乐厅，弥漫着浓厚的艺术文化气息。你和岛上居民一起跳舞、唱歌、绘画、写作，许多文艺界人士都喜欢来到这里，沙龙派对，寻找灵感。

S岛：温暖友善岛
岛上居民性情温和、十分友善、乐于助人，社区均自成一个密切互动的服务网络，你和岛上的人们互助合作，重视教育，弦歌不辍，处处充满着人文关怀气息。

第一想去的度假岛

第二想去的度假岛

第三想去的度假岛

值得思考：择己所爱，择己所长，发挥优势，是选择专业和职业的最优方法。

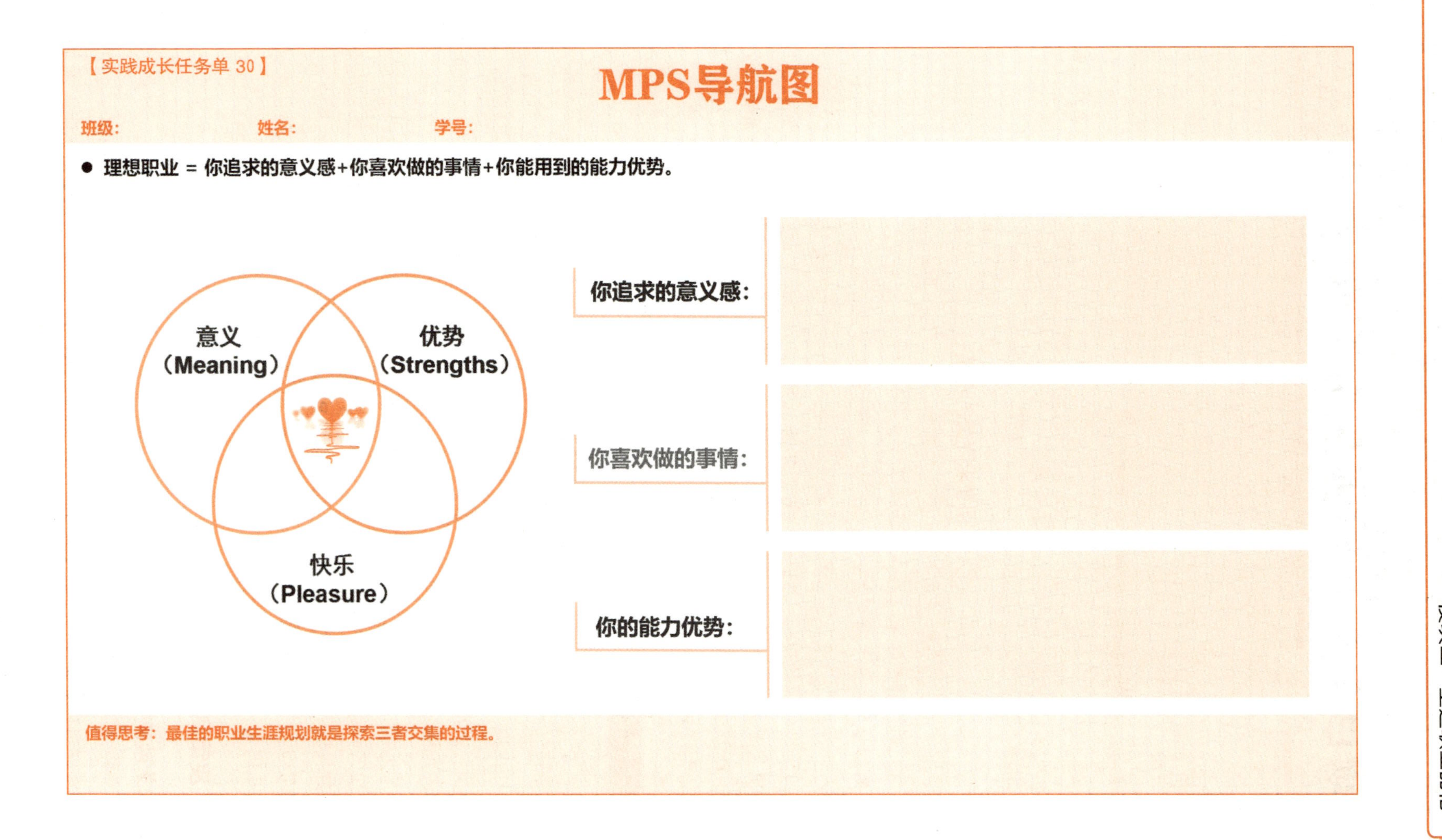

【实践成长任务单 30】

MPS导航图

班级：　　姓名：　　学号：

● 理想职业 = 你追求的意义感+你喜欢做的事情+你能用到的能力优势。

你追求的意义感：

你喜欢做的事情：

你的能力优势：

值得思考：最佳的职业生涯规划就是探索三者交集的过程。

项目 2.5　培养生涯决策力

生涯名言

我欣赏每个人的独特之处，任其自由绽放。

——伯特·海灵格

生涯思考

别奢求完美的决策

决策既非“白”，亦非“黑”，而是介于二者之间，即是“灰”的。

组织所处的内外部环境总在不断地发生变化，使得决策依据变幻莫测。不充分的信息影响着方案的数量和质量，所以并不能确定和分析所有的可能方案。

由于人的预见能力有限，今天的理想选择不等于是明天的理想选择。

随着目标和资源的变化，“最优”可能不再“最优”。

由于决策是基于不完全信息的，因此过程中的调整和协调不可避免，决策过程受限于“满意感”和“有条件的合理性”的限制。

管理者经常没有充裕的时间去收集或寻找最佳方案。

生涯理论

柏拉图说：“良好的开端，等于成功的一半。”谋定而后动，行动之前做好充分的准备和规划，可以让行动力量更聚焦，提高目的达成的可能性。在信息爆炸的今天，有越来越多的不确定性出现，人的本性倾向于规避不确定性，因为不确定性经常带来安全感的缺失，增强应变能力，掌握职业决策的方法，成为最重要的能力之一。

随着心理学家对职业决策的深入研究，认为职业决策是一个依据决策者自身特性，并参照外在环境的现状与发展趋势，通过合乎逻辑的分析，最终确定未来适合的职业领域的过程。职业决策可以被视为职业生涯的起点，只有做出决策，才能进行后续的行动。决策的可行性与合理性对于预测生涯发展前景、决定生涯成功与否至关重要。因此，在做出决策时，必须仔细考虑每一种条件可能带来的结果。一个好的职业决策应该既符合个人特质，又能顺应环境变化因素，支持个体链接足够的资源，保持自身的持续成长。

一、决策风格

1. 决策风格类型

在职业生涯决策类型的研究中，国内外专家学者根据不同的研究视角做出了不同的分类，按照中国台湾学者金树人的分类标准，结合高校实际，目前我国大学生职业决策大致分为以下几种类型：

（1）自主决策型。这类大学生具有较强的信息搜集及逻辑分析能力，能在较短的时间内对自身职业及未来发展做出准确科学的决策。这类学生有明确的职业目标和规划，能积极主动地按照个人真实意愿，结合个人实际做出职业决策，按部就班地努力实现职业目标。

（2）依赖决策型。这类大学生缺乏主动性，尚未意识到职业生涯决策的重要性与紧迫性，缺乏收集职业信息的能力，缺乏职业生涯规划的能力，主要依靠父母、师长的要求和建议完成大学学业和未来职业的选择。

（3）拖延逃避型。这类大学生能认识到职业生涯决策对未来职业选择及发展的重要性，也能体会到决策中的焦虑和痛苦，但由于缺乏对自身特质的分析及外部职业环境的探索，往往通过逃避现实，寄希望于“船到桥头自然直”的观念来掩饰当前的焦虑和痛苦情绪，往往会放弃职业决策机会。

（4）随波逐流型。这类大学生缺乏个人主见，抱着“大多数人都选我就选”的心态，容易受到外部环境影响而盲目地选择职业，这种情况主要是由于大学生对职业决策过于自信、忽视自身特点、不能根据实际情况做出合理的职业决策，常导致其丧失发挥个人优势的工作机会。

2. 决策困难的原因

在职业决策的过程中，各种形式的职业决策困难也逐渐显现，总体上可概括为三个维度：

第一维度是缺乏准备（包括缺乏动机、犹豫不决、错误的信念）。

第二维度是缺乏信息（包括缺乏决策过程的信息、缺乏自我的信息、缺乏职业的信息、缺乏获得信息的方式）。

第三维度是不一致的信息（包括不可靠的信息、内部冲突、外部冲突）。

因此，就目前大学生职业决策的总体现状而言，情况不容乐观，面对职业决策时很多学生往往毫无头绪，不知所措；有的盲目跟风、人云亦云；有的甚至直接逃避，大学生职业决策亟待改善。

二、影响职业生涯规划的因素

（一）舒伯拱门理论

在职业生涯规划制定与实施的过程中，受到很多因素的制约和影响，早在 20 世纪 70 年代，舒伯的职业发展理论就用拱门模式探讨了人们的职业选择过程。舒伯的生涯发展拱门如图 2-5-1 所示。根据这一模式，影响职业生涯规划的因素可以归纳为个人因素、环境因素和社会因素三大方面，具体如下：

1. 个人因素

（1）生理基石：这是拱门模式的左侧柱子，代表了个性心理特征，包括个人的生理遗传基础，如需求、价值、兴趣、智慧、性向与特殊性向等。这些因素发展出一个人的人格倾向，并导向个人的成就表现。

① 性格：个人的性格特点会影响职业选择和发展。比如，外向型的人适合从事销售、公关等需要与人打交道的工作，而内向型的人则更适合从事研究、编程等需要独自工作的岗位。

② 能力：个人的能力水平决定了能够胜任的职位和职业发展的方向。每个人都有自己的优势和劣势，需要根据自身的能力水平来选择适合自己的职业。

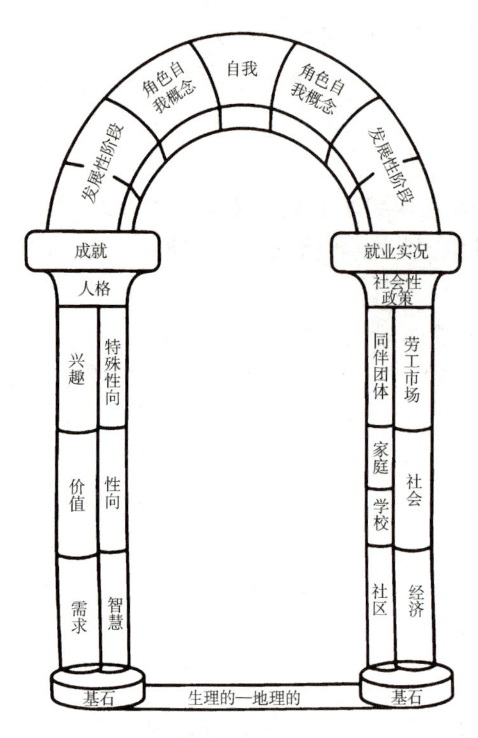

图 2-5-1　舒伯的生涯发展拱形门模型

③价值观：个人的价值观决定了对职业的追求和要求。有些人追求物质利益，更看重薪水和职位的高低；而有些人更注重实现自我价值，更看重工作内容的挑战性和社会影响力。

④兴趣：个人的兴趣爱好会影响对职业的选择和发展。如果一个人对音乐感兴趣，那么他可能会选择从事音乐教育或音乐表演等相关职业。

（2）生涯发展阶段与自我概念：这是连接左右两大基石的拱形部分，由生涯发展阶段和自我概念串连而成。生涯发展阶段可以分为探索阶段、确认阶段、稳定阶段、下降阶段和退休阶段。在每个阶段，个人的自我概念会随着经验和成长而发生变化，从而影响职业生涯规划。

2. 环境因素

（1）地理基石：这是拱门模式的右侧柱子，代表了社会特征，包括个体的成长环境，特别是出生的国家与原生家庭，以及社区、学校、家庭、同伴团体、经济资源、劳动市场等社会范畴。这些因素影响了社会政策及就业实况。

（2）榜样力量：舒伯尤其重视“榜样”的力量，认为影响生涯发展的最关键原因是个体在青少年期和青春期所能接触到的各种成人榜样。教育背景对职业生涯规划有很大的影响，受教育程度高的人通常更容易获得好的职位和职业发展机会。

3. 社会因素

社会因素对每个人的职业生涯乃至发展都有重大的影响。社会因素包括社会阶层、经济发展水平、社会文化环境、政治制度和氛围等。这些因素通过影响经济、法制建设发展方向，进而影响到个人的职业发展。

（1）经济因素：宏观经济状况、行业薪资水平等会影响个人的职业选择和发展。经济好的时候，人们更容易找到满意的工作和发展机会。

（2）社会文化因素：社会文化的不同会影响个人对职业的认知和选择。不同文化背景下，人们对工作和职业的价值观与期望也不同。

（3）技术进步：技术的发展会影响不同职业的需求和发展。随着科技的进步，一些传统职业可能会消失，而一些新兴职业则会出现。

在进行生涯规划时，个人需要全面考虑各种因素，包括自身的特质、价值观、兴趣和技能等内部因素，以及社会、经济、教育和家庭等外部因素。通过深入分析和评估这些因素，个人可以制定出更符合自身实际情况和发展需求的生涯规划。同时，生涯规划也不是一成不变的，个人需要根据实际情况的变化不断调整和完善自己的规划。

（二）明尼苏达工作适应理论

明尼苏达工作适应理论是起源于美国明尼苏达大学的心理学理论，1964 年，由罗奎斯特（Lofquist）与戴维斯（Davis）提出，如图 2-5-2 所示。该理论强调人境符合

(Person-Environment Correspondence，PEC)，即只有当工作环境能满足个人的需求（内在满意），个人也能满足工作的技能要求（外在满意）时，个人在该工作领域才能够得到持久发展。

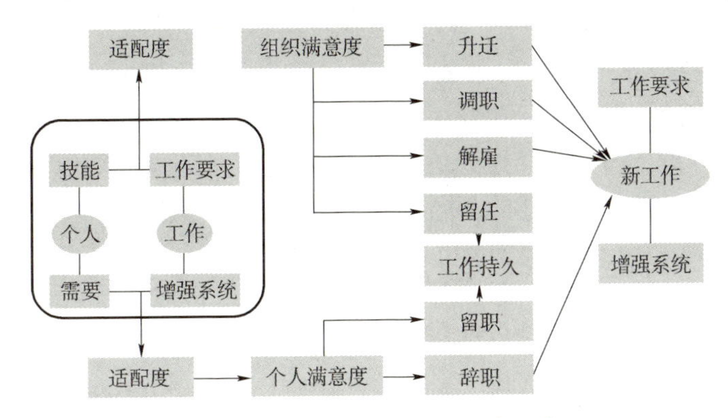

图 2-5-2　明尼苏达工作适应理论

明尼苏达工作适应论提出个人与职业之间互动的四个关键因素：

(1) 个人—能力：指个人所具备的知识、技能和经验等。

(2) 个人—需求：指个人在工作中的期望、动机和偏好等。

(3) 职业—要求：指工作岗位对个人的知识、技能和经验等方面的要求。

(4) 职业—回馈：指工作所能给予个人的报酬、福利、成就感等。

明尼苏达工作适应论提出个人与职业之间的互动方式如下：

(1) 个人与环境的匹配：每个人都会努力寻求个人与环境之间的一致性，当工作环境能满足个人的需求，而个人又能顺利完成工作上的要求时，一致性就比较高。

(2) 动态发展：人与环境都是动态发展的，个人的需求会变，工作的要求也会随时间或经济趋势而调整，它们之间的互动关系一致与否，是互动过程的产物和结果。

(3) 适应与满意度：个人能努力维持其与工作环境之间符合一致的关系，那么个人工作满意度高，在这个工作领域也能持久。

三、SWOT 分析法

1. 什么是 SWOT 分析法

人们在探索职业发展方向或进行职业生涯规划时，首先碰到的问题就是怎样清楚、客观地认识自己。很多时候，我们对自己、对未来的认识不是很清楚，多少带些主观性和盲目性。所以在找工作时，多数是随波逐流，看其他人怎么找，自己也怎么找，没有一个坚定的信念和目标来支撑自己的想法，或者没有认真分析自己，又或者根本就没什么具体的想法，只是以赚更多的钱、当领导或高管等为目标。这时，我们就需要了解我们自己和所处的环境，用一个简单方法即著名的 SWOT 分析方法来分析自己和环境。

SWOT 是四个英文单词的缩写：优势 S (Strength)、劣势 W (Weakness)、机会 O (Opportunity)、威胁 T (Threat)。SWOT 分析法又称优劣分析法，最初是一种企业竞争态势的分析方法，是市场营销的基础分析方法之一。这种分析方法是通过调查、列举、评价企业自身的优势、劣势、外部竞争上的机会和威胁，依照矩阵形式排列，用系统分析的方法，对研究对象所处的情景进行全面、系统、准确的研究，从而根据研究结果制定企业相应的发展战略、计划以及对策等。S、W是内部因素，O、T是外部因素。同样，我们也可以把企业换成个人，把这一分析方法运用到个人身上，尤其是在一些事情的决策前，比如职业的选择，是重要的理性职业决策方法。

2. SWOT分析的作用

SWOT分析是检查人们的喜好、技能、能力、职业方向和职业机会等的实用工具。它可以通过分析，帮助人们把资源和行动专注在自己的强项和有最多机会的地方。若能对自己做一次细致的SWOT分析，那么，会很清楚地知道自己的优点和弱点在哪里，并且可以通过这种方法完整地评估出自己所感兴趣的不同职业道路的机会和威胁所在。

（1）了解自身的优势，形成职业生涯设计的有力支撑，即“扬长”。

优势分析就是要让自身知道：①你学习到了哪些知识？专业课的学习让你得到了哪些技能？②你有哪些能力？在学校期间担当的学生职务让你有哪些锻炼和提高？参加过什么社会实践活动，工作经验的积累程度如何？③你的优势是什么？你做过的事情中最成功的是什么？是如何成功的？通过分析这些，能清楚自己的优势，例如，经历、经验的丰富和突出，有坚强的意志和创新精神等。只有充分了解了自己的优势特长，才能有针对性地选择与自身优势和职业目标相一致的工作项目。这些就形成职业生涯设计的有力支撑，帮助你有效“扬长”。

（2）了解自身的劣势，尽快补充完善或绕道而行，即“补短或避短”。

SWOT分析可以指出我们自身的劣势和最不喜欢做的事情，找到自身短处，并努力去改正自己常犯的错误，提高自己的技能，放弃那些对不擅长的技能要求很高的职业。比如：①性格的弱点。每个人都有弱点，这是我们与生俱来且无法避免的。找到这些弱点，能改正的改正，不能改正的性格弱点就要想办法绕过去，如粗心就是可以改正的，做一个细心的人就可以更好地完成好工作。但内向的性格则是不容易改变的，就不要去做那种需要经常与人主动热情沟通的销售工作。②经验或经历中所欠缺的方面。欠缺并不可怕，怕的是自己还没有认识到或认识到了而一直不能正视，或者觉得这些不重要，如有些同学在大学期间一直没有参加过实习或社会实践，导致最后在找工作前的简历上“无话可说”。只有找到自己经验和经历中的欠缺，在最短的时间内补足，让自己的经历更加的丰富，才能迎接更高的挑战。

（3）了解身边的机遇，把握时机。

高速发展的社会环境为我们每个人都提供了活动的空间、发展的条件和成功的机遇。如果能很好地利用这些外部环境，就会有助于个人的发展。“机会是留给有准备的人的。”世界上没有空来的机会，更多的要靠自己去争取，你只有时刻准备好，做好万全的准备，才能时刻应对挑战。比如，经济快速发展为我们提供了多种发展空间，网络技术的发展使我们能了解更多的信息，继续深造的途径多了可以供人们不断提升学历，择业的双向选择给了人们很多自主选择权，等等。这些都是可能会遇到的机遇。如果不善于创造机会，那一定要善于抓住身边的机会，不能轻易让机会从指尖流走，留下遗憾。

（4）了解即将面对的挑战或威胁，做好充足的准备。

除了机遇，我们也会面对各种各样的威胁的挑战。这是我们无法控制的外部因素，如就业还处于用人单位主观选择性强的形势、所学专业不能跟上社会的需要和变化、来自其他学校同学的竞争、公司不雇用你这个专业的毕业生等，这些都是我们未来可能遇到的挑战。知道了这些挑战，我们可以提前了解它们并做好应对措施，因为我们不能让社会适应自己，那就只能改变自己，让自己尽快适应社会，早日通过努力把挑战转化为一种内在的动力。这样，我们才能避免不利的影响，在困境中脱颖而出，寻求希望和成功。

3. SWOT 分析的步骤

第一步：信息收集及归类。

（1）内部信息分析。

优势分析：充分了解自己出色的地方，特别是较之于竞争对手具有优势的方面，有助于发挥自身特长，最大化自己的长处，包括兴趣、知识技能、性格特征、工作经验等。这一步最重要的是做到“实事求是”和“自我欣赏”，我们可按照以下信息列出优势并进行分拣排序：

① 曾经做过的事情。即已有的人生经历和体验，如在学校期间担当的职务，曾经参与或组织的实践活动，获得过的奖励等。这些可以从侧面反映出一个人的家庭状况。在自我分析时，要善于利用过去的经验选择、推断未来的工作方向与机会。

② 学习过的知识。在学校期间，从学过的专业课程中获得什么？接受过什么培训？自学过什么？有什么独到的想法和专长？专业也许在未来的工作中并不会起多大作用，但在一定程度上决定你的职业方向。

③ 最成功的事情。你可能做过很多事情，最成功的是什么？为何成功？通过分析，可以发现自我性格闪光的一面，以此作为个人深层次挖掘的动力之源，这也是职业规划的有力支撑。

劣势分析：劣势是阻碍我们前进和获得良好生活的阻力，在这部分需要进行严格的自我审视，诚实地面对自己的短处，如技能欠缺、性格缺陷、经验不足等。可按照以下信息列出劣势项并进行分拣排序：

① 性格弱点，如不善交际，感情用事等。一个独立性强的人很难与他人默契合作，而一个优柔寡断的人很难担当企业管理者的重任。卡耐基曾说，人性的弱点并不可怕，关键要有正确的认识，认真对待，尽量寻找弥补、克服的办法，使自我趋于完善。

② 经验或经历中所欠缺的方面。也许你曾多次失败，就是找不到成功的捷径；你需要做某项工作，而之前从未接触过，这就说明经历欠缺。

（2）外部因素分析。

机会分析：机会是我们所处的外部环境中所占据的优势因素，及时抓住时代的机遇是目标达成的关键所在，如市场需求、行业趋势、技术进步、政策支持等，这些因素可能为个人职业发展提供新的机遇。可按照以下信息列出机会项并进行分拣排序：

① 对社会大环境的认识与分析。当前社会政治、经济、科技、文化发展趋势是否有利于所选职业发展？具体在哪方面有利？

② 对自己所选企业的外部环境分析。企业在本行业中的地位与发展趋势如何？面对的市场怎样？有无职位空缺？需要具备哪些条件？

③ 人际关系分析。哪些人可能对自己的职业发展起到帮助？作用如何，会持续多久？如何与他们保持联系？

威胁分析：威胁是所处环境中我们所面临的不利因素，如市场竞争、行业风险、政策调整等，这些因素可能对个人职业发展构成威胁。可按照以下信息列出威胁项并进行分拣排序：

① 经济形势、国家形势、产业发展趋势。

② 具有较高能力的竞争对手，领域内有限的发展空间、企业重组、同事关系变化、领导团队变化等负面的外部条件。

通过这样步步追问并排序，一幅清晰的职业生涯前景图就呈现在我们的面前了。

第二步：构造 SWOT 矩阵。

第二步：构造 SWOT 矩阵

将自我评估中的优点和不足，以及职业生涯机会评估中的机会和威胁，按照 SWOT 矩阵的形式进行排列。

在此过程中，可以进一步细化各项因素，如将优势细分为专业技能、人际交往能力等；将机会细分为行业增长、新技术应用等。并把详细的信息总结出来，两两组合，即可得出表 2-5-1。

表 2-5-1

内部因素 外部因素	优势：S 列出优势	劣势：W 列出不足
机会：O 列出机会	SO 战略 发掘优势，利用机会	WO 战略 利用机会，克服不足
威胁：T 列出威胁	ST 战略 利用优势，规避威胁	WT 战略 减少劣势，规避威胁

第三步：制订策略方案。

（1）制订战略计划的思路。

运用系统而综合的分析方法，将列举出来的各种内外部因素相互匹配起来加以组合，得出一系列个人未来发展的可选择对策。

（2）列出战术，寻找解决威胁和劣势的原因和对策。

结合个人具体情况，对威胁与劣势进行充分的评估和判断，客观评价，有针对性地解决问题，将威胁降到最低，将劣势减到最小。

（3）确定具体目标。

根据分析结果，确定个人职业生涯的发展方向和目标，明确发展重点和优先级，并依此制订具体的实施计划和时间表。

案例故事：张亮的成长之路

拓展延伸

1. 《10 天谋定好前途：职业规划实操手册》，作者：洪向阳，中国经济出版社。
2. 《披荆斩棘：职业规划与职场进阶》，作者：刘金华，中国书籍出版社。

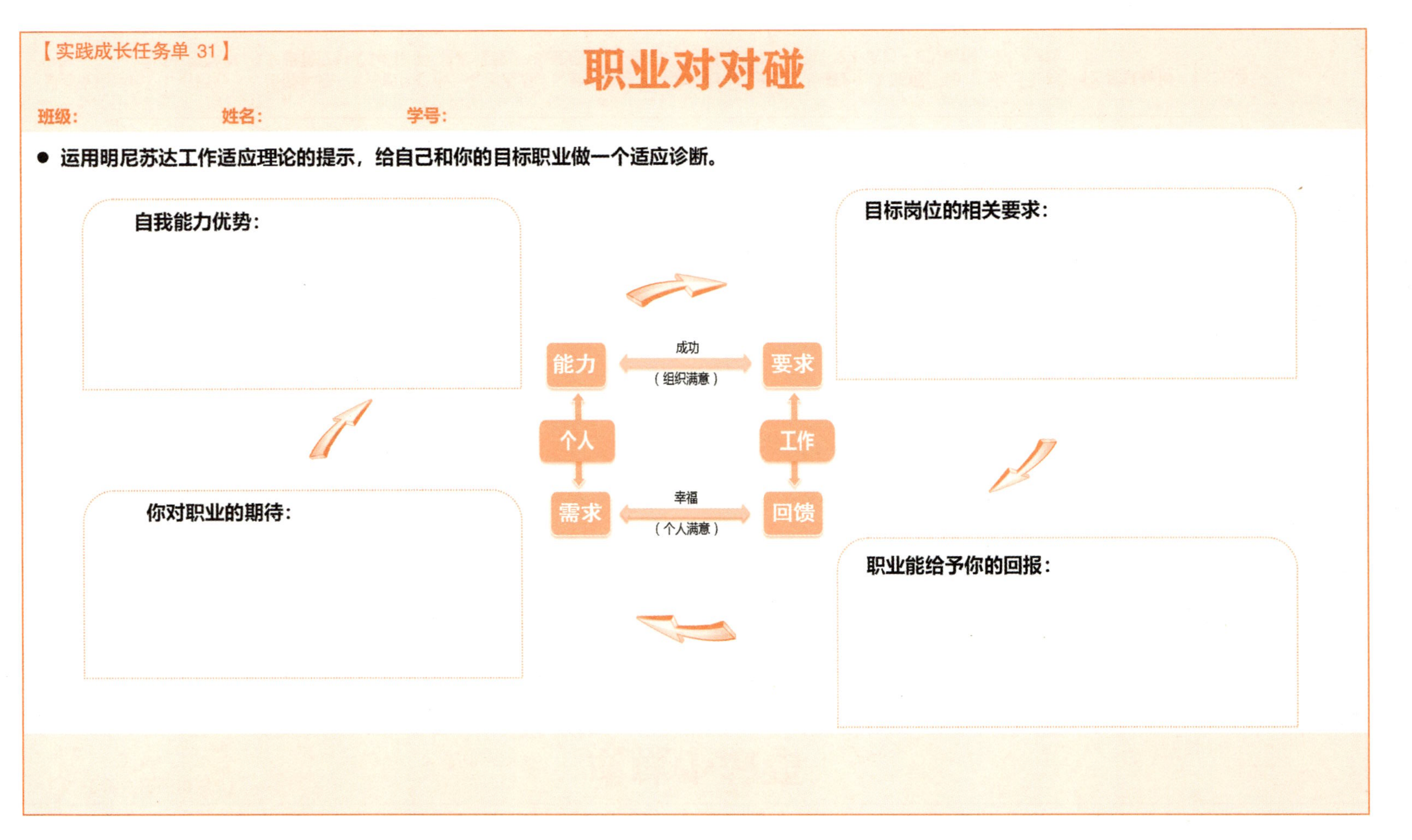

生涯实践

【实践成长任务单 31】

职业对对碰

班级：　　　　姓名：　　　　学号：

● 运用明尼苏达工作适应理论的提示，给自己和你的目标职业做一个适应诊断。

自我能力优势：

目标岗位的相关要求：

你对职业的期待：

职业能给予你的回报：

【实践成长任务单 32】

成就小故事

班级：　　　　　姓名：　　　　　学号：

- **回忆一下你曾经的成就故事，每个故事需要写出目标、困难、做法和结果。然后分析故事中表现或使用到了哪些技能、品格优势。**

你的故事	使用到的能力	表现出来的品格优势
做这件事的原因、你的目标、遇到的困难、怎么解决的、最终结果：		
做这件事的原因、你的目标、遇到的困难、怎么解决的、最终结果：		
做这件事的原因、你的目标、遇到的困难、怎么解决的、最终结果：		
做这件事的原因、你的目标、遇到的困难、怎么解决的、最终结果：		
做这件事的原因、你的目标、遇到的困难、怎么解决的、最终结果：		

品格优势包括：1. 好奇心，2. 热爱学习，3. 开放性思维，4. 创造力，5. 社会智慧，6. 洞察力，7. 勇敢，8. 毅力，9. 正直，10. 仁慈，11. 爱，12. 团队精神，13. 公平，14. 领导力，15. 自我控制，16. 谨慎，17. 谦虚，18. 美感，19. 感恩，20. 希望，21. 灵性，22. 宽恕，23. 幽默，24. 热忱。

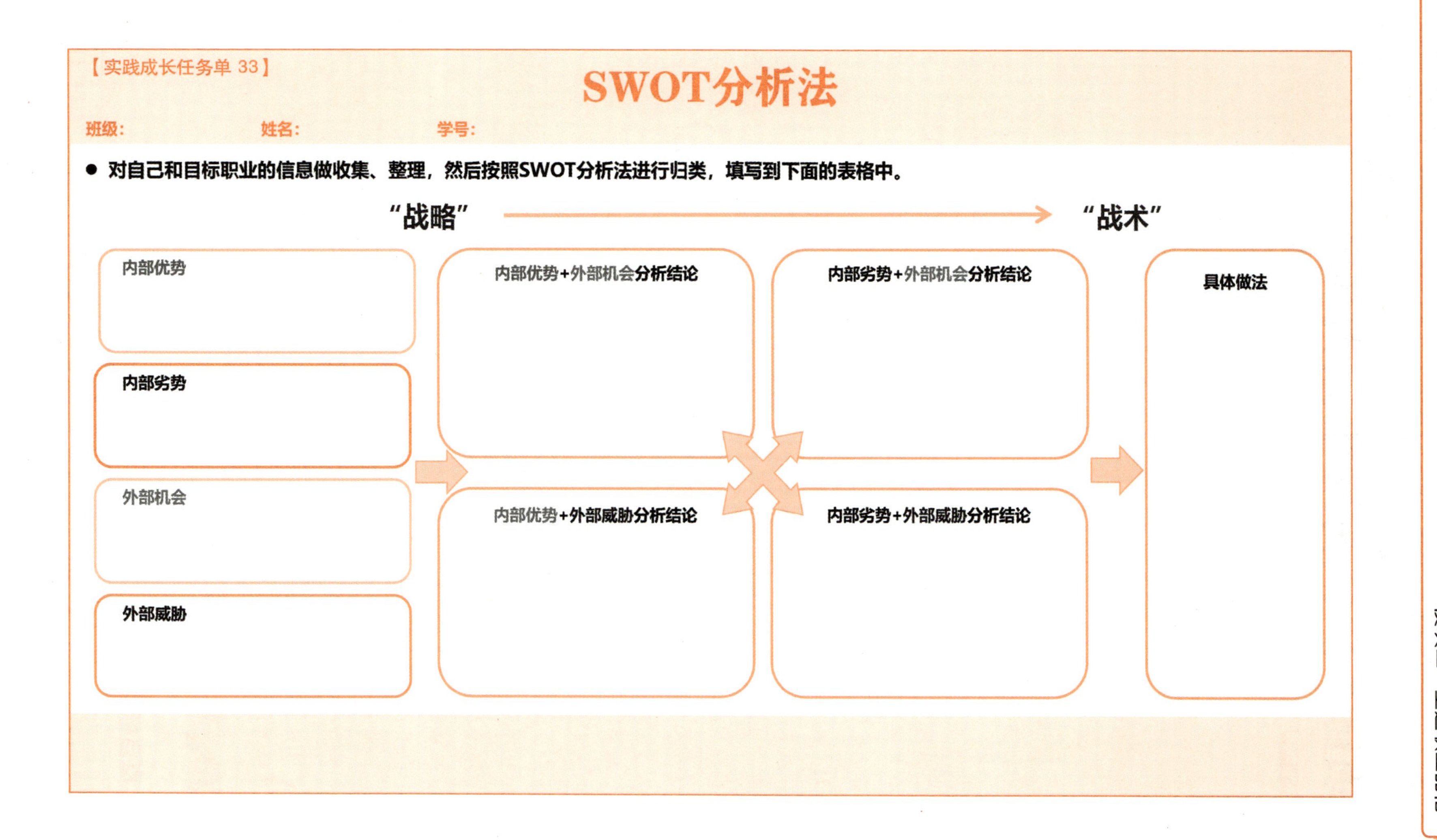
【实践成长任务单 33】
SWOT分析法
班级：
姓名：
学号：
● 对自己和目标职业的信息做收集、整理，然后按照SWOT分析法进行归类，填写到下面的表格中。
“战略”
“战术”
内部优势
内部劣势
外部机会
外部威胁
内部优势+外部机会分析结论
内部优势+外部威胁分析结论
内部劣势+外部机会分析结论
内部劣势+外部威胁分析结论
具体做法

项目 2.6　转动生涯大风车

生涯名言

成功就等于目标，而其他一切都是这句话的注解。

——伯恩·崔西

生涯思考

案例 1：

我是一名新生，在开学前，我决定为自己在学期第一年制订一个学习计划。

在这个专业上我是刚起步，所以我按老师的要求，会合理安排各门课程的复习时间，每天复习所学的课程，加强对重点内容的复习，以达到更好的学习效果。

案例 2：

这个学期我已经进入大一的第二个学期了。第一学期的学习计划可以说是泡汤了，最后的结果让我很不满意，不管是生活、学习、思想还是人际关系、工作等。大一的第一学期是我的摸索阶段，前面的实践都证明了那种计划是不可行的，没有太大的实际操作性。第二学期是我的实施阶段，我要结合以前的学习经验来制订新的学习计划，让我能有所收获。

第一，我要找一个合适的社团来锻炼自己，充实自己的生活。

第二，我要开始实习，提前适应职场。

第三，扣展交友圈，广交朋友。

第四，合理安排自己的学习时间，做好预习、复习。

第五，多参加学校组织的各种公益活动。

第六，生活勤俭节约，艰苦朴素。

第七，认真抓住每一次机会，尽量发挥自己的能力。

第八，我要学习舍得和放弃，不要太在意小事。

第九，努力地完成这个计划，看看自己的人生是否由自己主宰。

第十，活出自己的人格和尊严。

你觉得以上两位同学的学期目标会实现吗？

生涯理论

一、真目标要从愿景出发

在任何成功的企业或个人生涯中，设定目标是至关重要的一步。关键在于，这些目标应基于一个清晰的愿景。愿景是一个个体、组织或项目未来希望实现的理想状态。它是一种长期的目标或目的，描绘了一个自己向往的未来图景。

愿景就像是一幅蓝图，展示了我们想要达到的理想状态。而目标则是我们按照这幅蓝图采取的具体行动，帮助我们一步步接近那个理想。

我们需要区分愿景和目标。想象愿景是一个远大的梦想，比如一个公司想要成为全球领先的科技创新者，或者一个人梦想成为一名杰出的作家。而目标则是具体的、可以衡量的，比如在未来五年内发布三款革命性的新产品，或是每年要读 10 本书。

例如特斯拉公司，它的愿景是“加速世界向可持续能源过渡”。基于这个愿景，特斯拉制定了包括技术创新、降低成本和扩大市场在内的一系列目标。这些目标不仅推动了公司的快速成长，也让特斯拉成为电动车行业的领头羊。一个强大的愿景能够激发创新和推动行业的变革。特斯拉通过不断的技术创新，成功地降低了电动汽车的成本，并且通过建立广泛的充电网络，解决了电动车长途旅行的难题，推动了电动车的普及。

当目标与愿景紧密相连时，它们不仅能够推动个人和公司的成功，还能在更广泛的范围内产生深远的影响。因此，从愿景出发设定目标，是每个追求长期成功的人或组织的重要策略。这种方法不仅帮助他们保持竞争优势，更重要的是，确保所有的努力都集中于实现那些能够带来最大影响的目标上。

在不同的思维层级上，个体会有各自的焦点和采取不同的策略来应对问题。罗伯特 · 迪尔茨提出的逻辑思维 6 层次如图 2-6-1 所示。

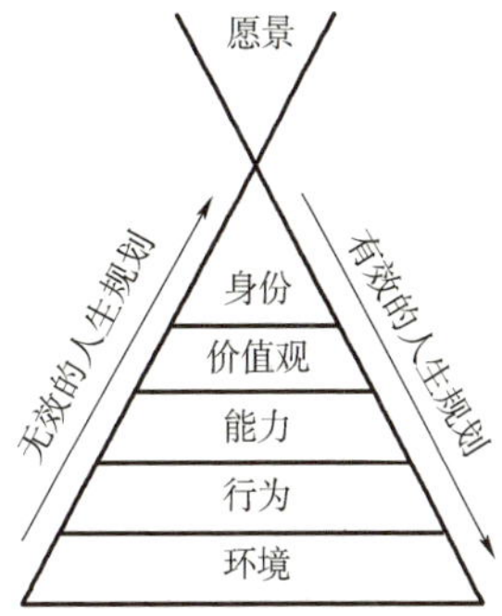

图 2-6-1　罗伯特 · 迪尔茨提出的逻辑思维 6 层次

1. 环境层思维模式

处于此层级的个体将注意力集中在外部环境和情形上，倾向于将问题的原因归咎于外界因素，这类似于心理学中所说的“外部归因”。例如，认为业务困难是由于市场竞争过于激烈，或未获晋升是因为领导有偏见等。面对问题，他们的主要反应往往是归咎于外界环境。

2. 行为层思维模式

在这一层级的人专注于个人行为，相信通过继续努力就能解决问题，其核心应对策略是不断地采取行动。例如，为了增加收入，选择加班多赚加班费。

3. 能力层思维模式

这一层级的人认为问题源于自身能力不足，因此他们关注于提升个人技能和能力。他们的主要应对方法是不断地学习和自我提升，比如通过学习新技能来提高工作表现。

4. 信念/价值观层思维模式

这个层级上的个体探索对他们而言真正重要的是什么，以及他们真正追求的目标，他们的主要反应是坚持做认为正确的事。

5. 身份层思维模式

处于这一层级的人关注自我认知，即“我是谁，我想成为什么样的人”，他们通过这一认知来指导自己的选择和行为，根据自认为的身份来做出决定和采取行动。

6. 愿景层思维模式

在愿景层级的个体思考自己与世界的关系，以及他们如何能够对世界产生影响。他们的关注点在于如何通过个人行动来实现更广泛的变化和进步。

由此可见，愿景不仅是个人成功的关键因素，也是推动社会向前发展的重要动力。通过设定和追求愿景，个体和组织不仅能够实现自身的成长和发展，也能够对周围世界产生深远的正面影响。

二、用 SMART 原则写出高质量的目标

目标是个人、部门或整个组织所期望实现的成果。我们所说的梦想、理想通常是对目标的另一种称呼。人们需要通过自己的努力实现既定目标。目标是动力。

目标给你一个看得见的彼岸，给你实现它时的成就感，你的心态就会向着更积极主动的方向转变。只有有了目标，才有斗志，才能让我们产生坚定的信念。

三国时期蜀汉的丞相诸葛亮，是一位深谙目标设定和策略运用的杰出领导者。在资源匮乏和地理位置处于劣势的挑战下，他明确设定了一系列关键目标：强化内政以提升国力，通过军事行动牵制对手，维护国家独立，并致力于实现刘备统一三国的遗愿。这些目标不仅是他的职责，也是他的个人理想，成为他不懈努力和奋斗的驱动力。

诸葛亮通过屯田制增强了粮食自给自足的能力，并提高了边疆的防御力量，这一改革直接对应他的目标，使蜀汉在物资和军事上更为自足和稳固。他的法制改革，包括严格的法律和有效的行政管理，保持了国内的秩序和效率，这些都是他为了实现稳定而内政强国的目标所采取的措施。在外交和军事策略上，诸葛亮的北伐虽多次受挫，但每次行动都体现了他对目标的执着追求。

目标不仅为个人或组织提供了明确的发展方向，还激励着人们以更加积极和主动的态度去迎接挑战。

为了使目标切合实际，在实施目标管理之前需进行全面、细致的分析，认清自己的优势和劣势，从而明确要解决问题的原因以及要达到的结果。只有这样，才能着手拟定正确的目标。设置目标的时候需要符合一些原则。比较常见的原则就是 SMART 原则，包括以下几方面内容：

（1）明确性：目标具体清晰而不抽象笼统。

（2）可衡量性：目标的完成程度是可评估的，过程是可量化的。

（3）可达成性：目标是能够通过自身的努力而达成的。

（4）相关性：目标与自己人生总体目标互相关联的。

（5）时限性：对目标完成时间有明确的限定。

三、心理比对法帮你找出“真目标”

每个人可能都有这样的经历，为自己定下目标，明明决心坚定却拖延着迟迟没有启动；或者有一个良好的开端，结果只坚持了几天，然后，目标好像风筝一样飞走了；同一个目标反反复复被提上日程，却也反反复复中途放弃……

面对这些情况，有的同学在反思，难道是这个目标吸引力不够，没给自己带来足够的动力吗？可自己在大脑里已经多次想过目标实现后的情景了，这个目标有着巨大的吸引力。于是，为了激励自己，同学把目标写在一张大纸上，贴在床头，并且告诉周围的人监督自己，结果只做了一天而已！所以，有人建议年轻人，不要刚有个做事的想法，就高声宣告“我

要去做一件事了！”这种情况往往最后以失败告终，或者根本就没有行动。所以，有人说目标不能说出来，要先偷偷做事，做好了之后再和别人说。难道向大家宣告我的愿望和目标错了吗，愿望和目标不应该说出来吗？

德国心理学家加布里埃尔·厄廷根在研究中发现，积极乐观的心理期待对成功的确有一定程度的妨害，因为在我们和别人不断重复我们想做什么事情的时候，我们的大脑里经常会开始想象事情完成后的画面，这常常给我们一种错觉，这件事好像已经做到了，于是我们可能就不再行动，或者盲目行动，而不考虑完成这件事会有哪些障碍，结果投入很多，却没有收到效果。

得出这一研究结论之后，心理学家厄廷根开始困惑了，本来她做这个研究是为了让人们在更好、更积极的状态下去追求梦想，现在看起来却是劝人不要抱有乐观的梦想，有什么方法可以调和梦想的负面效应呢？经过很多研究之后，她终于帮大家找到了一个技巧，这个技巧叫：心理比对。

既然积极幻想产生的麻烦是让人不行动，不考虑行动中可能出现的障碍，那么直接在梦想以后增加一个对于障碍的评估，会不会增加行动和成功的概率？也就是说，在我们幻想事情完成后的美好画面后，马上转换频道，把现实中最大的障碍放到面前。

厄廷根在德国柏林的 2 所大学里找了一些学生，进行了心理比对的实验。

她把这些学生分成几个组，让他们在实验前想一想自己有哪些愿望或者最关心的个人问题，然后按照愿望实现可能性大小排序。同时写出 4 个和实现愿望有关的积极乐观的词语（比如感到被爱、被鼓舞、陪伴彼此的时间更多等），以及再写出 4 个负面消极的障碍词语（比如没时间、害羞、情绪化等）。

完成这些内容之后，厄廷根把他们分成了 4 个组，然后进行下面的程序：

第一组：“心理比对”组，让他们先幻想 2 个乐观未来的词汇，然后开始思考 2 个消极现实的词汇；

第二组：“乐观幻想”组，他们只幻想 4 个乐观未来的词汇；

第三组：“消极现实”组，他们只幻想 4 个消极现实的词汇；

第四组：“逆序对比”组，先幻想 2 个消极现实的词汇，然后是 2 个乐观未来的词汇。

同学们，你能猜到哪一组的愿望完成得更好吗？实验的结果让人非常惊讶。

“乐观幻想”“消极现实”“逆序对比”三个小组的表现几乎都是不管预期值高低，行动力都不太好，基本是在 9 天以后才开始有所行动。其中预期值越高的“乐观幻想”组，行动却是起来越慢，他们也是遇到困难时放弃得最快的一组。

大家原本以为“心理比对”组先思考乐观的词汇，又思考了消极词汇，这些人目标明确又能清楚现实情况，这个组的所有人实现愿望时都应该有很高的成功率和行动速度。但事实上，实验之后这组的很多学生直接放弃了愿望，根本没去做。只有一部分学生觉得有干劲，并且马上开始行动，但是，只要行动了的人，他们行动持续的时间长，成功率也比较高。

分析原因发现，学生在做完心理比对，也就是对事件本身做了评估之后，发现原来的想法不靠谱，于是就直接不干了，坚持完成愿望的人，是评估完觉得有机会，于是他们全力以赴。所以，心理比对的作用是通过预演未来的方式回答一个问题：做这件事情，我有机会成功吗？如果得到的答案是肯定的，他们投入的时间和行动力比所有组都高。如果得到的答案是否定的，那他们投入的干劲则会比一般人还要低。

心理比对法让人变得成熟，学会评估自己的能力和目标之间的差距，帮助自己在众多的愿望和目标中，筛选出自己真正想要做的，并且能执行的，趁早远离那些空洞不靠谱的愿望和目标。其实，“心理比对”是从根源上解决了2个最常见的问题：光想不动和三分钟热度。不盲目跟风，不轻易放弃，真正让我们成为优雅的理性乐观派。心理比对法示例如图2-6-2所示。

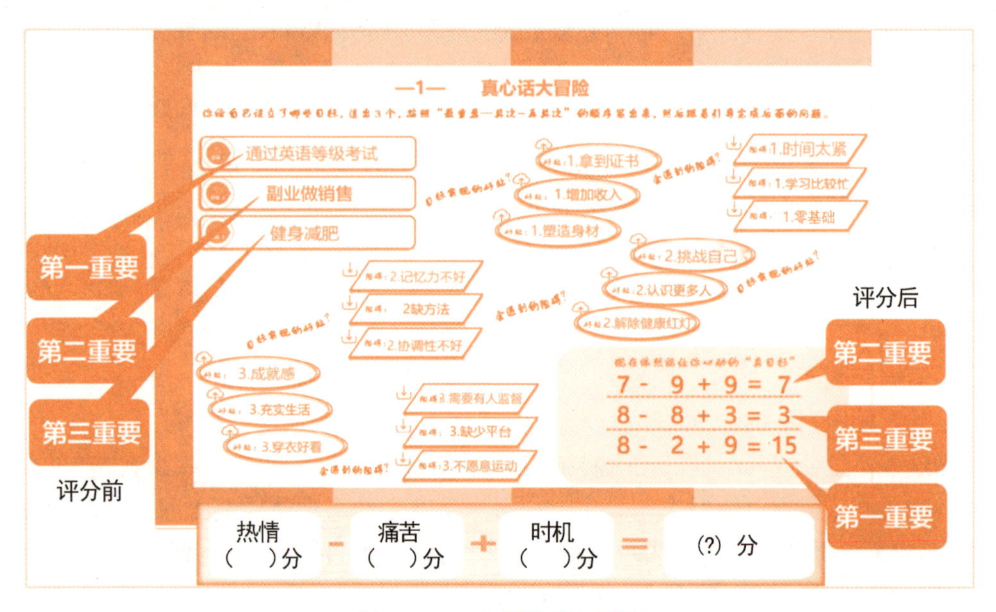

图2-6-2 心理比对法示例

生涯阅读

案例故事：如何跑赢一场马拉松比赛

拓展延伸

1.《目标：用愿景倒逼行动的精英思考法》，作者：［英］班恩·伦索，陈重亨译，四川文艺出版社。

2.《愿景》，作者：井上笃夫，中信出版社。

生涯实践

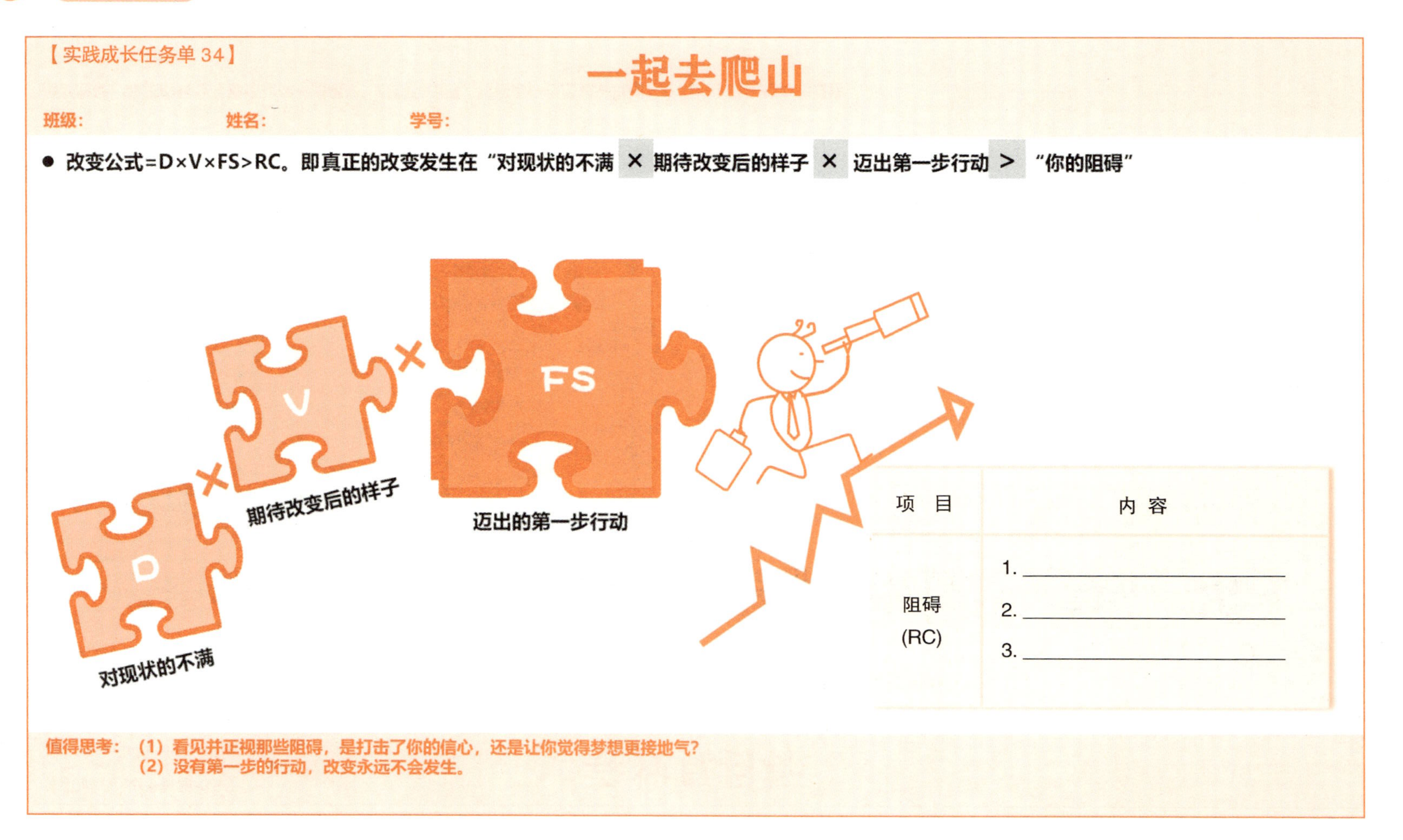

【实践成长任务单 34】

一起去爬山

班级： 姓名： 学号：

- 改变公式=D×V×FS>RC。即真正的改变发生在“对现状的不满 × 期待改变后的样子 × 迈出第一步行动 > “你的阻碍”

项 目	内 容
阻碍(RC)	1. ____ 2. ____ 3. ____

值得思考：（1）看见并正视那些阻碍，是打击了你的信心，还是让你觉得梦想更接地气？
（2）没有第一步的行动，改变永远不会发生。

【实践成长任务单 35】

寻找真目标

班级：　　　　姓名：　　　　学号：

- 你想知道这个学期计划往生命银行中存入的内容哪些是你的真目标吗？用这个神奇的表格来帮你做判断。

想要做的事 （按重要程度排序）	目标实现后的感受 （用4个积极的词形容）	A 你的热情程度 （0~10分）	可能遇到的障碍 （用4个词形容）	B 你的痛苦程度 （0~10分）	C 现在是否为最佳时机 （0~10分）	计算得分 （A+C−B=？）	重新排序 （高→低）
目标1：							
目标2：							
目标3：							
目标4：							
目标5：							

值得思考：真正的目标是那个让你一想起来，就算有阻碍、有困难你也愿意去挑战，总能给你带来动力的目标。

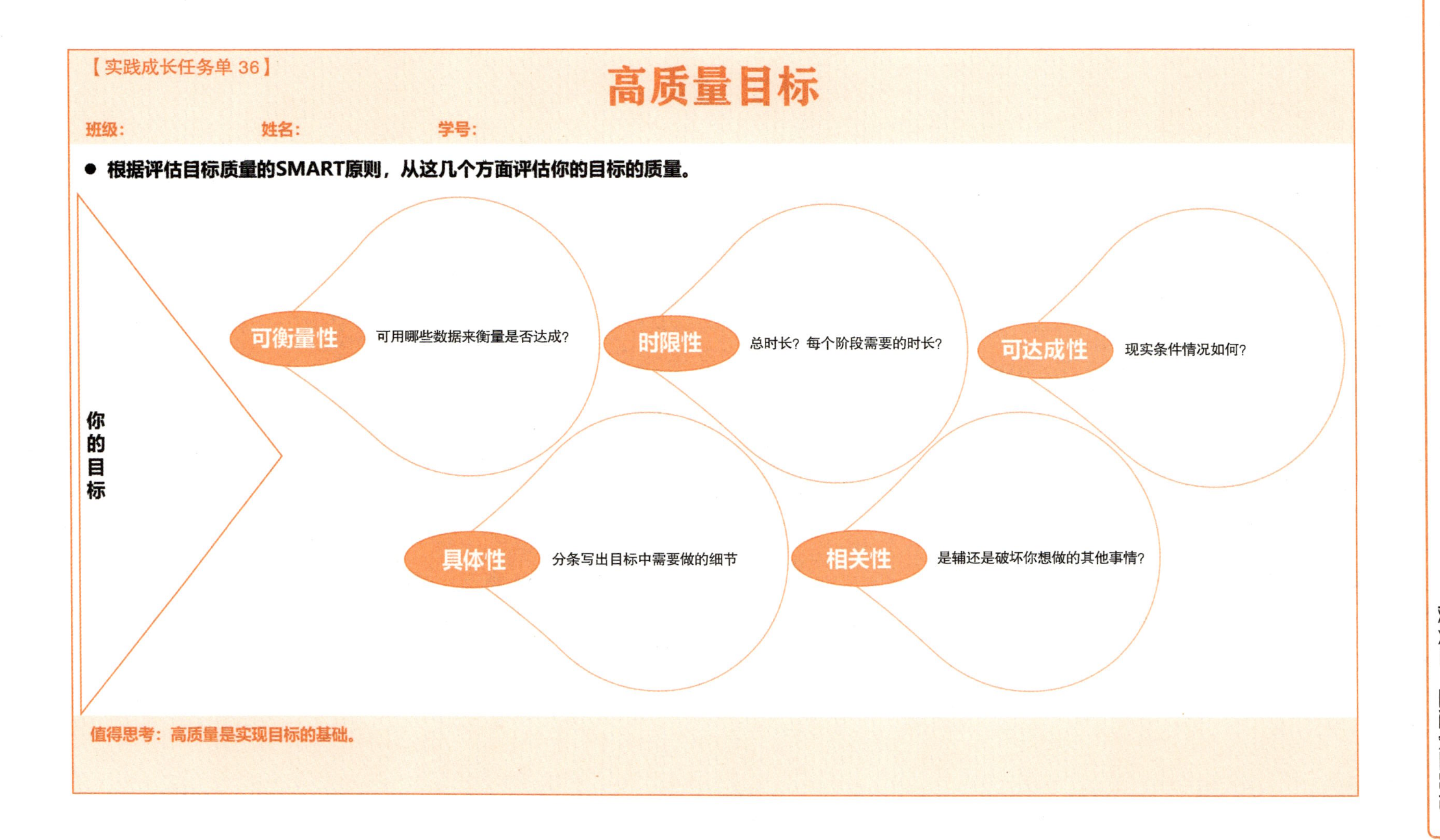
【实践成长任务单 36】
高质量目标
班级：
姓名：
学号：
● 根据评估目标质量的SMART原则，从这几个方面评估你的目标的质量。
你的目标
可衡量性
可用哪些数据来衡量是否达成？
时限性
总时长？每个阶段需要的时长？
可达成性
现实条件情况如何？
具体性
分条写出目标中需要做的细节
相关性
是辅还是破坏你想做的其他事情？
值得思考：高质量是实现目标的基础。

模块三

夯实职业基石

厚积薄发显真功，基石坚硬志如虹。

项目 3.1　打开面试黑匣子

生涯名言

无论何事，只要对它有无限的热情你就能取得成功。

——施瓦布

生涯思考

小李马上要毕业了，他为自己做好了面试的准备，他心里对即将来临的面试充满了期待和紧张。他知道，这次面试对于他来说至关重要，因为这是他心仪已久的公司，也是他职业发展道路上的一次重要机会。

面试当天，小李早早地来到了公司，准备迎接这场挑战。在面试过程中，他展现出了自己的专业知识和扎实技能，让面试官们对他刮目相看。面试快结束时，面试官突然提出了一个让小李始料未及的问题："如果你在工作中遇到了一个难题，你会如何应对？"小李心里一紧，但他很快冷静下来，开始思考这个问题。他知道，这个问题考验的不仅仅是他的专业知识，更是他的智慧和勇气。

小李深吸了一口气，然后开始了他的回答："首先，我会冷静地分析问题，找出问题的根源。然后，我会尝试寻找各种可能的解决方案，并评估它们的可行性和效果。最后，我会选择最合适的方案，并全力以赴去解决问题。"面试官听完小李的回答，露出了满意的笑容。

最终，小李成功获得了这个职位。他知道，这次面试的成功离不开他的冷静和勇气，他相信，在未来的职业生涯中，他会继续展现出自己的才华，充分发挥出自己的潜力，实现自己的职业梦想。

生涯理论

面试对于求职者的意义远不止于一次简单的交流。它是一场双向的探寻，既是对求职者的能力、性格和价值观的深入剖析，也是对企业文化和岗位需求的细致了解。每一次面试都是求职者生涯道路上的一次重要跨越，它关乎着未来的发展方向和职场定位。

在面试的过程中，我们不仅要关注面试的技巧和策略，更要深入理解面试背后的深层含义，面试不仅是对求职者专业能力的考核，更是对其综合素质和潜力的全面评估。因此，准备充分不仅仅意味着熟悉面试流程和常见问题，更重要的是对自己的职业生涯有清晰的认识和规划，为未来的职业生涯奠定坚实的基础。

一、求职前准备

求职准备是每个人生涯规划中的重要一环。它不仅仅意味着对面试技巧的磨炼，更是对自己职业生涯的深思熟虑。在求职准备过程中，我们需要全面审视自己的技能、兴趣、价值观以及职业目标，确保所选择的职位与我们的个人特质和发展方向相契合。

1. 职业信息

我们需要深入了解目标职位和所在行业。通过研究行业趋势、企业文化以及岗位职责，我们可以更准确地把握岗位需求，为面试做好充分准备。同时，这也有助于我们更好地规划自己的职业生涯，明确未来的发展方向。

2. 自我信息

我们要关注自己的技能提升和知识储备。无论是专业技能还是通用能力，都是我们求职过程中的重要资本。我们需要不断学习和提升，以确保自己具备胜任目标职位的能力。此外，我们还应关注自己的心理状态，保持积极、自信的态度，以应对求职过程中的各种挑战。

3. 求职材料

求职简历：为自己制作适合岗位要求的个人简历，突出个人优势，简洁明了地展示教育背景、工作经历、项目经验等。

自荐信：根据目标岗位和公司，撰写有针对性的自荐信，表达求职意愿和对公司的了解。

证书及成绩单：准备好学历证书、成绩单、获奖证书等相关证明材料。

4. 求职面试

了解常见的面试形式、面试基本礼仪、自我介绍技巧、常见问题回答策略等，以及目标公司的背景、文化、产品和岗位的具体要求。我们可以通过模拟面试，提前适应面试环境，提升应对能力。

5. 拓展人脉关系

参加招聘会：积极参与各类招聘会，与招聘人员面对面交流，了解行业动态和招聘信息。

加入专业社群：加入行业相关的社群或论坛，与同行交流经验，拓展人脉资源。

利用社交媒体：通过猎聘等社交媒体平台，展示自己的专业形象，与潜在雇主建立联系。

6. 心态

面试是一个双向选择的过程，保持平和的心态，既要展现自己，也要评估公司是否适合自己，通过充分准备和反复练习增强自信，减少紧张感。求职过程可能充满挑战，要保持耐心和毅力，相信总会找到适合自己的机会。

7. 其他准备事项

（1）职业形象：不管是线下还是线上面试，全程注意使用规范的职业礼仪要求自己。根据职业目标公司的着装规范选择穿着的服装；确保着装的合体，容貌的整洁，女性要避免过于花哨或暴露的装扮；配饰要与整体着装风格相协调。

（2）时间管理：合理安排求职时间，确保在求职期间能够高效完成各项准备工作。收到线下面试通知，首先要确认面试的具体时间（包括日期、时刻）和地点（包括公司地址、楼层、会议室等）；如果是通过线上面试，需要确认面试所使用的平台（如钉钉、腾讯会议等）以及登录链接或会议号，有条件的可以提前操作一下平台，熟悉使用方法。面试前一天保证充足的睡眠，确保第二天能够以最佳状态参加面试。

（3）财务规划：考虑求职期间的财务安排，确保有足够的资金支持生活和学习。设定合理的求职预算，根据当前财务状况和求职需求，制定一份求职预算，涵盖基本生活费用、求职相关支出（如简历制作、面试着装、交通费用等）以及一定的娱乐和社交支出；优化交通方式，提前规划面试路线，选择经济高效的交通方式，如公共交通工具或共享单车等。

(4) 在线面试：如果是进行线上面试，在开始面试前，要检查好电脑、网络等，确保你的社交媒体账号内容专业、正面，无不当言论或图片；如果需要发送邮件进行求职申请和沟通，要使用专业的电子邮箱地址，表明重视程度，也更正式；正式线上面试前，先开启摄像头做好空间环境检查，确保进入镜头范围的环境是安静、整洁的，能够确保整个面试顺畅进行，不被打扰。

二、面试类型及考查重点

在求职过程中，我们会遇到各种各样的面试类型，每种类型都有其独特的考查重点。了解这些类型和重点，有助于我们更有针对性地准备面试，展现自己的优势。

1. 结构化面试

结构化面试是最常见的一种面试形式，通常包括一系列预设的问题和评分标准。这种面试类型主要考查求职者的专业技能、工作经验、解决问题的能力以及逻辑思维能力。在准备结构化面试时，我们需要提前研究公司的背景和职位要求，对可能的问题进行预测和准备，确保能够清晰、准确地回答。

2. 行为面试

行为面试则更侧重于了解求职者在过去工作或学习中的具体行为和表现。面试官通常会通过询问一些情境问题来评估求职者的应变能力、团队协作能力和领导力等。在准备行为面试时，我们需要回顾自己的经历和成就，提炼出能够体现自己优势和特点的案例，以便在面试中生动形象地呈现给面试官。

3. 压力面试

压力面试是一种较为特殊的面试形式，面试官会故意制造紧张氛围，以测试求职者的抗压能力和应变能力。在面对这种情况时，我们需要保持冷静和自信，不被面试官的情绪所影响，用理智和逻辑来应对问题。同时，我们也要学会适当地表达自己的观点和情感，展现出自己的个性和魅力。

4. 小组讨论或团队任务式面试

有些面试会采用小组讨论或团队任务的形式，以考察求职者的团队协作能力和沟通能力。比如公务员考试常用的无领导小组讨论面试。在小组面试中，不仅要清晰表达自己的观点，更要注意倾听他人的观点、关注团队合作的情况，积极寻求团队共识。即我们要学会在团队中发挥自己的优势，更要为团队的目标贡献自己的力量。

总之，不同的面试类型有着不同的考查重点。我们需要根据具体情况制定合适的准备策略，充分展示自己的优势和特点。同时，我们也要保持积极、自信的态度，相信自己能够成功应对各种挑战。

三、用乔·哈里窗思维提高面试成功率

1. 乔·哈里窗理论的内容

这个理论最初是由美国心理学家乔瑟夫·勒夫（Joseph Luft）和哈里·英格拉姆（Harry

Ingram）在20世纪50年代提出，以两个人的名字合并为这个概念的名称。他将人际沟通的信息比作一个窗子，根据“自己知道—自己不知道”和“他人知道—他人不知道”两个维度，分为4个区域：开放区、隐藏区、盲目区、未知区，如图3-1-1所示。

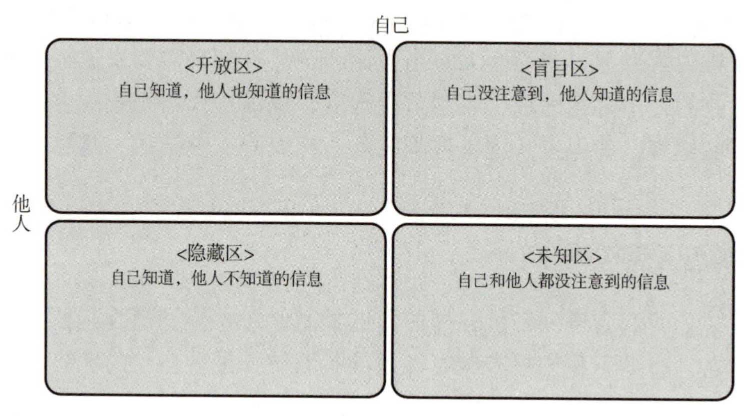

图3-1-1　乔·哈里窗

（1）开放区。自己知道，他人也知道的信息。例如，你的姓名、一部分过往经历、爱好以及你养着一只加菲猫的事实。开放区具有相对性，有些信息对某些人来说是了解的信息，对另一些人来说可能就是不了解的信息。在工作和生活中，共同了解的开放区的内容越多，你与外界沟通起来越顺利，越容易有共同语言。打开窗子，我们才能看到万千世界。

（2）盲目区。自己没注意到、他人知道的信息。例如，你性格上的弱点、你的处事方式、说话做事带给他人的感受等。这里我们需要一面镜子来关照自己、审视自己、提升自我、完善自我。

（3）隐藏区。自己知道，他人不知道的信息。例如，你的秘密、心愿、好恶、挫折、创伤等。每个人都有自己的隐藏区，在沟通中，适当地有选择地打开一部分隐藏区，是增加沟通有效性的一个好办法。

（4）未知区。自己和他人都没注意到的信息。例如，尚待挖掘的潜能等。人际交往是很奇妙的，随着彼此认知了解的深入，某些潜能也会被激发和探索出来。

2. 乔·哈里窗理论的启示

（1）以窗待人。置身于丰富多彩、千变万化的世界，打开一扇窗，才能领略世界的精彩。与人交往中，开放区是信息交流的主窗口，要认真关注并扩大开放区，增强信息的透明度、开放度、诚信度，敞开心扉才能走进对方的心中，才能收获理想的沟通效果。

（2）以镜待己。虚心认清盲目区，古诗云：不识庐山真面目，只缘身在此山中。没有人能完全了解自己，所以我们需要他人的视角来审视自己，心中要始终有一面明镜，不仅能审视自己，也能看清当下，为你的前方点亮一盏灯，明确目标。

（3）打开隐藏。人人心中都有一个小盒子，装着自己的小秘密、小情绪、或者是小伤疤。适当的时候分享给信任可靠的朋友，你们之间的关系会更加紧密。

（4）探索未知。当我们不断扩大开放区与隐藏区，通过自我探索缩小了未知区，慢慢就会实现自我突破。

让我们打开心灵的窗，欣赏外部世界的精彩，遇见更好的自己。

案例故事：李玲——给航空发动机“大脑”装焊电路

拓展延伸

1. 《持续的幸福》，作者：马丁·塞利格曼，浙江人民出版社。
2. 《积极情绪的力量》，作者：芭芭拉·弗雷德里克森，中国人民大学出版社。
3. 《高效能人士的七个习惯》，作者：史蒂芬·柯维，中国青年出版社。

生涯实践

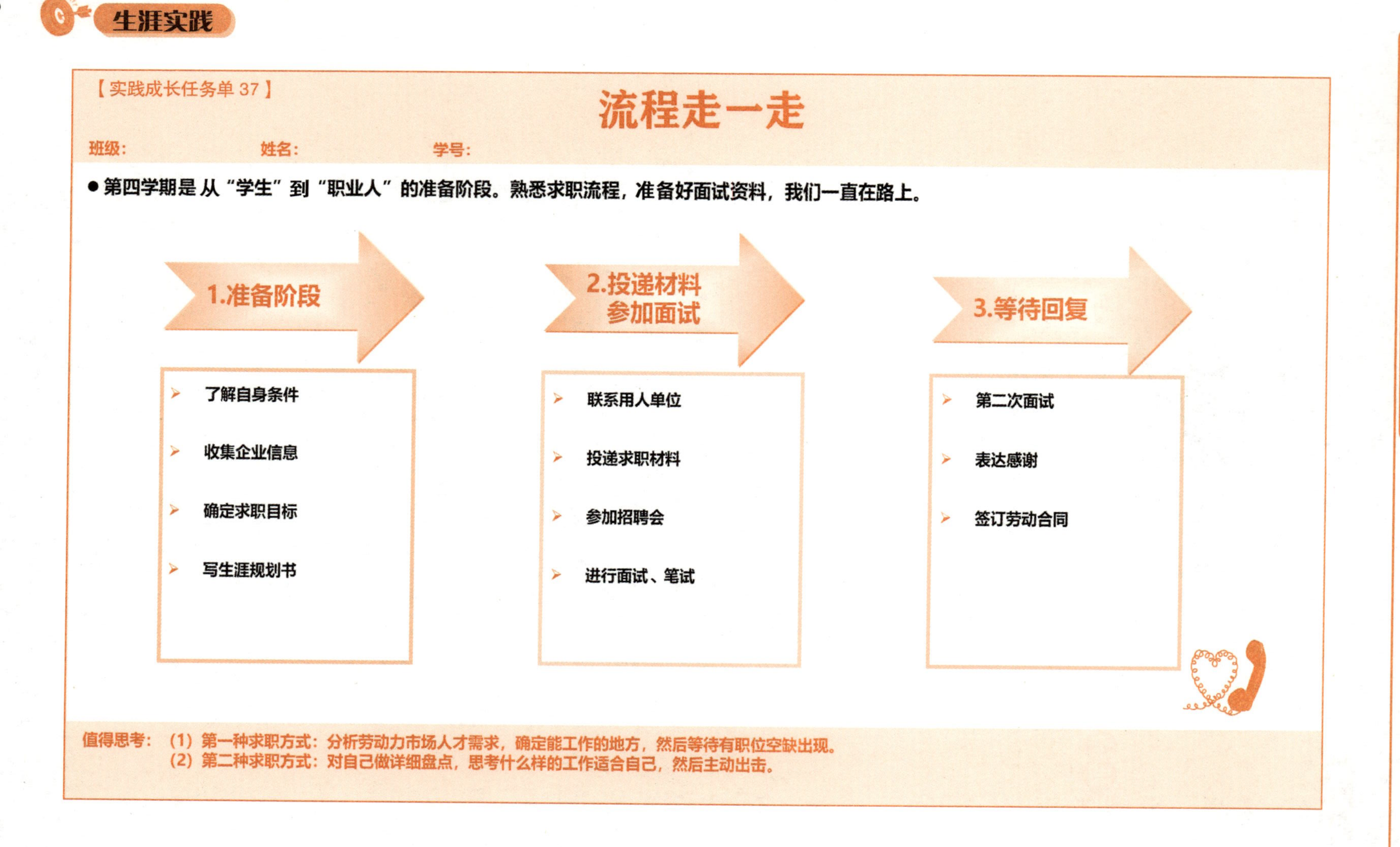

【实践成长任务单 37】

流程走一走

班级：　　　　姓名：　　　　学号：

● 第四学期是从“学生”到“职业人”的准备阶段。熟悉求职流程，准备好面试资料，我们一直在路上。

值得思考：（1）第一种求职方式：分析劳动力市场人才需求，确定能工作的地方，然后等待有职位空缺出现。
（2）第二种求职方式：对自己做详细盘点，思考什么样的工作适合自己，然后主动出击。

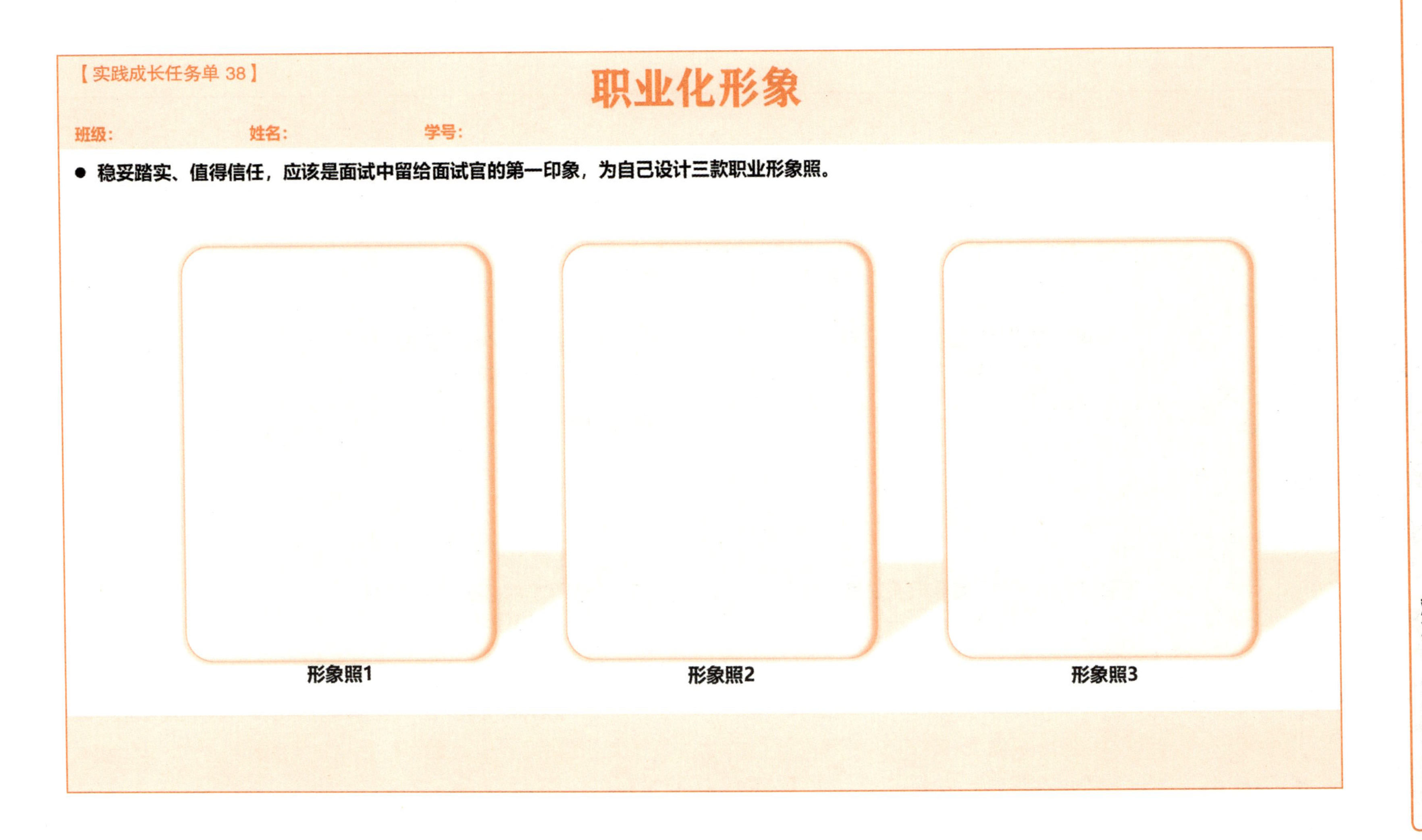

【实践成长任务单 38】

职业化形象

班级：　　　　姓名：　　　　学号：

● 稳妥踏实、值得信任，应该是面试中留给面试官的第一印象，为自己设计三款职业形象照。

形象照1

形象照2

形象照3

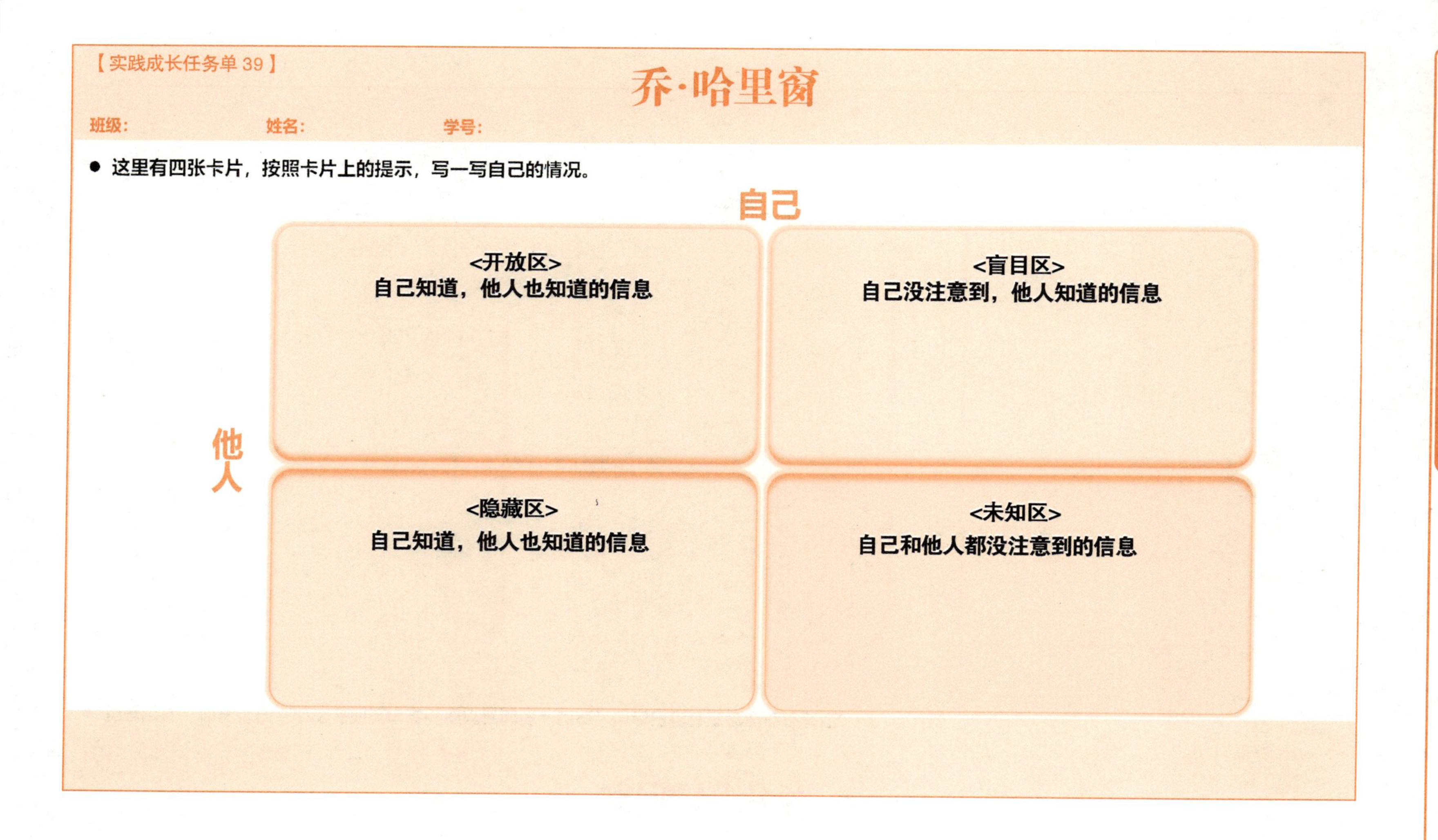

【实践成长任务单 39】

乔·哈里窗

班级：　　　　姓名：　　　　学号：

- 这里有四张卡片，按照卡片上的提示，写一写自己的情况。

自己

他人

<开放区> 自己知道，他人也知道的信息	<盲目区> 自己没注意到，他人知道的信息
<隐藏区> 自己知道，他人也知道的信息	<未知区> 自己和他人都没注意到的信息

项目 3.2 对标优秀职业人

生涯名言

一个榜样胜过书上二十条教诲。

——罗·阿谢姆

生涯思考

用人单位对毕业生能力素质的评价

下面的四张数据统计图（图 3-2-1～图 3-2-4），来自猎聘发布的《2024 高校毕业生就业数据报告》，看一看，能给你带来哪些信息和值得思考的内容。

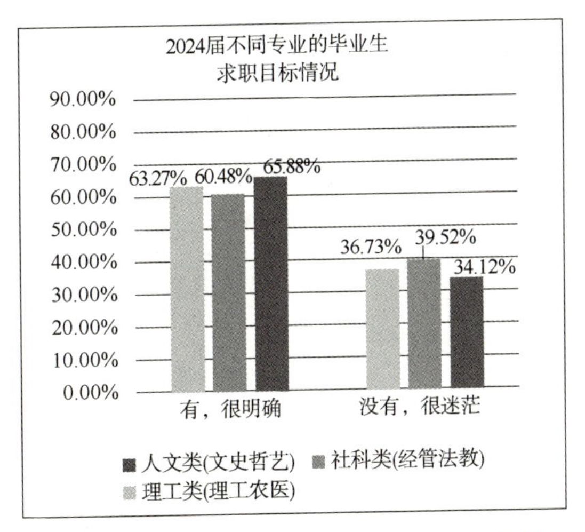

图 3-2-1 2024 届不同专业的毕业生求职目标情况

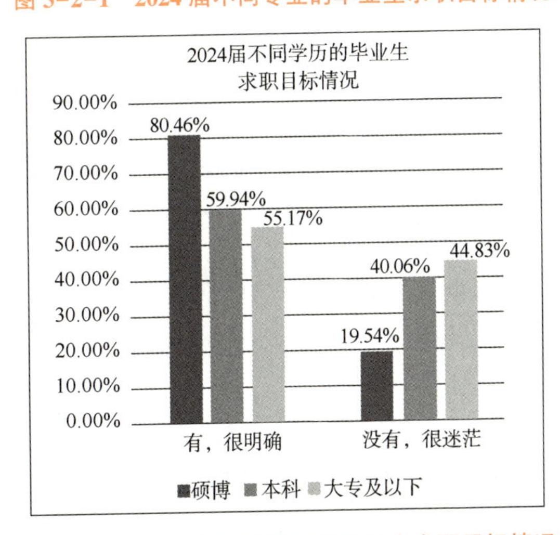

图 3-2-2 2024 届不同学历的毕业生求职目标情况

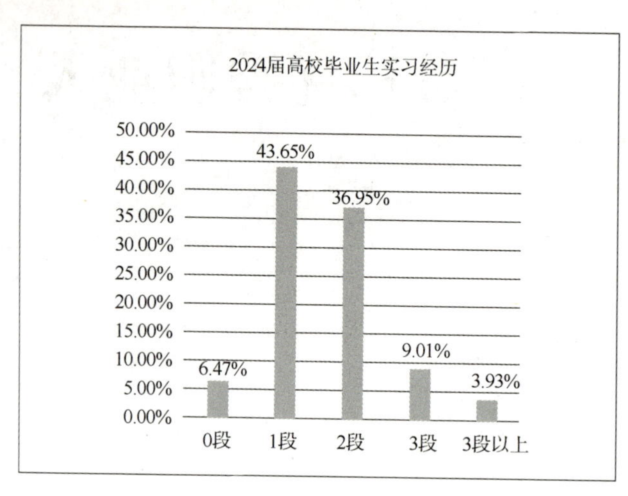

图 3-2-3　2024 届高校毕业生实习经历

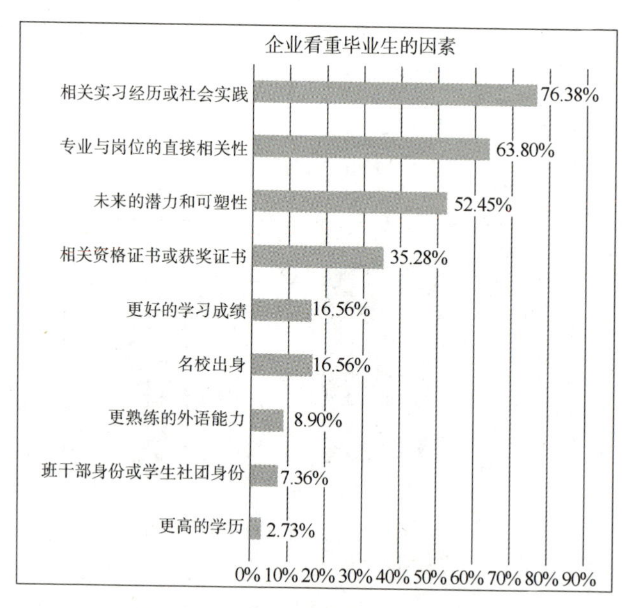

图 3-2-4　企业看重毕业生的因素

生涯理论

一、施恩的职业生涯发展理论

美国麻省理工学院斯隆管理学院教授、著名的职业生涯管理学家施恩（E. H. Schein），从人生不同年龄段面临的问题以及工作过程中承担的主要任务的角度，将职业生涯分为九个阶段。

（1）成长、幻想、探索阶段（0~21 岁）。这个阶段的任务是发展和发现自己的需要和兴趣以及能力和才干，为进行实际的职业选择打基础；学习职业方面的知识，寻找现实的角色模式，获取充足的信息，发展和发现自己的价值观、动机和抱负，做出合理的受教育决策，将幼年的职业幻想变为可操作的现实；接受教育和培训，开发工作世界中所需要的基本习惯和技能。

（2）进入工作世界。此时进入劳动力市场，谋取可能成为一种职业基础的第一项工作，个人和雇主之间达成正式可行的契约，个人成为一个组织或一种职业的成员。

（3）基础培训。这时期的角色是实习生、新手。主要任务是了解、熟悉组织，接受组织文化，融入工作的群体中，尽快取得组织成员资格，成为其中的成员。适应组织的日常的操作程序，应付工作任务。

（4）早期职业的正式成员资格。开始承担责任，成功地履行与第一次工作分配有关的任务。发展和展示自己的技能和专长，为提升或进入其他领域的横向职业成长打基础。根据自身才干和价值观以及组织中的机会和约束，重估当初追求的职业，决定是否留在这个组织中，或者在自己的需要、组织约束和机会之间寻求一种更好的平衡。

（5）职业中期。根据自己的情况，选定一项专业或进入管理部门，使自己保持技术竞争力，在自己选择的专业或管理领域内继续学习，力争成为一名专家或职业能手。能承担较大责任，确定自己的地位，开发长期的职业计划。

（6）职业中期危险阶段。对职业进展进行重新评估，面对职业瓶颈或挑战时，可能需要做出重要的职业决策或调整。

（7）职业后期。学习发挥影响力，指导或授权别人，成为一名良师，对他人承担责任；扩大、发展、深化技能，或者提高才干，以担负更大范围、更重大的责任；如果在这个阶段追求安稳，就此停滞，则需要学习接受和正视自己影响力和挑战能力的下降。

（8）衰退和离职阶段。开始学习接受权力、责任、地位的下降，接受竞争力和进取心的下降，学习接受和发展新的角色，开始评估自己的职业生涯，为退休做准备。

（9）离开组织或职业——退休。学习保持认同感，适应角色、生活方式和生活标准的急剧变化；保持自我价值观，运用自己积累的经验和智慧，以各种资源角色，对他人进行传帮带。

施恩基本依照年龄增大的顺序划分了职业发展阶段，但并未做严格的限定，更多考虑了职业状态、任务、职业行为的重要性。施恩的圆锥形职业通道模型如图 3-2-5 所示。

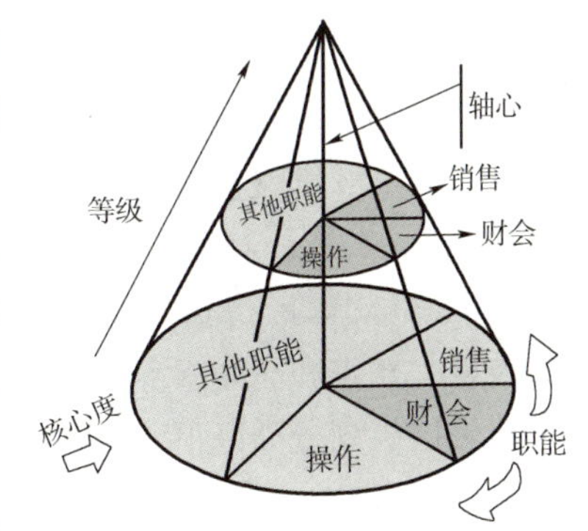

图 3-2-5　施恩的圆锥形职业通道模型

二、能力素质层级

1. 岗位序列：岗位的流动方向

随着工作时长的增加，技能经验的积累，工作岗位也会随之变化，这就提到一个新的概念——岗位序列。岗位序列是在同一岗位族群内部，根据岗位等级和职责差异形成的层次体系。常见岗位序列如表 3-2-1 所示。

表 3-2-1 常见岗位序列

名称	发展路径
技术型	实习生→正式员工→初级→中级→高级→主任→主管→经理 （2022年人社部出台的《关于健全完善新时代技能人才职业技能等级制度的意见（试行）》建议企业可增设特级技师和首席技师，补设学徒工，形成由学徒工、初级工、中级工、高级工、技师、高级技师、特级技师、首席技师构成的“新八级工”职业技能等级序列）
管理型	实习生→正式员工→技师→团队主管→部门经理→店长/区域负责人
营销型	实习生→正式员工→顾问→主管→经理→总监

这种设定对于员工的职业发展、晋升机会以及薪酬体系具有深远的影响，同时也是一个组织进行内部管理和协调的关键要素。

2. 能力素质层级划分

先来看一个案例。秘书或行政助理的角色通常被视为支持性的，在组织的运作中扮演着至关重要的角色，管理专家就这个岗位工作任务完成情况提出了“九段秘书”的标准，描述了秘书从初级到高级的不同职责和能力。

一段秘书：只负责记录会议时间、地点等基本信息，并提醒相关人员。

二段秘书：除了完成一段秘书的工作，还会为会议准备必要的文件和资料。

三段秘书：提前与参会人员确认并确保他们能够准时参加。

四段秘书：收集会议反馈并整理会议摘要，以便后续跟进。

五段秘书：能够根据会议内容，提出建设性的意见和建议。

六段秘书：能够根据会议内容，制订详细的行动计划并分配给相关人员。

七段秘书：能够随时关注相关人员的执行情况，并及时调整计划。

八段秘书：能够对整个流程进行监控和评估，确保目标的达成。

九段秘书：不仅能够完成以上所有工作，还能够站在组织的角度，对流程进行优化和改进。

从九段秘书的分级看，职场中所有岗位都能够进行能力层级的划分，每个层级代表了不同的技能、知识和职业素养水平，以及对应的工作复杂性和贡献度。综合各岗位的特点，可以把能力层级划分为以下六级：

（1）入门级。通常是职业生涯的起点，需要基础的专业知识和技能，这一层级的员工往往在监督下完成具体的任务。

（2）中级。具备一定的经验，能够独立完成工作并开始承担一些管理或领导职责，这个层级的员工通常需要展示出更深层次的技能和对工作更高的理解。

（3）资深级。在某个领域或专业内拥有广泛深入的知识，能够解决复杂问题，并指导和带领团队，此层级的人员通常需要具备战略思考能力和较强的领导力。

（4）专家级。在特定领域被视为权威，有能力进行创新性思维并对行业产生显著影响，专家级人物常常负责驱动创新和改进过程。

（5）领导级。负责制定公司或部门的战略方向，做出关键决策，并确保团队目标的实现。领导层需要具备卓越的决策能力、战略视野和强大的影响力。

（6）高管级。在组织的顶层，负责整体运营和治理。这个层级的领导者需要具备高度的责任心、商业洞察力和卓越的全局管理能力。

在个人职业发展过程中，通过这些层级可以有效识别当前的位置，明确目标岗位的要求和标准，规划如何通过提升技能、获取经验和展现潜力来实现职场上的晋升。这种分类方法蕴含了职业成长的理念，个体可以有针对性地提升职业技能，应对职业定位和职业发展中的竞争，迎接未来的职业挑战。

3. 能力素质动词分类

能力素质动词是用于描述能力素质时所使用的动词类型。虽然没有直接的、官方的分类标准，但可以从动词所表达的意义和用途出发，帮助分析、理解不同层级、不同类型岗位的任务内容以及完成标准。通常岗位层级越高，对职业人的能力素质要求也越高，但由于岗位职能分工的不同，能力素质的标准并非完全与岗位等级成正比，有些岗位层级虽然较低，但因工作需要，某项能力素质的要求也可能比较高。

从个体能力素质的结构和组成角度将能力素质动词进行分类。

（1）知识类动词。

知识类动词是指个体在某一领域或岗位上所需掌握的事实型或经验型信息，根据来源和性质的不同，知识类能力素质可以分为以下几种：

① 基本知识：按学历层次划分，如高中、中技、中专、大专、本科、硕士、博士等所对应的基础知识。

② 公司知识：包括行业知识、产品知识、公司文化（发展历史、理念、价值观等）、组织结构、基本规章制度和流程等。随着对公司了解的深入，个体对公司知识的掌握程度可以从初步了解发展到全面精通。

③ 专业知识：具体涉及某一职业领域的专业知识，如战略知识、营销知识、财务知识、人力资源知识、法律知识、计算机及信息系统知识、外语知识、汉语言知识等。专业知识的层级划分可以根据掌握的程度从了解、掌握到精通进行区分。

（2）技能类动词。

技能类动词指个体运用知识解决实际问题的能力。技能类能力素质可以划分为以下几种：

① 初级技能：指个体能够按照既定的流程、步骤进行基本操作，但尚需依赖指导或支持。

② 中级技能：个体能够独立完成工作任务，具备一定的问题解决能力，但仍需进一步提升效率和准确性。

③ 高级技能：个体能够高效、准确地完成复杂工作任务，具备分析、判断和决策能力，能够指导他人完成工作。

④ 专家级技能：在某一领域或岗位上具有深厚的专业知识和技能，能够解决行业内的高难度问题，具备创新和引领行业发展的能力。

（3）素养类动词。

素养类动词指个体在工作中展现出的态度、价值观和行为习惯。素养类能力素质对于个体的职业发展同样具有重要意义，通常包括但不限于以下几个方面：

① 团队精神：能够与他人协作，共同完成任务，关注团队整体目标。

② 责任感：对工作认真负责，勇于承担责任，不推诿扯皮。

③ 服务意识：以客户为中心，关注客户需求，提供优质服务。

④ 进取心：积极进取，不断学习新知识、新技能，提升自己的能力水平。

⑤ 廉洁诚信：保持廉洁自律，诚实守信，遵守职业道德规范。

⑥ 忠诚度：对公司忠诚，愿意为公司的发展贡献自己的力量。

不同类型的能力素质在工作和生活中具有不同的应用价值。知识类能力素质为个体提供了必要的理论基础和认知框架；技能类能力素质则使个体能够将知识转化为实际行动，解决具体问题；而素养类能力素质则影响着个体的行为方式和态度价值观，对于提升团队协作效率、增强组织凝聚力等方面具有重要作用。因此，从应用性的角度出发，将能力素质划分为不同的类别和层级，有助于更准确地把握不同类型能力素质在工作和生活中的实际应用价值，为个体和组织的发展提供有力支持。

三、打造良好的个人品牌

1. 进取心是“自我启动”的开关

组织的管理者最期待的事情是员工主动工作，但有的员工不主动思考工作任务，更别说主动寻找工作方法，能按照组织制定的发展路线，或者按照岗位要求按部就班的完成工作任务的基本就属于好员工了，中间再打个折扣的大有人在。作为管理者，真的遇到这样的员工也会觉得特别心累，需要花大量的时间“监督”员工干活，被监督的员工工作效率其实也非常低，时间长了，企业的效益必然受到损害，甚至导致企业破产清算。另外，有的员工工作状态积极，不用督促，自己主动思考、沟通工作任务，甚至愿意迎接困难和挑战，接受和承担原本不属于自己范围内的任务。

德国学者迈克尔·弗里斯教授把驱动一个人的动力叫作“进取心”，定义为“一种自我启动的工作行为”。清华大学中国经济研究中心的宁向东老师对“进取心”的解读是：“在原有的被动式的工作环境、工作状况和业绩管理方式下，员工只需要完成‘你让我做的事情’，把这个事情做好就算完成任务，然后获取相应的评价和报酬就行了。”

职业世界是复杂多变的，很多工作都需要多人协作，或者跨部门间协作，过程中涉及的人员众多、环节众多。因此，在事务的处理过程中，出现意想不到的状况是非常普遍常见的。对每个员工个体来讲，很多事情可能会超出他的工作职责范围，也超出他的能力范围，此时工作就变成了挑战，甚至是超级挑战。制度和工作流程设置良好的组织能够比较有效地保证工作任务的进展效率，一旦制度和流程的某些环节设置得不够合理，员工在处理这些事务过程中则会受阻，严重时会出现冲突，使工作任务无法进行而被搁置，再加上各层级之间信息交流不畅，就可能导致管理者和员工之间对工作态度、进取心的认知差别。因此，从自身角度思考，明确自己进取心的方向和内容是什么，才是关键。

2. 诚信是职业生涯的基石

人无信不立，诚信不仅是做人的基石，也是行事的根本。在求职的路上，诚信的重要性越发凸显。部分求职者渴望获得理想职位，便在简历中虚构自己的能力与经验，然而，在面试时面对招聘人员的深入探究与追问，往往难以自圆其说，求职结果自然可想而知。能力不足尚可通过学习与实践来弥补，或调整求职期望，最终找到适配的职业岗位；而道德的缺失，则会使人处处受阻，不受欢迎。

职场中人际关系的重要性往往超越了个人的工作能力，而维系这种关系的核心正是诚信。试想，若身边同事屡屡食言，未能按时完成工作，导致团队进度受阻，他人努力付诸东流，这样的人便无法赢得同事的信任。在职场人际的架构中，诚信犹如一座坚实的桥梁，一旦个人诚信受损，不仅职场发展受限，还可能面临更为严峻的后果。

在职业变动日益频繁的当下，良好的职业信用成为职业生涯中取之不尽、用之不竭的宝贵资源。当职业诚信转化为信誉资本，它将在无形中创造价值。因此，每个人都应珍视自己的职业信用，这不仅是现代社会健康运转的必要条件，也是个体最基本的道德准则。确立并强化公民的诚信意识，不仅是对思想道德的基本要求，更是各行各业顺利发展的迫切需求。

3. 敬业是职业身份的最高认同

党的二十大报告中倡导广大人才要敬业奉献，不断强化敬业意识，培养人们对工作的热情和投入度，营造一种尊重劳动、尊重知识、尊重创造的社会氛围。只有通过广泛的敬业教育和培训，引导人们树立正确的职业观念，培养积极进取、勇于创新的工作态度，才能进一步提升社会的生产力和竞争力。

梁启超在《敬业与乐业》中提到，“各人因自己的地位和才力，认定一件事去做。凡可以名为一件事的，其性质都是可敬。凡职业没有不是神圣的，所以凡职业没有不是可敬的。因自己的才能、境地，做一种劳作做到圆满，便是天地间第一等人。”这，便是敬业的精髓。

敬业，不仅是一种职业态度，更是职业道德的崇高体现。缺乏敬业精神的人，即便能力出众，也难以赢得他人的尊重；而能力平平却怀揣敬业精神的人，总能找到展现自我的舞台，逐步实现自我价值，最终蜕变为广受尊崇的人才。随着敬业精神的提升，他人对你的敬意也将与日俱增。不论能力如何，领导都愿意在你身上投资，提供培训机会，提升你的技能，甚至给予升职加薪，将你视为单位的楷模，因为他深知，你是值得培养和信赖的。

敬业，是“乐业”的动力源泉。每个人对职业的心理体验各不相同。若仅将职业视为谋生工具，惧怕失去，虽能尽职尽责，却难言快乐，缺乏激情与创造力。而爱业者则能自立自强，对职业的情感升华至乐业，无怨无悔。从爱业到乐业，是工作从职业向事业的飞跃。如此，便不会视工作为苦差，即便条件艰苦，也能苦中作乐，收获满满的成就感。

敬业，如同同事间的黏合剂，能化解各种矛盾。具有爱岗敬业精神的人，胸怀博大，不斤斤计较个人得失。一个爱岗敬业的团队，注意力集中于工作，而非人际关系。同时，爱岗敬业精神能感染同事，使他们齐心协力，共同把工作做好。唯有所有员工团结、敬业，才能发挥团队力量，如拔河比赛般拧成一股绳，推动公司走向成功。公司的生存或许可依赖少数员工的能力和智慧，但更需要所有员工的敬业和勤奋。

看似简单，真正做到敬业实则不易。

第一，牢固树立职业理想，夯实职业思想基础。努力完成本职工作，精益求精，事事以组织利益为先，坚持正确做事和做正确的事；树立正确职业观，勤勤恳恳、忠于职守，充分认识到自身工作与单位的作用和意义，以负责的态度把工作做到最好。

第二，全面提高职业技能，筑牢长期发展基石。真正的敬业需长久不懈的努力，不能半途而废。如“水滴石穿”，虽水滴之力微小，但持之以恒，终能穿透坚石。唯有坚持不懈，方能战胜各种困难。这不仅是公司的要求，也是评判个人敬业与否的标准。

第三，坚持到底，养成习惯。敬业并非仅指多加班，而是一种工作的习惯、一种忘我工作的精神、一种不把事情做好就不罢休的心态。这需在职场中慢慢培养，只有达到这样的心态，才能更好地控制监督自己，一丝不苟地完成工作，保质保量地完成每天的任务，达到敬业的精神。例如，可在职场中将每天的工作按照表格形式列出，坚持按计划执行，久而久之，便会成为一种习惯。

拓展：（专员）岗位胜任素质模型

拓展延伸

1.《人才发展路径图：关键岗位胜任力建模与学习发展管理》，作者：孙科柳、廖立飞，电子工业出版社。

2.《让敬业成为一种习惯》，作者：郑书敏，中国言实出版社。

3.《诚信的种子》，作者：［美］保罗·詹森，杨毅宏译，机械工业出版社。

生涯实践

【实践成长任务单 40】

冰山小王子

班级：　　　　姓名：　　　　学号：

● 美国著名心理学家麦克利兰提出了素质“冰山模型”。每个人都有展露在水面以上和深藏水面以下的两部分特征，尝试挖掘出这些特征。

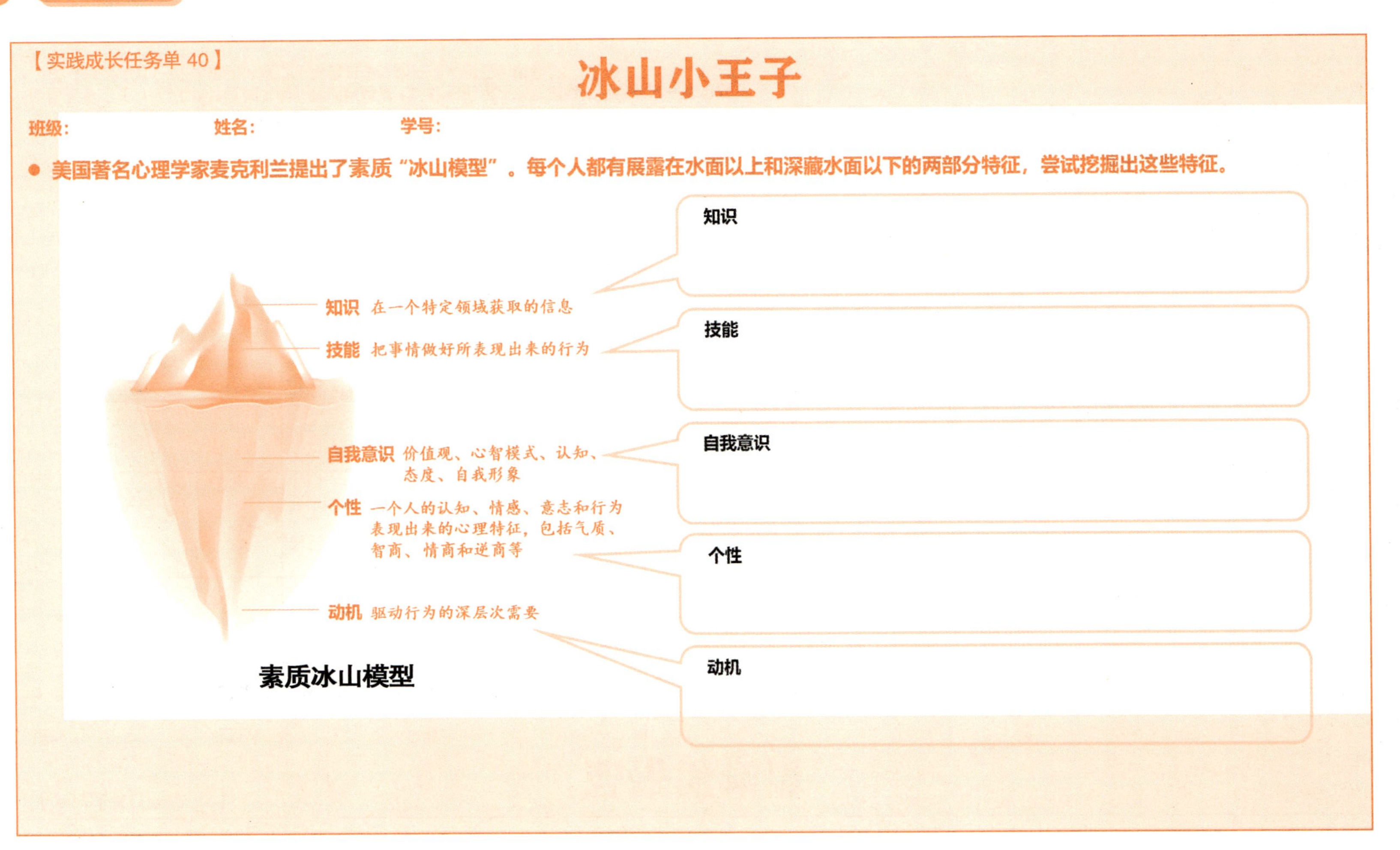

素质冰山模型

【实践成长任务单 41】

品格博物馆

班级：　　　　姓名：　　　　学号：

- 写出你身边26个人的名字，然后想一想，他们具有哪些品格优势，把这些品格优势写在这个人的名字下面。

A	B	C	D	E	F
名字： 品格优势：	名字： 品格优势：	名字： 品格优势：	名字： 品格优势：	名字： 品格优势：	名字： 品格优势：
G	**H**	**I**	**J**	**K**	**L**
名字： 品格优势：	名字： 品格优势：	名字： 品格优势：	名字： 品格优势：	名字： 品格优势：	名字： 品格优势：
M	**N**			**O**	**P**
名字： 品格优势：	名字： 品格优势：			名字： 品格优势：	名字： 品格优势：
Q	**R**			**S**	**T**
名字： 品格优势：	名字： 品格优势：			名字： 品格优势：	名字： 品格优势：
U	**V**	**W**	**X**	**Y**	**Z**
名字： 品格优势：	名字： 品格优势：	名字： 品格优势：	名字： 品格优势：	名字： 品格优势：	名字： 品格优势：

值得思考：（1）品格优势就像肌肉，越训练越强大。让我们把主动发现品格优势变成一种习惯。
（2）一个人优势的展现，不会减少身旁其他人展现的机会。

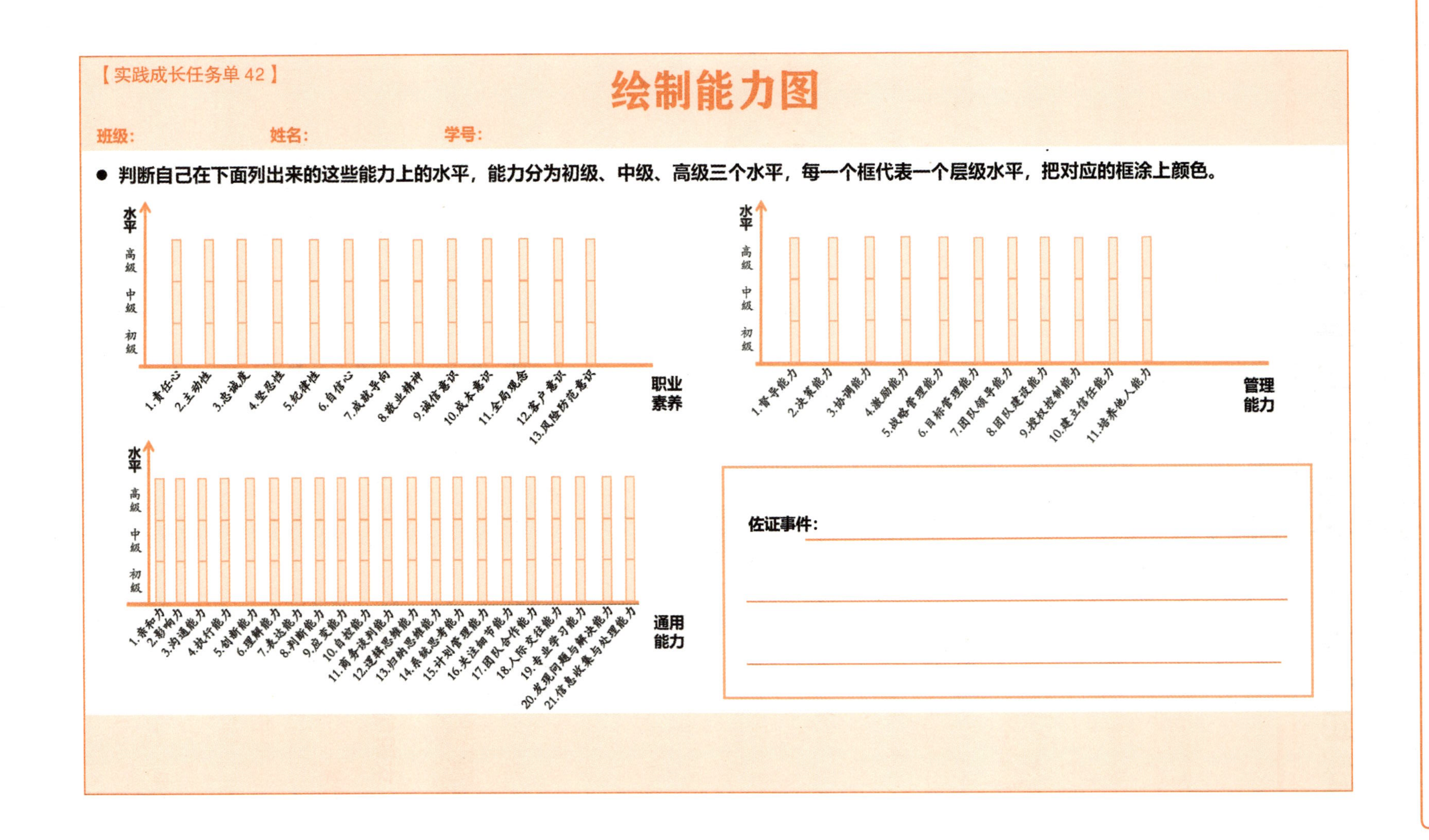

【实践成长任务单 42】

绘制能力图

班级：　　　　姓名：　　　　学号：

● 判断自己在下面列出来的这些能力上的水平，能力分为初级、中级、高级三个水平，每一个框代表一个层级水平，把对应的框涂上颜色。

佐证事件：

项目 3.3 设计个人说明书

生涯名言

机会总是留给有准备的人。

——法布尔

生涯思考

在求职过程中，简历是求职者向用人单位展示自我的第一步，也是敲开企业面试大门非常重要的工具之一，起着举足轻重的作用。可是常常有很多同学会忽略这一点，对于简历的制作敷衍了事。在临近找工作的时候在网上随便下载一个简历模板，把自己的相关情况按照模板的条条框框填进去，之后不论什么职位、什么行业，就用这一份简历一投到底。显然，这样的简历“批发”效果最后往往不尽如人意。一份好简历就如同一个吸引人的广告，只不过这次我们推销的产品就是我们自己，所以，到底怎样的简历才能成功博得 HR 的青睐呢？一份好简历又应该符合哪些要求、包含哪些内容呢？请思考以下问题：

1. 我的个人简历和求职岗位匹配吗？
2. 怎样才能使我的简历更具有个人特色？
3. 我的实践经验是否太少，写不出什么内容？
4. 我的亮点在哪里？怎样才能体现在简历中？
5. 如何逐步完善我的简历？
6. 我的简历在 HR 眼中，能够打多少分？
7. 根据我的专业以及求职意向，是否还需要准备一份英（外）文简历？

生涯理论

一、求职简历的格式

1. 篇幅——不宜过长

网上有很多 HR 分享自己的从业经验时常常会提到，他们初次筛选和阅读一份简历的时间不会超过 30 秒，有的甚至，只有短短的 10 秒。因此，如果简历篇幅过长反而会加大 HR 的筛选难度，适得其反。建议同学们在设计个人简历时页数不要过多，最好是能把所有内容都集中在一张 A4 纸上去展现。

2. 结构——大方得体

传统简历一般是以表格的形式呈现的，字体的大小、行间距等需要设计。整体表格排版过于紧密会让人感觉挤作一团，难以分辨内容；过于宽松，页眉、页尾或者正文中肯定会留有很多空白，给人一种缺乏内容、求职者经历过于简单的感觉。因此，一份赏心悦目的简历，首先需要对版面进行设计。现在使用比较多的是模块化设计简历，将简历中的每项内容以模块的方式分区域呈现。这样的好处在于去掉了线条，使简历整体更加赏心悦目，具有个性化。另外，信息集中会帮助 HR 更容易找到他们关心的内容，发现求职者的闪光点。

3. 照片——职业干练

证件照是简历当中必不可少的组成部分。HR 筛选简历时，第一眼往往会被求职者的照片所吸引，因此一张职业干练的证件照会大大提升简历的吸引力，首选彩色免冠证件照。拍照时穿职业装，头发梳理整齐，精神饱满，面带微笑，女生可以化淡妆。照片可以用图像处理软件简单修饰，但总体一定要保持照片的真实自然，切忌使用自拍照、大头贴或艺术照，否则会使人感觉不专业、缺乏职业性，使 HR 质疑求职者的求职态度。

4. 细节——反复推敲

一张小小的 A4 纸简历，侧面反映出求职者身上所具有的一部分特点。例如，你的求职意向是行政文员，在简历当中评价自己是一个做事情仔细认真的人，可是简历当中却出现了很多错别字，简历一下子就失去了说服力。所以，简历中一定要准确用字、准确用词，不要出现语法错误、字词错误或是标点符号错误等低级失误。同时统一编辑排版，统一字体、字号、行距，调整因自动换行导致的行高不统一。此外，在网上投递简历，可能会因为软件版本不同而使简历文档的字体、格式发生改变，比如简历一页变为两页，将简历转成 PDF 格式，可以避免格式混乱，保证阅读效果。

5. 内容——简洁明了

招聘过程中，HR 会在短时间内收到大量的求职简历，工作量巨大，在一份简历上停留的时间有限，HR 不会逐字逐句去阅读简历内容，通常采用整体浏览、关键词搜索的方式进行简历的初次筛选。因此在简历写作时多使用短句，短句长度尽量保持在一行，最多不要超过两行。少用甚至不用长句，化整为零，少用修辞，更不要堆砌华丽的辞藻，大段大段地叙述，使用事务语体，做到准确平实。

6. 表达——数据说话

简历中个人能力部分常见模糊描述，如“全面掌握专业知识”“熟悉法律法规”等，这些表述让 HR 难以准确评估求职者的实际水平，为有效展示自身的才干，应采用具体、量化的方式，例如，“见习销售时成交了 25 单”就比“见习销售时业绩良好”的表述效果好。或者展示职业资格证书、专业比赛获奖经历，或者附上专业成果与作品，外语考试等级证书等。总之，描述能力时，应追求一目了然的效果，避免堆砌模糊信息，用事实、证书和数据说话，让 HR 能迅速准确地了解你各方面的能力情况，让简历更具说服力，提高求职成功率。

7. 形式——个性特色

如今可以轻松地在网上搜索到许多漂亮的简历模板和简历作品，很多同学往往奉行拿来主义，根本不去管简历的内容设计是否符合自身实际情况。有的同学甚至更加偷懒，直接到学校附近的复印店把其他同学现成的模板简单改一改，就速成了一份自己的简历。这些做法导致的结果就是简历千篇一律，没有个性。想象一下，如果一个企业来学校招聘，而你和同学拿出的简历基本上是一个模子刻出来的，会给招聘企业留下什么印象？所以模版只可以拿来借鉴，不能全盘照搬。优秀的简历应该是个性与共性的完美结合，是专属于你自己的、能够突出自身优势、创意十足的简历。

二、求职简历的内容

一般而言，求职简历可以从以下 8 个方面分门别类来介绍自己：

1. 基本情况

虽然这部分内容并不是用人单位最为看重的信息，但它却是简历当中必不可少的项目，基本情况往往位于简历最开头的位置，关系到用人单位对于求职者的初步印象，就更加需要处理好里面的内容和细节。

个人情况的必填项目包括姓名、性别、出生年月、民族、学历、专业以及联系方式。这里面需要着重注意的是，很多同学为了突出自己的联系方式，会把手机号和电子邮箱写在简历的末尾处，和个人情况的其他信息分割开，这是一种错误的方式。另外，建议同学们在找工作时，在专业的电子邮箱网站，如 163、126 等，用自己名字的全拼加上后缀注册一个专门用来接收面试信息的邮箱，这样不仅可以有效屏蔽一些过往注册过的网站发来的垃圾邮件信息，同时也会显示出自己端正的求职态度。

个人情况的选填内容，如身高、体重、政治面貌、籍贯、家庭详细住址、邮编等，要根据岗位需要，有的放矢地写。例如，航空公司招聘空乘人员通常会对身高体重有所要求，那么我们在简历中就要保留相应的内容。

2. 求职意向

它是在简历中明确告知用人单位，求职者应聘的岗位信息，因此应紧跟在个人情况后面一栏的醒目位置，以便于 HR 对简历进行快速分类和筛选。建议同学们在填写时：求职意向不要过多，一般以 1~2 个为宜，避免留给用人单位三心二意的印象；求职意向如果要填写 2 个，也要尽量选择类型相似的两个岗位，如软件测试工程师与大数据工程师，避免出现软件测试工程师与销售这样差别较大的岗位，因为这样做将无法体现出你这份简历的唯一性，甚至会影响你获得面试的机会。

3. 教育背景

这一条对于应届大学毕业生，尤其是应聘专业技术性较强岗位的同学来说非常重要，它是用人单位评估求职者大学期间所学知识能否匹配岗位要求的重要参考。教育经历可以从高中写起，也可以从大学写起，如果有在高中阶段就入党或是获得过重要奖励的同学，一定要从高中写起。如果大学教育背景还涵盖了硕士、博士等教育经历，就可以从大学写起，最好在与求职岗位相关的教育经历后，有选择性地列出几门学习过的相关课程，关联性越强的课越要列在前面。

4. 实践经验

这项内容在简历中占有极为重要的位置，是用人单位考查求职者的重要参考依据，因为与其他内容相比，个人的实践经历往往具有个性化的标签，用人单位可以根据简历中的相关经验，捕捉到求职者具备哪些能力和素质，与岗位的匹配度，如果进入面试环节，用人单位也常常会针对他们感兴趣的经历当面向求职者详细了解和询问。

因此，在简历当中，不能只写“×年×月，在××公司××岗位实习”又或者“×年×月，参加学校××活动”，无法提供给更多有价值的信息。正确写法是“起止时间（精确到月份）+单位的具体名称+职位+工作内容+工作评价或反思、能力提高”，最重要的是工作内容和评价，这部分是饱含感情的，决定了简历能否打动面试官获得就业机会。

5. 个人技能

个人技能主要从专业能力、语言能力、计算机应用能力三个方面介绍。专业能力包括与专业相关的各项技能及相关证书，语言能力既包括中文也包括外语，而计算机应用能力则主要指求职者对一些计算机办公软件或是其他软件使用水平的高低。

6. 获奖情况

获奖情况的写法与实践经验类似，也要把每个奖项的相关情况介绍清楚。获奖的年月+奖项具体名称（让人能看出是什么级别的比赛）+获得几等奖，如果是集体奖项最后还应简短介绍一下你在其中参与了什么工作，起到了什么作用。例如，2018 年 5 月，××创业项目获得第四届吉林交通职业技术学院“互联网+”大学生创新创业大赛二等奖，在团队中主要负责撰写发言稿、制作 PPT 等工作。

7. 兴趣爱好

兴趣爱好的选取要遵循宁缺毋滥的原则，也就是说介绍的兴趣爱好应该与求职目标相关，这能够增加你在 HR 心目中的印象分，否则可以省略不写。打个比方，假如你喜爱唱歌、跳舞，而你的目标岗位是某高校辅导员，那就可以在兴趣爱好中介绍出来，因为这些特长在从事辅导员这份工作中很可能会发挥积极的作用。

8. 自我评价

如果说前面是简历的主体，那么最后这一项就是对主体的必要补充，求职者需用几句话对自己进行描述和评价。这里建议同学们不要只是简单堆砌一些光鲜的形容词，而是应该先分析你所要应聘的岗位，用人单位希望招聘到具备什么能力和素质的人才。然后在自我评价中用中肯的语气，主动将自己的性格、能力等与所述岗位进行匹配。例如，如果你的求职意向是人力资源专员，那么在自我评价中就要体现出，自己是一个做事认真、细致有条理、善于与人沟通的人，让用人单位看后就能觉得你是非常适合这个岗位。

简历例文

三、求职简历应如何突出个人优势

一份好的求职简历并不是简单地将这些内容逐条进行罗列，还应该结合自身的实际情况，对每一项内容进行设计、甄别、调整和取舍，目的就是要通过整体内容的营造，将求职者的优势，特别是与求职岗位相匹配的优势能够清晰明确地呈现出来，为自己进入下一阶段的面试环节增加有力的保证。因此，就需要我们在简历中针对应聘岗位突出个人优势。

1. 精准定位自我优势

深入分析自身的特长、技能、经验和成就等，要与目标职位的要求进行匹配，确定最具竞争力的优势。

2. 使用关键词强调优势

在简历中使用醒目的标题、加粗、下划线等方式突出关键词，使用动词强调成果和成效。

3. 提供具体案例支撑

结合大学期间的实践经验和实习经历，用实际案例展示个人优势，突出解决问题的能力和创新思维。

4. 突出个人特质

强调个人的领导力、团队合作精神、沟通能力等，展示自身独特的价值观和个人魅力。

5. 针对不同职位突出优势

根据不同职位的岗位胜任力，突出职业素质，例如销售职位，需要突出市场拓展能力、客户关系管理能力等；技术职位，需要强调技术能力、项目经验、解决问题的能力等。

案例：创新简历的形式

拓展延伸

1.《金牌面试官》，作者：胡江伟，广东人民出版社。

2.《我的第一本招聘面试实战指南》，作者：刘俊敏，人民邮电出版社。

3.《简历：让你脱颖而出》，作者：胡鹏，机械工业出版社。

4.《简历：跨国公司求职通行证》，作者：［美］马库斯·赫特、［法］斯特凡尼·赫特，肖铁译，上海人民出版社。

生涯实践

【实践成长任务单 43】

简历不可少

班级：　　　　姓名：　　　　学号：

● 求职时，你需要用求职简历来介绍自己，这份材料可以留给面试官随时翻阅，点评下面改前和改后的两份简历。

姓　　名：李冬冬　　出生年月：2020.01.01
性　　别：女　　电　　话：123-4567-8910
身　　高：165cm　　邮　　箱：123456789@qq.com
体　　重：45kg　　现　　居：长春

教育背景

- 2018—2021　吉林交通职业技术学院　工程造价　专科
  - 主修课程：公路工程，工程造价，公路施工组织，基础会计，房屋建筑学，CAD 制图，土力学与地基基础等

实习经历

- 2018.10—2021.12　天勤广告公司　促销员
  - 在兼职期间，努力工作，每天卖出安慕希 10 到 20 箱。
  - 在兼职期间，积极带领新人。
- 2016.4—2016.6　新丰欣广告公司　督导

荣誉证书

- NIT 证书
- 专业英语三级
- 市级志愿者

自我评价

- NIT 的学习让我熟练地掌握 PPT　Word　Excel 等软件。
- 兼职的生活让我受益匪浅，更多的让我意识到自己的不足。

修改前

李冬冬（个人简历）

基本情况
性　　别：女
出生年月：2020.01.01
毕业学校：吉林交通职业技术学院
专　　业：工程造价
电　　话：123 4567 8910
电子信箱：123456789@qq.com

求职意向
- 造价员

教育背景
- 主修课程：工程造价　公路工程　基础会计　CAD 制图
- 辅助课程：职业素质养成（包括职场礼仪　团队合作　自我管理　沟通交流　生涯规划等）

奖励证书
- 2019 年：取得英语三级证书
- 2019 年：获得 NIT 证书
- 2019 年：扎兰屯市在籍志愿者

社会实践
- 2019.3——2019.5　天勤公司　促销员
- 在兼职期间认真工作，曾一天卖出过 35 箱安慕希
- 积极带领自己的小团队，月内销量在公司排名第二
- 2019.9——2019.12　沈阳鑫丰欣广告有限公司　督导
- 作为督导，我时刻谨记自己的责任，认真督促促销员；作为业务伙伴，我们一起想办法提高业绩；我们的努力，为我们争取到参加公司的年会机会！

自我评价
- NIT 的学习过程不仅让我熟练地掌握 PPT、Word、Excel 等软件的使用技术，更让我对构图、创意产生了浓厚的兴趣。
- 打工兼职时，站了整整一天的腿已经僵硬得不敢弯曲，但是和团队伙伴们在一起拼搏的美好时光却永远难忘；主管领导的细心指导让我收获巨大。我相信，找对方向，勇于尝试，就会进步。

修改后

简历评分表

序号	项目		写法	修改前点评	修改后点评
1	格式	版面设计	标准页边距，页面适度留白，页面上1/3处写重要信息，语法正确		
2	内容	基本信息	姓名、年龄、性别、联系电话、照片等		
3		求职目标	明确具体岗位		
4		教育背景	从大学写起，列出和所求职位相关的课程		
5		实践经历	校内、校外的实习、工作、活动经历。写法：时间+单位/岗位+事件+成绩/体会		
6		技能水平	专业技能、英语和计算机能力、××技能		
7		荣誉成果	学业、文体活动、技能竞赛等奖励		
8		兴趣/自评	与求职目标相关的，宁缺毋滥		

值得思考：（1）简历版面设计应吸引人而且容易读，装订规范美观。需强调的部分可采用粗体字，但不宜过多。
（2）简历中一定要有照片、联系方式。
（3）纸质、电子、影音视频形式的简历都可以。

【实践成长任务单 44】

再看自荐信

班级：　　　　姓名：　　　　学号：

- 你需要一份介绍自己的材料，这份材料可以随时留给面试官来翻阅，纸质、电子、影音视频形式都可以，总之，你需要一份自荐信。

自荐信

尊敬的领导：

您好！

我是吉林交通技术学院的李冬冬，今天我无比虔诚向贵公司递上我的这份简历。

我的专业是工程造价，但我对轨道交通事业情有独钟，并且我认为对于轨道交通事业造价专业的思想是有一定帮助的。

我有很强的拼搏意识，对自己充满信心，深刻的理解能力，敏锐的洞察力，独立的思考能力是我大学生活中最大的收获，当然，最重要的还是学会如何做人，做事。

我相信我较强的逻辑思维和实际操作能力，将是把理论知识转化为实际业绩的有力保证。

如果我能够得到贵单位的青睐，我一定会以不断学习，积极进取的精神竭诚为贵单位服务，与贵单位共同发展，共创美好未来！

此致

敬礼

自荐人：李冬冬

2024年3月16日

修改前

自 荐 信

尊敬的考官：

您好！

首先请接受我真挚的问候，并感谢您在百忙之中给了我关注。我是吉林交通职业技术学院的应届毕业生，我叫李冬冬。

我原来选择的是工程造价专业。学习过程中，我认真完成了工程造价相关专业课程的学习，如公路工程、基础会计、CAD制图等，学习成绩一直不错。学校为了帮助我们更好地和职场对接，为我们开设了"职业素质养成"课，课程中在做职业生涯规划整理时，我发现我更擅长与人沟通、为他人服务类的工作。我的这些特点，在我实习、兼职打工时得到了有力的证实，所以，我坚定了我的求职方向。

我出生在普通的农民家庭，从小父母就告诉我要坦诚做人，踏实努力，希望就永远都在。我一直谨记父母的教诲，用自己的汗水去拼搏，我也对自己充满信心。或许正因为我的坦诚和积极心态，让我对周围的人和事物保持了更敏锐的洞察力、思考力，我能很好地观察、照顾到他人的情绪，和同学们相处非常愉快，大家都非常喜欢我。大学生活中的收获之一就是友谊。

不断学习，保持热情，积极进取，是我对未来职业生涯的心愿和自我要求。希望有机会进入贵单位，与同事们共同发展，共创美好未来！

祝贵单位蒸蒸日上！

此致

敬礼！

求职人：李冬冬

修改后

自荐信评分表

序号	项目		写法	修改前点评	修改后点评
1	格式	版面设计	标准页边距，页面适度留白，书写正确，语法正确，问候语和结束语正确		
2	内容	感谢语	感谢对方阅读，介绍自己的学校、名字等基本信息		
3		求职目标	明确的求职岗位		
4		对工作的理解	说一说你对该岗位的工作内容、能力要求、重要性的认识，让面试官感受到你对该岗位有过认真的调研和思考，体现对求职的重视		
5		优势介绍	用事例和数据介绍自身的优势，特别注意自荐信中提到的能力和所求的工作岗位需要的能力要匹配，感情适度，有感染力		
6		结束语	表示感谢。会主动联系对方，切记，不要提薪资要求		

值得思考：（1）内容简洁扼要、有针对性，避免咬文嚼字，突出能力优势，让用人单位能从你的简历中找到"他们需要你"的信息。
（2）用事实和数据把成就量化。
（3）重视你的兴趣爱好、日常活动经历，这些是你的习惯、品格的最有力证明。

【实践成长任务单 45】

邮件投简历

班级：　　　　姓名：　　　　学号：

- 从左侧的图例中，你能找出几点关于用邮件发送求职简历的写法技巧。

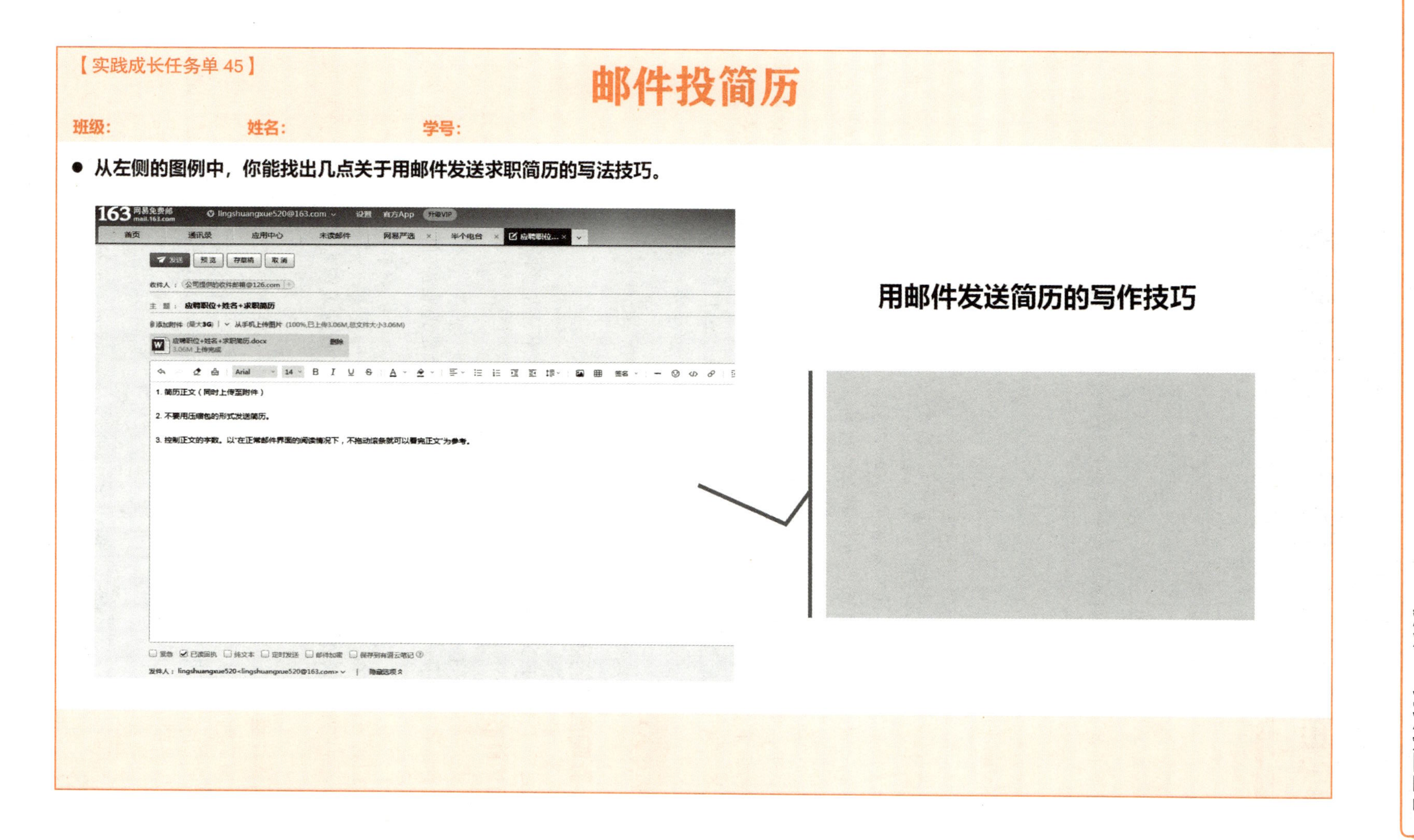

项目 3.4　清除限制性信念

生涯名言

成功并不是目的，真正的成功在于走向成功的过程中，你成了什么样的人。

——爱默生

生涯思考

面试中的“我”与“他们”

在面试过程中，你是否思考过“我”与“他们”之间的差异？这里的“我”指的是应聘者，而“他们”则代表面试官和潜在的工作团队。有人常常陷入一种信念，认为面试只是“我”向“他们”展示自己能力的舞台。然而，真正的面试是双向的，“我”也在观察和评估“他们”是否适合我。

在面试中，除了技能和经验外，应聘者的心态、对公司的认知、与面试官的沟通等都会影响最终的决策。同样，应聘者也在评估公司是否适合自己。因此，面试不仅是展示，也是选择的过程。双方都需要保持开放的心态，以便找到最佳的匹配。

生涯理论

一、影响面试的因素

面试是一个复杂的交流过程，其中涉及多个因素。下面是影响面试效果的关键因素：

1. 面试前的准备

（1）求职者的准备。

求职者是否充分了解公司、职位和面试流程，以及是否准备好回答常见问题，都会直接影响面试效果。

（2）招聘者的准备。

招聘者是否熟悉候选人的简历和背景，是否准备好针对求职者的技能和经验提问，也是关键因素。

2. 面试过程

（1）面试问题。

面试问题的质量和类型会直接影响面试的深度和效果。开放性问题通常比封闭性问题更能揭示求职者的能力和潜力。

（2）沟通技巧。

面试过程中的沟通，包括听、说、问、答等，都需要双方具备良好的沟通技巧。

（3）行为举止。

求职者的仪态、穿着、语言习惯等都会影响面试官的第一印象和整体评价。

(4) 压力应对。

面试通常带有一定的压力，求职者能否在压力下保持冷静和自信，也是考察的重点。

(5) 面试环境。

首先是物理环境，面试地点的整洁程度、安静程度、舒适度等都会影响面试双方的发挥。

其次是技术环境，如果面试采用在线形式，网络连接的稳定性、视频通话的清晰度等都会影响面试的顺畅进行。

(6) 面试官的主观因素。

面试官可能存在一些无意识的偏见、个人喜好，这些可能影响他们对求职者的评价。

(7) 公司的文化和价值观。

如果候选人的价值观与公司的文化和价值观不符，即使他们具有出色的技能和经验，也可能不被录用。

3. 职位需求与市场匹配度

如果职位需求与当前市场状况不匹配，可能导致难以找到合适的求职者，或者面试效果也会受到影响。另外，求职者对岗位要求的理解程度直接影响其对岗位的评估，如果对岗位要求有清晰的认识，他们就能更准确地判断自己是否具备岗位所需的技能和经验。

4. 非语言因素

求职者的外貌、仪态、肢体语言等非语言因素虽然不直接反映其能力，但也会对面试官的第一印象产生影响。因此，在面试中，求职者需要注意自己的仪态和言行举止。

5. 限制性信念的影响

持有不合理信念的求职者可能会将大量的时间和精力用于担忧面试结果，而不是专注于面试准备，如研究公司文化、准备面试问题等。这可能导致他们在面试中无法回答面试官的问题或无法与面试官建立有效的沟通。如果求职者长期持有不合理信念，并多次在面试中遭受挫折，可能会对自己的能力和价值产生怀疑，甚至放弃求职或职业发展。不合理信念对面试效果的影响自己归纳为以下几点：

(1) 增加了面试的紧张与焦虑感。

持有不合理信念的求职者往往会对面试结果抱有极高的期望，如“我必须得到这份工作”或“如果失败，我就一无是处”。这种绝对化的要求会导致在面试前和面试过程中产生过度的紧张和焦虑，从而影响自己的正常发挥。

(2) 导致面试时不自信。

过分概括化的不合理信念可能使求职者对自己的能力产生不准确的评价，导致在面试中缺乏自信，不能充分展示自己的优势，在面试中表现出不自然、紧张或结巴的情况，这会给面试官留下不专业或准备不足的印象。

(3) 影响决策与应对。

在面试过程中，求职者可能会遇到一些出乎意料的问题或挑战。如果持有不合理信念，可能会对这些情况做出过度反应或采取不恰当的应对策略，反而影响面试效果。

二、限制性信念的特点

限制性信念也叫不合理信念，通常指的是那些扭曲、过度概括、非理性的观念或想法，它们可能阻碍个人做出合理决策，影响人际关系，甚至导致情绪困扰。下面是一些限制性信念的特点及例子：

1. 过度概括化

“他一次没帮我，就永远不会再帮我了。”

“我一犯错就是个失败者。”

2. 灾难化

“如果我在演讲中出错，我的职业生涯就完了。”

“如果我不被所有人喜欢，我就没有价值了。”

3. 情绪推理

“我感觉我是世界上最差劲的人，没有人会喜欢我。”

“我觉得他会离开我，所以他一定会离开我。”

4. 绝对化，非黑即白思维

“要么完全成功，要么彻底失败，没有中间地带。”

“这个人要么是完美的，要么就一无是处。”

5. 过度个人化

“他今天心情不好，一定是因为我做了什么。”

“如果我不满足他的期望，他就不爱我了。”

6. 不公平的期望

“每个人都应该按我的方式来做事情。”

“我应该总是得到我想要的东西。”

7. 应该化（或“必须化”）

“我应该永远保持快乐，不能有负面情绪。”

“我必须成功，否则我就是个失败者。”

8. 逃避责任

“我遇到的问题都是别人的错，与我无关。”

“我无法控制自己的情绪，所以不是我的责任。”

9. 过度关注自我

“所有人都应该围着我转，关注我的需求。”

“我的观点是唯一的真理，其他人都是错的。”

10. 控制欲过强

“我必须完全掌控我的生活，否则我就没有安全感。”

“我必须要让我的伴侣按我的想法行事。”

这些不合理信念可能导致个人陷入困境，影响他们的心理健康和人际关系。通过识别和改变这些不合理信念，个人可以更加理性地看待问题，提高情绪调节能力，并改善人际关系。

三、如何清除限制性信念

在生涯发展中，不仅要面对外部的挑战和机遇，还要应对内心的挣扎和困惑。其中，不合理信念往往成为阻碍我们前进的隐形障碍。这些信念可能是基于过去的经历、社会的期望，或是我们自身的误解和偏见。为了迈向更加成功的未来，我们需要学会识别和清除这些不合理信念。

1. 认识到不合理信念的存在

这些信念可能隐藏在思维深处，影响对自己、对他人以及对世界的看法。例如，可能认为自己不够聪明、不够有才华，或者认为某个领域不适合自己。这些信念限制了视野和可能性，错失了许多机会和成长的空间。

2. 学会质疑这些不合理信念

质疑是清除不合理信念的第一步。当意识到自己的思维受到了限制时，不妨停下来思考一下，这些信念是否真的符合事实？是否真的有充分的证据支持这些信念？通过质疑和思考，可以逐渐揭示出这些信念的不合理之处，从而开始摆脱它们的束缚。

3. 学会接受自己的不完美和失败

生涯发展是一个充满挑战和困难的过程，不可能一帆风顺地走向成功。在这个过程中，可能会遇到挫折和失败。但是，这些经历并不代表能力和价值，要学会从失败中汲取教训，不断提升自己，而不是沉溺于失败的痛苦和自责中。

4. 保持开放的心态和积极的行动

清除不合理信念需要不断地学习和探索，要保持对新事物的好奇心和探索精神，勇于尝试不同的方法和路径。同时，也要保持积极的行动态度，将所学的知识和经验应用到实际生活中去，不断积累经验和提升自己的能力。

5. 寻求他人的帮助和支持

在清除不合理信念的过程中，可能会遇到困难和挑战。这时候，可以向身边的人寻求帮助和支持。与他人交流可以帮助我们发现自己的盲点和局限性，同时也可以获得他人的建议和鼓励，让我们更加坚定自己的信念和行动方向。

6. 积极培养成长思维

固定思维会认为人的某些特质或技能是固定不变的，而成长思维则鼓励人们看待事物的发展变化。应该相信，通过学习和努力，可以不断提升自己，适应不同的环境和挑战。

清除不合理信念是一个持续的过程，需要不断地去识别、质疑和克服。通过保持开放的心态、积极的行动和寻求他人的帮助和支持，可以逐渐摆脱不合理信念的束缚，迈向更加成功和充实的生涯发展之路。清除限制性信念是职业发展中必须面对的挑战。这些信念可能源于过去的经历、社会的刻板印象，或者是自身的负面思考。为了更好地迈向成功，需要学会识别和克服这些限制我们思维和行动的信念。

生涯阅读

案例故事：年轻的旅行者

拓展延伸

1. 《洞见》，作者：赵昂，文化发展出版社。
2. 《云梯：从新人到达人的职场进化论》，作者：虞莹，电子工业出版社。

生涯实践

【实践成长任务单 46】

感恩心日记

班级：　　　　姓名：　　　　学号：

- **或是特意计划或是偶然发生，总有一些事、一些人，让我们欣喜或幸福，抓住这些“快乐的小精灵”，把它记录下来，保存在生命中。**

星期一

今天感谢我自己做到了（3个行动）：
1.
2.
3.
今天我要感谢的人（3个）：
1.
2.
3.

星期二

今天感谢我自己做到了（3个行动）：
1.
2.
3.
今天我要感谢的人（3个）：
1.
2.
3.

星期三

今天感谢我自己做到了（3个行动）：
1.
2.
3.
今天我要感谢的人（3个）：
1.
2.
3.

星期四

今天感谢我自己做到了（3个行动）：
1.
2.
3.
今天我要感谢的人（3个）：
1.
2.
3.

星期五

今天感谢我自己做到了（3个行动）：
1.
2.
3.
今天我要感谢的人（3个）：
1.
2.
3.

值得思考：特意计划去做也好，偶然发生也罢，重要的是这些事情带给我们的欣喜和幸福。那就多制造机会，让它多发生一些。

【实践成长任务单 47】

发现小美好

班级：　　　　姓名：　　　　学号：

- **每一天看似重复枯燥的生活，只要你愿意，其实都可以发现“不一样”的新意。把你的发现记录下来吧。**

	你的新发现	你的感受
星期一		
星期二		
星期三		
星期四		
星期五		
星期六		
星期日		

值得思考：试着做一下这些事，可能有不一样的发现。

【实践成长任务单48】

信念大侦探

班级：　　　　姓名：　　　　学号：

- 找一找下面这些信念中不合理的地方，改写它，写到右侧的方框里。

信念	改写
① 选择一个职业或专业之后，就不能再回头了；一旦下了决定，就不能再更改了。	
② 我有这方面的特长，所以我应该适合这份工作。	
③ 我的上一份工作不好，所以这个行业不适合我。	
④ 我很想把事情做好，但是没有人教我，只要企业给我一个机会，我就会……	
⑤ 收入高、稳定的工作就是好工作。	

项目 3.5 升级结构思考力

生涯名言

真正深刻且不同寻常的洞察力，来自观察“系统”如何决定自己的行为。

——德内拉·梅多斯

生涯思考

小镇上的两家面包店

在一个宁静的小镇上，有两家竞争激烈的面包店。一家叫“爱心面包店”，另一家叫“暖心面包店”。两家店的面包质量相当，价格也差不多，但“爱心面包店”的老板陈磊却发现自己的生意逐年下滑，而“暖心面包店”却日益繁荣。

陈磊对此感到非常困惑和沮丧。一天，他决定走出去，亲自调查原因。他在“暖心面包店”外面观察了一整天，发现了一些有趣的事情。尽管两家店的产品相似，但“暖心面包店”的老板，李莉，似乎总是能在正确的时间提供恰到好处的服务和产品。一天结束时，陈磊走进“暖心面包店”，与李莉交谈。李莉告诉他，她每天都会花时间观察镇上的活动和顾客的需求。她注意到，每当学校放学后，学生们都喜欢吃点甜食，于是她就调整了烘焙时间，确保在那个时间有新鲜的甜面包和小蛋糕。此外，每当有节日或特别活动，李莉会提前准备相关主题的特别面包和装饰，吸引顾客的注意。

通过这次对话，陈磊意识到，他缺失的并不是面包的质量，而是洞察顾客需求和社区动态的能力。他回到自己的店铺，开始重新思考自己的经营策略。他不仅开始关注社区的活动，还开始与顾客进行更多的交流，了解他们的喜好和需求。几个月后，陈磊的“爱心面包店”开始回暖。他推出了“快乐小时”活动，在每天下午放学后提供折扣甜点，还特别推出了适合当地节日的定制面包。顾客对这些变化反应热烈，陈磊的面包店再次成为小镇的热门话题。

这个故事显示了洞察力的重要性：了解并响应周围世界的变化能够创造出巨大的机会。陈磊的转变不仅挽救了他的业务，还加深了他与社区的联系，让他的面包店不仅是一个商业，更是一个社区的亲密伙伴。你认为在你的日常生活中，有哪些机会可以通过增强洞察力来把握或改进，你会如何开始这个过程。

生涯理论

一、洞察力： 超越表象的力量

1. 拥有洞察力的作用

洞察力是一种超越事物的表象，洞悉其内在要素及其相互关系的能力。要培养洞察力，就仿佛是寻找一副能让我们透视事物本质的眼镜。

很多时候我们解决不了的问题，通常是因为我们没有找到问题的根本原因。而解决问题往往不在于改变单个要素，而是在于调整它们之间的关系。洞察力的魔力在于，它能帮助我们识别并重塑这些关系。想象一下，如果你在一个海边旅游城市的海鲜餐馆。你发现鱼缸中有一种陌生的鱼，便好奇地询问老板。你可能会被告知这是某种昂贵的鱼，然后被高价收费。这种情况在旅游城市中屡见不鲜。为什么会这样？并非餐馆老板本性恶劣，而是因为他与你之间存在的是一次性的交易关系，在这种情境下，餐馆的策略往往是尽可能多地盈利，因为他们认为客人不太可能再次光顾。要解决这类问题，我们不能单纯期望改变人的本性，相反，我们应该改变的是"连接关系"。例如，使用美食点评等平台，通过其他人的评价来选择餐馆，从而形成一个长期的信誉机制。

再看一个例子：麦当劳曾收到顾客关于其高速公路加盟店的食品和服务质量差的反馈。问题并不在于店长能力不足，而在于顾客大多是一次性过路客，与麦当劳的关系属于单次交易。麦当劳为了保护品牌声誉，最终决定将这些加盟店改为直营，在确保了服务品质提升的同时，也将与店长的关系转为长期合作。

2. 洞察力的应用

洞察力的应用同样适用于解决看似简单的日常问题，比如两个和尚分粥的故事，如何确保公平？改变分配机制：让一个和尚负责分粥，另一个选择。这样，分粥的和尚为了避免亏损，必须尽量平等地分配。洞察力：超越表象的力量如图3-5-1所示。

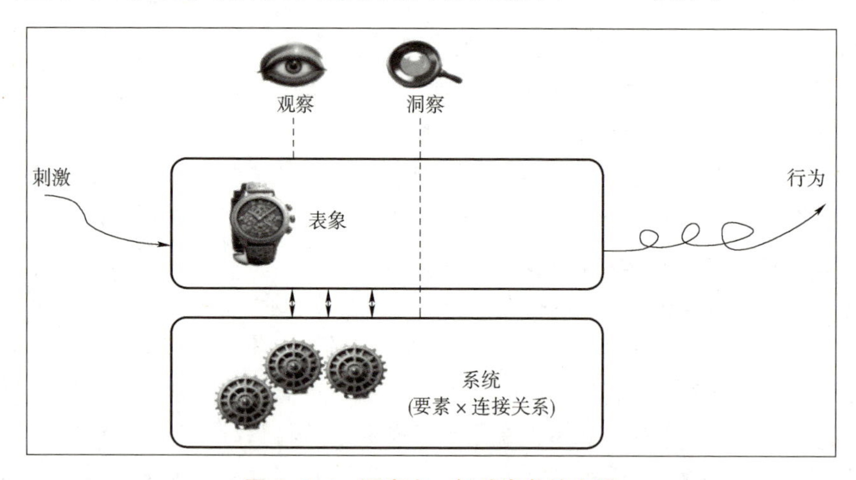

图3-5-1　洞察力：超越表象的力量

洞察力教会我们，真正的问题往往不是人的问题，而是结构的问题。一个有洞察力的人从不会简单地归咎于人的失败，而是会寻找并改善背后的结构性关系。在这种认知下，我们不仅能解决眼前的问题，更能预防未来可能出现的困境。

二、因果链：探寻结果之源的智慧

1. 为什么要关注因果链

古人说："明白因果，就能防患未然。"有时候，我们只看到眼前的事情，比如头疼医头，脚疼医脚。但真正厉害的人，会往更深层次找原因，只有找到了真正的原因，解决起来才能事半功倍。将相关的知识点和技能点用逻辑和关联串联起来，会构建出一个网络模型，这些串联起来的逻辑和关联就称为"因果链"，使用"因果链"能指导我们找到问题的底层原因，找到解决问题的关键。

例如，小明的学习成绩一直无法提高，小明的父母看到他的成绩单后，感到十分担忧，便对他说："你得更努力学习啊。"小明也答应了，表示会加倍努力，但几次考试后，成绩依然没有显著的提升。小明的父母开始感到困惑和失望，他们不明白为什么小明的努力似乎没有带来预期的效果。老师深入探究背后的原因发现，小明在课堂上经常分心，注意力难以集中，这导致他无法有效地吸收和理解老师讲授的知识，自然也难以在考试中取得好成绩。进一步调查后，老师发现小明在家里晚上常常熬夜看手机或玩游戏，导致他第二天在课堂上精神状态不佳，无法集中注意力。而这是因为小明在放学后缺乏有效的时间管理，沉迷于手机和游戏，从而忽视了学习和休息的重要性。

了解了这些原因后，小明的父母和老师意识到，他们不能只是简单地要求小明更努力学习，而应该帮助他建立合理的时间管理习惯，确保他有足够的休息和娱乐时间，同时引导他合理使用手机和其他电子设备，以便他能更好地专注于学习。这样，小明的学习成绩才有可能得到真正的提高。

结果=投入时间+疲劳程度-效率

想象一下，职场就像是一个复杂的策略棋盘。在这个棋盘上，每一个棋子都有一个特定的角色和影响力，这些角色和影响力就是我们所说的"变量"。这些变量并非简单的身份标签，而是能够用数据和行为来量化的因素，比如员工的工作效率、团队之间的协作质量、项目完成的时效性等。这些变量如同棋盘上的棋步，将它们用逻辑和关联串联起来，就形成了一幅职场生态的地图。这些串联起来的逻辑和关联，我们可以称为"因果链"。为何我们要关注这些因果链呢？因为在职场上，我们常常只关注表面现象，比如业绩不佳就简单归咎于员工不努力，或是沟通不畅就认为是性格不合。然而，真正的高手会深入剖析，比如业绩不佳可能是因为市场策略有误，或是团队协作存在障碍；沟通不畅可能是因为信息传达不明确，或是缺乏有效的反馈机制。

通过识别和构建这些因果链，我们能够更准确地把握职场中各种现象背后的原因和逻辑，从而更有效地制定策略，解决问题，推动职场生态的健康发展。

2. 常见的因果理解误区

误区一：只看表面。比如喝咖啡能提神，但不是咖啡直接让你精神好，而是咖啡里的咖啡因让你的新陈代谢加快，然后你才精神。

误区二：迷信数据。有个说法，尿布和啤酒放一块儿能多卖，但这不代表它们之间真有直接联系。有时候，数据只是表象，并不说明真正的原因。

误区三：弄反了原因结果。很多人会认为是成本决定了价格，其实是价格决定了成本。卖得贵不是因为你造得贵，而是因为顾客愿意出那个价。

再复杂的事情，说到底就那两码事：一个变量是让另一个变量变强还是变弱。简单的事情别想复杂，复杂的事情想简单。

三、结构化倾听

在理解洞察力和因果链的基础上，结构化倾听可以看作沟通中的一个进阶技能。洞察力使我们能够透视表象，捕捉对话中的深层次意义；因果链则帮助我们理解事件间的相互作用和结果。结构化倾听巧妙地将这两种能力整合应用于实际对话中，使我们能够更全面地理解对话内容的情绪、事实和期望，从而做出更为精准的响应。

1. 什么是结构化倾听

结构化倾听就是在倾听时将信息分类处理。想象你在听一个复杂的故事，如果能把故事中的情感、事实和对方的期望分开来看，就能更清楚地理解整个故事。

2. 结构化倾听的方法

（1）识别情绪：对方讲话时，首先感受对方的情绪，是高兴的、紧张的还是有点儿沮丧？这些情绪都会影响他们说话的方式。

（2）确认事实：找出对方讲的哪些是真真切切可以查证的事实，比如，“项目延期了两周”，这是个事实。

（3）理解期待：明白对方说这些话的目的是什么，是希望你帮忙解决问题，还是仅仅需要一个听众。

3. 结构化倾听的作用

简单地说，结构化倾听就像是给你的耳朵加了一个超级滤网，不仅听到了声音，还能把这些声音里的情绪、事实和期待过滤出来，帮助你做出更合适的反应。这样的技能，无论是在工作还是生活中都极其宝贵。当我们用这种方法听别人说话，不仅能更好地理解他人的需求，还能根据对方的真正意图做出反应，可以减少误解，还可以加强双方的关系，因为对方会感觉到真正被理解。

4. 在日常生活中应用结构化倾听

（1）用餐场景。

事实：你和朋友在饭店吃饭，有一道菜迟迟不上。

情绪：朋友因为等待时间过长而感到着急。

期待：朋友希望服务员能尽快上菜，或者如果无法及时上菜，希望能取消这道菜。

（2）人际交流。

事实：朋友抱怨最近工作压力大。

情绪：其实朋友可能是感到完成工作的效率比较低，想通过系统学习提升自己的能力，但现在没有那么多时间去系统学习，朋友的情绪是想快速提升能力的焦虑。

期待：朋友期待得到理解、支持或建议。

（3）工作沟通。

事实：你作为一个活动项目负责人，收到团队成员关于项目进度的反馈，指出存在进度延误的问题。

情绪：团队成员可能因为担心项目进度受到影响而感到焦虑或沮丧。

期待：团队成员可能期待你能够提供解决方案或资源支持，以帮助他们克服当前的困难。

案例故事：“地震男孩”：长大后，我真的成了你

拓展延伸

1.《清醒：如何用价值观创造价值》，作者：［美］弗雷德·考夫曼，王晓鹂译，中信出版社。

2.《向前一步》，作者：［美］谢丽尔·桑德伯格，颜筝、曹定、王占华译，中信出版社。

生涯实践

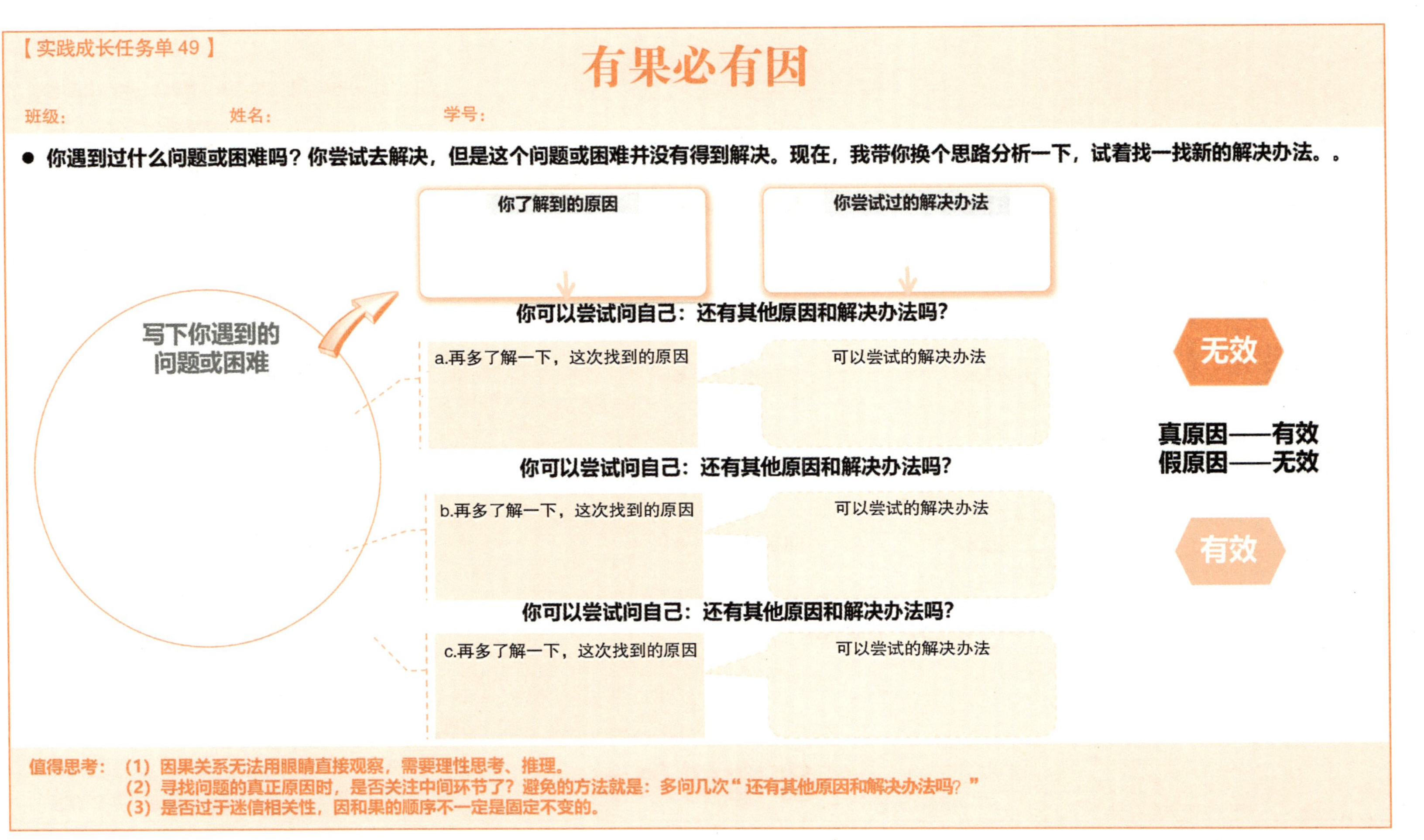
【实践成长任务单 49】
有果必有因
班级：
姓名：
学号：
● 你遇到过什么问题或困难吗？你尝试去解决，但是这个问题或困难并没有得到解决。现在，我带你换个思路分析一下，试着找一找新的解决办法。。
写下你遇到的问题或困难
你了解到的原因
你尝试过的解决办法
你可以尝试问自己：还有其他原因和解决办法吗？
a.再多了解一下，这次找到的原因
可以尝试的解决办法
你可以尝试问自己：还有其他原因和解决办法吗？
b.再多了解一下，这次找到的原因
可以尝试的解决办法
你可以尝试问自己：还有其他原因和解决办法吗？
c.再多了解一下，这次找到的原因
可以尝试的解决办法
无效
真原因——有效
假原因——无效
有效
值得思考：（1）因果关系无法用眼睛直接观察，需要理性思考、推理。
（2）寻找问题的真正原因时，是否关注中间环节了？避免的方法就是：多问几次“还有其他原因和解决办法吗？”
（3）是否过于迷信相关性，因和果的顺序不一定是固定不变的。

【实践成长任务单 50】

神奇的眼睛

班级：　　　　姓名：　　　　学号：

● 尝试从最常见的事物中发现不一样。

■ 看一眼，再看一眼

第一眼看到的：________

第二眼看到的：________

第一眼看到的：________

第二眼看到的：________

第一眼看到的：________

第二眼看到的：________

◆ 尝试从“日常”中看出“不同”

◆ 我从平常的________中发现了________不一样

◆ 我从平常的________中发现了________不一样

◆ 我从平常的________中发现了________不一样

◆ 我从平常的________中发现了________不一样

◆ 我从平常的________中发现了________不一样

◆ 我从平常的________中发现了________不一样

值得思考：换一个视角，可能发现很多的不一样。

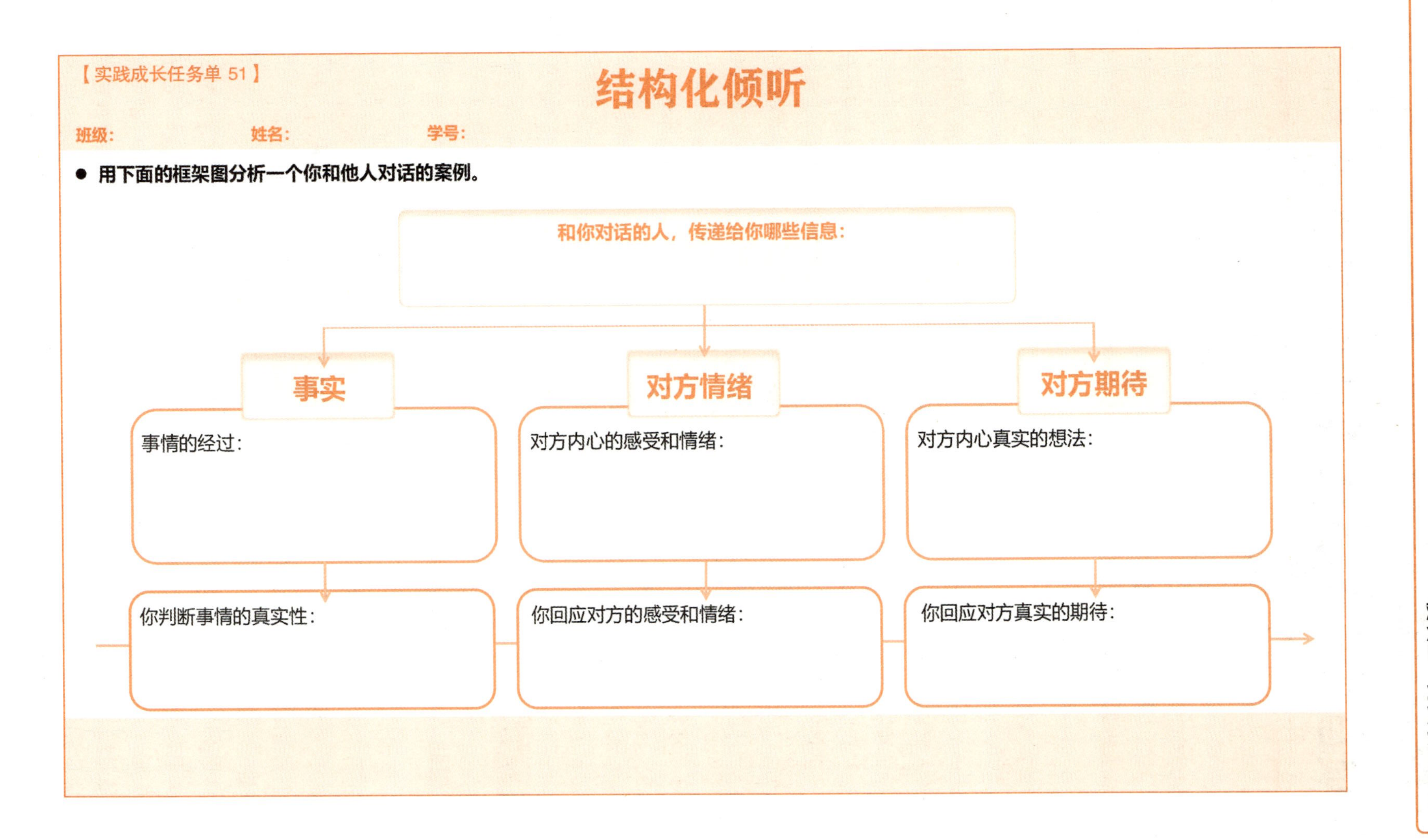

【实践成长任务单 51】

结构化倾听

班级：　　　　姓名：　　　　学号：

● 用下面的框架图分析一个你和他人对话的案例。

和你对话的人，传递给你哪些信息：

事实

事情的经过：

你判断事情的真实性：

对方情绪

对方内心的感受和情绪：

你回应对方的感受和情绪：

对方期待

对方内心真实的想法：

你回应对方真实的期待：

项目 3.6 夯实表达软实力

生涯名言

优势从来不是不遭遇陷阱的能力，而是绕过陷阱的能力。

——埃米尼亚·伊贝拉

生涯思考

李华是一个年轻有为的职场新人，她毕业于一所名牌大学，拥有出色的专业技能。然而，在刚进入职场时，她发现仅仅依靠专业技能并不足以让她在职场中脱颖而出。于是，她开始注重培养自己的软实力，尤其是表达能力。

李华深知表达是职场沟通的基础，因此她利用业余时间参加各种演讲比赛和辩论会，锻炼自己的口才和表达能力。同时，她还积极参加团队项目，学习如何与不同背景、不同性格的人进行有效沟通。经过一段时间的努力，李华的表达能力得到了显著提升。她能够清晰、准确地表达自己的想法，与同事和客户建立了良好的关系。在工作中，她能够迅速融入团队，成为团队中的佼佼者。凭借出色的表达软实力，李华在职场中取得了不俗的成绩。她不仅获得了领导的赏识和信任，还赢得了同事们的尊重和认可。她相信，只要继续不断地学习和提升自己，她的职业生涯一定会更加光明。

这个案例告诉我们，表达软实力在职场中至关重要，通过不断的学习和实践，我们可以提升自己的表达能力，成为更加优秀的职场人。

生涯理论

一、借助“4P”法展示优势

“4P”营销是由美国营销学家杰罗姆·麦卡锡（Jerome McCarthy）在20世纪60年代提出。该理论将市场营销活动归结为四个基本策略的组合，即产品（Product）、价格（Price）、渠道（Place）和促销（Promotion），由于这四个词的英文字头都是P，所以简称为“4P”。接下来，我们将借助“4P”法展示自我能力优势，具体如下：

1. 产品

将自己想象成一个产品，可以帮助我们更全面地审视自我、定位个人价值并思考如何在不同的环境中脱颖而出。首先，从内在素质考虑，我的内在品质是诚实、正直、有责任心和持续学习的能力。是否注重个人成长，不断提升自己的知识、技能和道德素养，确保在任何情况下都能展现出高水平的职业素养和道德标准。其次，从个人定位上能够清晰地定位自己的个人品牌，明确自己的职业目标和个人价值观。最后，从能力上判断是否拥有扎实的专业知识和技能以及能否在工作和学习中高效完成任务，为团队或组织创造价值。最后，在面对复杂的问题时，能否保持冷静，运用逻辑思维和创新思维来找到最佳解决方案，以此来对自我进行精准定位。

2. 价格

要想获得期望的薪资，还需要综合考虑市场需求、竞争环境以及企业要求等多个方面。首先，深入分析市场需求，研究所在行业的薪资水平和发展趋势，了解哪些技能或领域在当前市场上更具价值。其次，明确自己的职位定位，包括职位的市场价值、行业内的平均薪资范围以及高绩效者能获得的薪资水平。最后，基于市场需求、个人竞争力和公司情况，合理设定自己的期望薪资范围。确保这个范围是灵活的，以便在谈判中调整策略，实现自己的薪资目标。

3. 渠道

在职场中，渠道是获取资源、信息、机会以及实现职业发展的重要途径。首先，求职者要积极关注招聘网站、社交媒体、人才市场等渠道，从这些渠道中获取招聘信息，以便及时投递简历并参加面试。其次，入职前要对公司的文化和业务有基本的了解，更好地适应新职位的要求。最后，要积极参加与业务相关的培训课程、研讨会、工作坊等活动，不断学习和提升自己的专业能力。

4. 促销

在职场中，需要明确个人品牌与定位才可以在职场中脱颖而出，实现个人职业目标。首先要确定个人品牌，明确自己的专长、价值和优势并将其与目标行业或岗位的需求相匹配，构建一个独特而有吸引力的个人品牌。其次，要时刻注意自身的仪表仪容，保持整洁、得体的着装和仪态以展现专业形象。最后，在自我促销过程中以事实和数据为依据，增强说服力和可信度。求职面试中的“4P”自我展示技巧如图 3-6-1 所示。

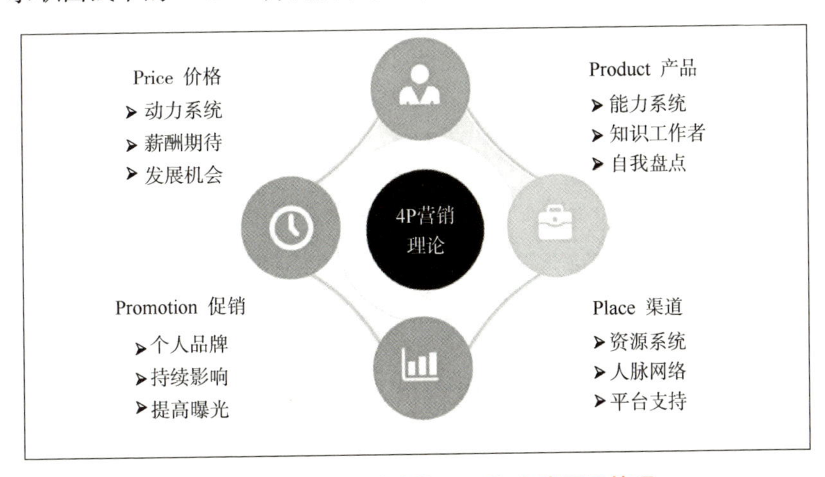

图 3-6-1　求职面试中的“4P”自我展示技巧

二、STAR 故事法

在职场中，沟通无处不在，无论是与上级、同事还是客户的交流，都离不开有效的沟通技巧。掌握沟通的艺术，不仅有助于提升工作效率，还能为个人的职业生涯增添不少亮点。下面，我们将结合成就故事和细节 STAR 故事法，来探讨如何在职场中掌控沟通。让我们通过一则成就故事来感受沟通的重要性。

张强是一位项目经理，他带领的团队在项目执行过程中遇到了诸多挑战。面对这些挑战，张强并没有选择逃避或抱怨，而是积极与团队成员、客户以及上级进行沟通。他通过倾听、理解和反馈，成功地协调了各方面的资源，最终带领团队克服了困难，顺利完成了项目。这个故事告诉我们，有效的沟通能够化解矛盾、凝聚人心，为工作的顺利进行提供有力保障。

问题：如何提高职场中的沟通效率？——STRA 故事法。

STAR 分别代表 Situation（情境）、Task（任务）、Action（行动）和 Result（结果）。在运用 STAR 故事法时，我们需要关注以下几个关键点：

（1）Situation（情境）：描述沟通发生的背景和情境，包括时间、地点、人物等要素。这有助于我们更好地理解沟通发生的原因和背景。

（2）Task（任务）：明确沟通的目的和任务，即希望通过沟通达到什么目标。这有助于我们在沟通过程中保持清晰的方向和重点。

（3）Action（行动）：详细描述在沟通过程中采取的行动和策略。这包括如何倾听、表达、提问和反馈等具体技巧的运用。

（4）Result（结果）：总结沟通的成果和收获，包括对方的反应、问题的解决以及个人能力的提升等方面。

通过运用 STAR 故事法，我们可以将沟通过程具象化、系统化，从而更好地掌握沟通技巧和方法。同时，我们还可以在每次沟通后进行反思和总结，找出自己的不足之处，不断提升自己的沟通能力，为自己的职业生涯打下坚实的基础。

三、面试自我介绍及回答问题技巧

1. 面试自我介绍。

下面是一则自我介绍的示例：

尊敬的面试官

您好！

我叫×××，毕业于××大学××专业，非常感谢您给我这次面试的机会。我对贵公司的业务和文化非常感兴趣，希望能够加入这个优秀的团队，共同为公司的发展贡献力量。

在大学期间，我通过系统的课程学习和实践锻炼，掌握了扎实的专业知识，并积累了丰富的实践经验。我曾在××公司实习过，负责××项目，通过团队协作和个人的不懈努力，成功完成了项目目标，并获得了领导和同事的认可。这段经历让我深刻认识到，职场中不仅需要专业技能，更需要良好的沟通能力和团队协作精神。

在理论学习与实践相结合的磨炼下，我具备了较强的学习能力和适应能力，在××方面，我能够迅速适应新环境要求，快速进入任务。同时，我也注重自我提升和成长，不断学习和掌握新知识、新技能，以应对职场的挑战和变化。

在未来的工作中，我将继续保持认真负责、积极进取的态度，不断提升自己的职业素养和能力水平。我相信，在贵公司的平台上，我能够充分发挥自己的优势，为公司的发展贡献自己的力量。

再次感谢您给我这次面试的机会，期待能够加入贵公司，与优秀的同事们一起共事，共同创造更加美好的未来。谢谢！

2. 自我介绍的注意事项

在面试自我介绍时，有几个关键的注意事项可以帮助你给面试官留下良好的印象，并展示你的专业素养和潜力。

第一，要简明扼要。面试官的时间有限，因此在自我介绍时要尽量精炼，突出重点。用简洁明了的语言介绍自己的基本信息、教育背景、工作经验和技能特长。避免冗长啰唆，让面试官能够快速了解你的核心优势。

第二，要突出亮点。在自我介绍中，要突出你的亮点和特色，展示你的独特之处。这可以包括你的专业技能、项目经验、获奖情况、个人成就等。用具体的例子和事实来支撑你的陈述，让面试官更加信任和认可你的能力。

第三，要展现态度。在面试中，态度非常重要。你要展现出自信、积极、乐观的态度，让面试官感受到你的热情和动力。同时，也要表现出谦虚、谨慎、学习的态度，表明你愿意接受挑战和不断提升自己。

第四，要适应场合。在面试自我介绍时，要注意场合和氛围，根据公司的文化和面试官的要求来调整自己的表达方式和内容。例如，在一些注重创新和创意的公司，你可以适当突出自己的创意能力和思维方式；而在一些注重稳定和传统的公司，则更侧重于展示自己的稳定性和执行力。

第五，要做好准备。在面试前，要提前了解公司的背景、业务和文化，以便在自我介绍中能够针对性地展示自己的优势和匹配度。同时，也要准备好可能会被问到的问题，提前思考回答的思路和表达方式。

总之，在面试自我介绍时，要简明扼要、突出亮点、展现态度、适应场合并做好准备。通过良好的自我介绍，你可以给面试官留下深刻的印象，为成功获得职位打下坚实的基础。

3. 面试回答问题的技巧

面试回答问题的技巧是每位求职者都需要掌握的关键能力。通过有效的回答技巧，不仅能展现出自己的专业素养和综合能力，还能给面试官留下深刻的印象。以下是一些面试回答问题的技巧：

第一，认真倾听问题。在回答问题之前，务必确保自己完全理解了面试官的问题。有时候，面试官的问题可能包含多个层面，因此需要认真倾听并思考，确保自己的回答能够全面、准确地回应问题。

第二，简明扼要地回答问题。在回答问题时，尽量用简洁明了的语言来表达自己的观点和想法。避免冗长啰唆或离题万里，让面试官能够快速抓住你的核心意思。

第三，结合实例进行回答。在回答问题时，可以结合具体的实例或经验来阐述自己的观点和做法。这样不仅能够让面试官更加深入地了解你的能力和经验，还能够增加回答的说服力和可信度。

第四，展现自信和积极的态度。在面试过程中，要保持自信和积极的态度，展现出自己的专业素养和解决问题的能力。即使遇到不熟悉或不确定的问题，也要保持冷静并尝试给出合理的回答。

第五，注意表达方式和语气。在回答问题时，要注意自己的表达方式和语气。尽量用清晰、流畅的语言来表达自己的观点，避免使用模糊或含糊不清的表达方式。同时，要注意语气的把握，保持平和、友好的语气，让面试官感受到你的诚意和热情。

最后，做好总结和反思。在面试结束后，要及时对自己的回答进行总结和反思。找出自己在回答问题时的优点和不足，并思考如何改进和提升。通过不断地总结和反思，你可以逐渐掌握面试回答问题的技巧。

总之，掌握面试回答问题的技巧对于求职者来说至关重要。通过认真倾听问题、简明扼要地回答问题、结合实例进行回答、展现自信和积极的态度以及注意表达方式和语气等技巧的运用，你可以更好地展现自己的能力和潜力，赢得面试官的青睐。

案例故事：文墨精度

拓展延伸

1. 《思考，快与慢》，作者：［美］丹尼尔·卡尼曼，中信出版社。
2. 《驱动力》，作者：［美］丹尼尔·平克，中国人民大学出版社。
3. 《演讲的力量》，作者：［美］克里斯·安德森，中信出版社。
4. 《非暴力沟通》，作者：［美］马歇尔·卢森堡，华夏出版社。

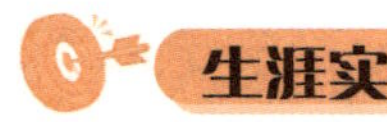

生涯实践

【实践成长任务单 52】

面试第一步

班级：　　　　姓名：　　　　学号：

- 求职面试，你需要一个自我介绍。

自我介绍文字稿

自我介绍自评表

序号	项目	评语
1	基本情况	
2	求职目标	
3	信息获取渠道	
4	对用人单位的了解	
5	优势介绍	

【实践成长任务单53】

4P自我营销

班级： 姓名： 学号：

- **尝试用4P营销理论展示自己的能力优势。**

- 我期待的薪资区间：
- 我掌握的知识有哪些：
- 我期待的发展方向（岗位/路径/空间）：
- 我的核心能力有哪些：

- 我在哪些方面/用什么方式影响他人：
- 我在什么地方/平台和谁一起：
- 他人这样评价我：
- 使用这些能力做了哪些事情：

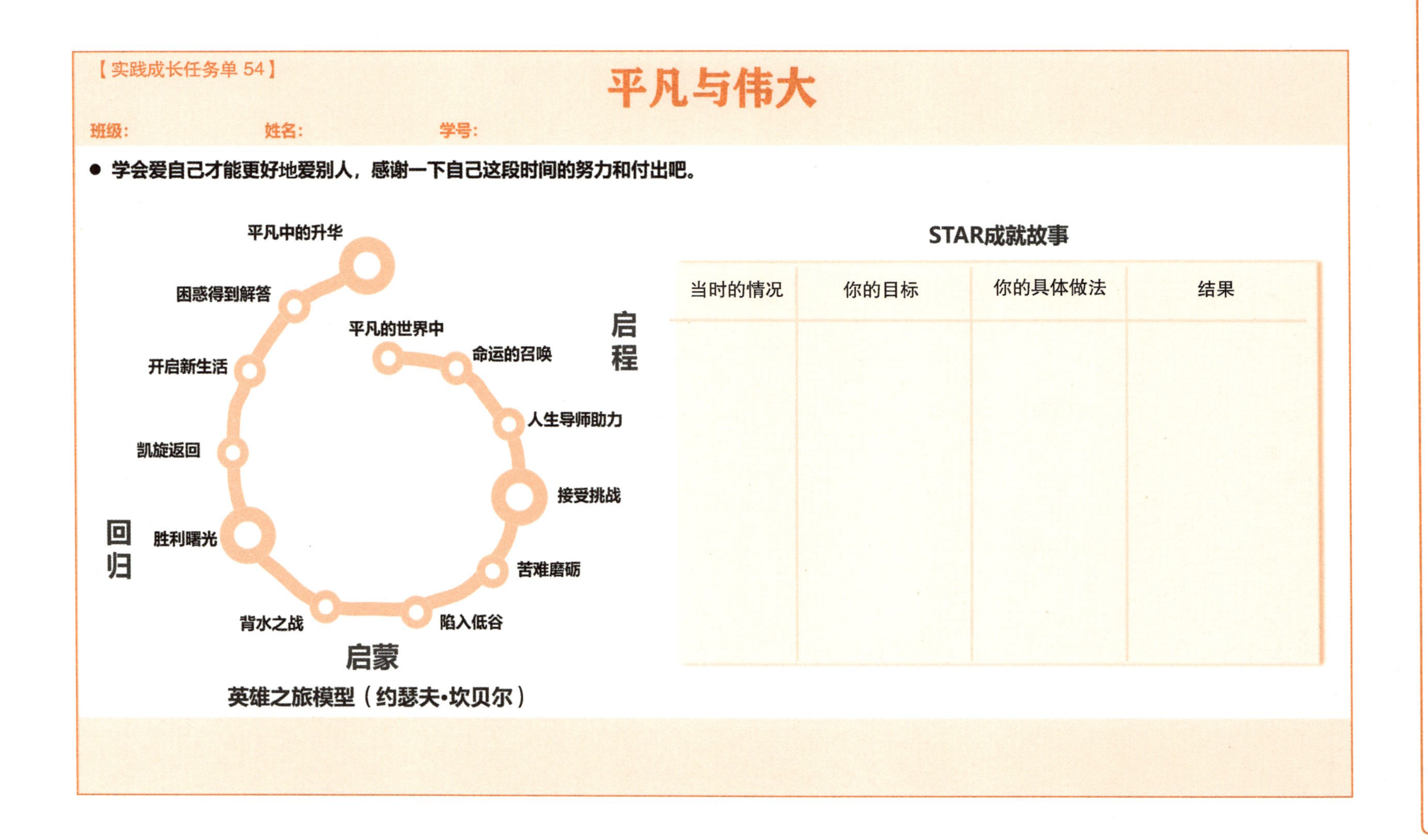

【实践成长任务单 54】

平凡与伟大

班级：　　　　姓名：　　　　学号：

● 学会爱自己才能更好地爱别人，感谢一下自己这段时间的努力和付出吧。

英雄之旅模型（约瑟夫·坎贝尔）

STAR成就故事

当时的情况	你的目标	你的具体做法	结果

模块四

提升职业素养

砥砺前行迎风浪，心定方能稳舵航。

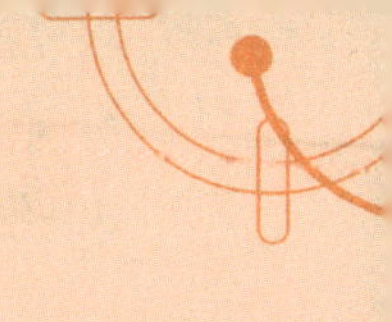

项目 4.1 就业政策及权益

生涯名言

向大目标走去，就得从小目标开始。

——苏霍姆林斯基

生涯思考

小凯毕业以后应聘到一家企业工作，公司人事部门与他签订劳动合同并告知小凯实习期为三个月，工资为每月 1 800 元。小凯觉得工作来之不易，非常珍惜小心，不敢提出质疑，连忙点头答应并在合同上签了字。两个月以后同学聚会，同学小美得知小凯实习工资后，告诉他的公司存在侵犯他劳动权益的行为，是不合法的。因为当时该省人社部门规定的全省最低工资标准是 2 200 元。得知自己的权益受到了侵害，小凯回到公司到人事部门要求补发工资，企业则认为劳动合同内容是双方自愿约定达成，不同意补发工资，你认为公司是否应该补发小凯的工资呢？

生涯理论

一、大学生就业现状

1. 国家重视大学生就业工作

大学生是推动国家经济发展的重要力量，是国家宝贵的人才资源。随着经济新常态的到来，我国的产业发展逐渐扩大到第三产业，由科学技术型向知识信息型产业转变，产业结构的调整对人才的需求提出了更高的要求，同时，也提供了更多的就业机会。

国家对毕业生就业工作高度重视，促进就业政策宣传落实，强化地方性政策加力提效，优化政策性岗位招录安排。大力开拓市场化社会化就业渠道，深化开展校园“访企拓岗”行动；推进实施“万企进校园”计划，充分发挥校园招聘主渠道作用。

鼓励学生多元化就业、创业，支持灵活就业和自主创业，充分挖掘新产业、新业态、新模式带动就业潜力，发挥毕业生专业所长，在创意经济、数字经济、平台经济等多领域灵活就业。

落实创业支持政策，在资金、场地等方面向毕业生创业者倾斜，为高校毕业生创新创业孵化、成果转化等提供服务。同时，对就业困难群体提供帮扶，优先提供指导服务、优先推荐就业岗位、优先开展培训和就业实习，促进大学生平稳就业、充分就业。人力资源和社会保障部实施的“2024 年百日千万招聘专项行动”，在 100 天内为高校毕业生等提供超过千万的就业岗位，助力他们求职就业。

国家提供包括就业指导、职业规划和招聘等在内的全方位服务。高校和地方政府会举办招聘会、就业讲座等活动，帮助大学生了解就业市场和职业发展方向。同时，还有专门的就业服务机构为大学生提供个性化的职业规划和就业指导服务。

国家提供就业指导、职业规划和招聘等相关服务的具体网站包括但不限于以下几个：

（1）国家 24365 大学生就业服务平台。这是一个由教育部主管，教育部学生服务与素质发展中心（原全国高等学校学生信息咨询与就业指导中心）运营的服务于高校毕业生及用人单位的公共就业服务平台。

（2）中国高等教育学生信息网（学信网）。这是一个教育部学历查询网站，也是全国硕士研究生招生报名和调剂指定网站，同时提供了职业规划和就业服务相关信息。

（3）高校毕业生就业服务平台。这是人力资源和社会保障部的平台，提供招聘信息、考试信息、证书查询等功能，同时也提供按岗位或地域查询的就业服务。

（4）中国公共招聘网。该网站提供最新岗位、招聘会和事业单位公开招聘等信息。

（5）中国国家人才网。该网站具有大中城市招聘、精准招聘平台和国际青年交流等功能板块，帮助高校毕业生通过完善个人信息获得平台精准匹配推送的岗位。

（6）职业在线。这是一个国家级招聘求职服务平台，可以在这里完成从创建、编辑、修改、投递简历到查询面试、入职信息等找工作全流程。

2. 行业需求变化大

近年来，大学生就业压力逐渐增大，数量呈递增趋势。2024 年高校毕业生人数达 1 179 万人，比 2023 年增加了 21 万人。经济环境、行业发展等因素也会对大学生就业产生影响，部分企业生产经营面临压力，导致招聘需求有所波动，毕业生数量增加造成同期就业人数增多，竞争压力变大。

随着经济的持续发展和产业结构的不断调整，各行各业对大学生的能力需求也在发生着深刻的变化。这种变化不仅体现在对人才数量的需求上，更体现在对人才质量的渴求上。越来越多的行业开始更加注重大学生的专业性，对他们在特定领域的知识储备、专业技能以及职业素养的要求都变得更加具体和严格。

IT 行业，随着信息技术的迅猛发展，该行业对大学生的能力要求也在不断提升。除了基本的计算机编程技能外，现在更加注重大学生在数据分析、人工智能、云计算等前沿领域的知识储备和实践能力。同时，良好的团队合作精神、创新思维以及解决问题的能力也是 IT 行业所看重的职业素养。

新能源行业，要求学生具备扎实的物理学、化学基础知识，同时要了解新能源技术（如太阳能、风能、生物质能等）的最新进展。掌握新能源系统的设计、安装、调试及运维技能，如光伏电池板的安装与调试、风力发电机的维护等。具备创新思维和解决问题的能力，能够应对新能源技术快速迭代带来的挑战；同时，由于新能源项目往往涉及多个利益相关方，因此良好的沟通协调能力也至关重要。

人工智能与大数据行业，要求学生具备扎实的数学基础（如线性代数、概率论与数理统计）、计算机基础（如数据结构、算法设计）以及人工智能相关理论（如机器学习、深度学习）。掌握 Python、Java 等编程语言，能够开发数据分析模型、机器学习算法，并具备大数据处理和分析能力。具备创新思维和解决问题的能力，能够应对复杂的数据分析任务；同时，良好的团队合作精神和沟通能力也是必不可少的，因为人工智能与大数据项目往往需要跨领域合作。

智能制造行业，要求学生了解机械设计、自动化控制、计算机科学等多学科知识。掌握CAD/CAM 软件操作、PLC 编程、机器人编程等技能，能够参与智能制造系统的设计与实施。具备创新思维和实践能力，能够推动智能制造技术的创新与应用；同时，由于智能制造系统涉及多个环节，良好的沟通协调能力和项目管理能力也是必不可少的。

3. 毕业去向多元化

单位就业依然是主要去向，但应届生选择自由职业、慢就业的比例上升，同时国内继续学习深造的比例也有所提高。例如，2024 年智联招聘的调研显示，应届生慢就业、自由职业的比重分别从 2023 年的 18.9%、13.2%增长到 19.1%、13.7%，国内继续学习的比例从 4.9%提高到 6.5%。2024 届毕业生期望就业的企业类型、去向如图 4-1-1、图 4-1-2 所示。

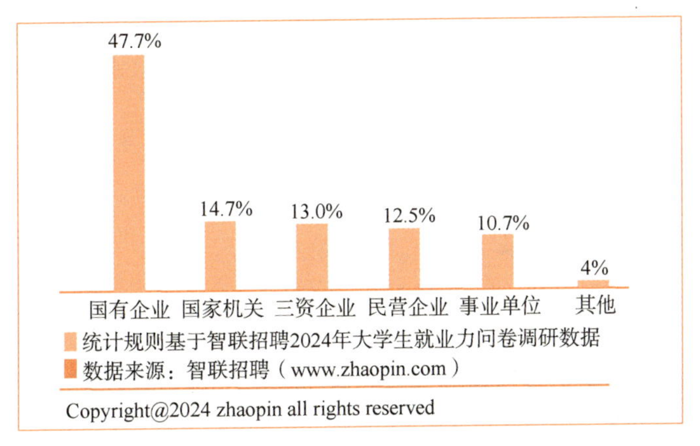

图 4-1-1 2024 届毕业生期望就业的企业类型

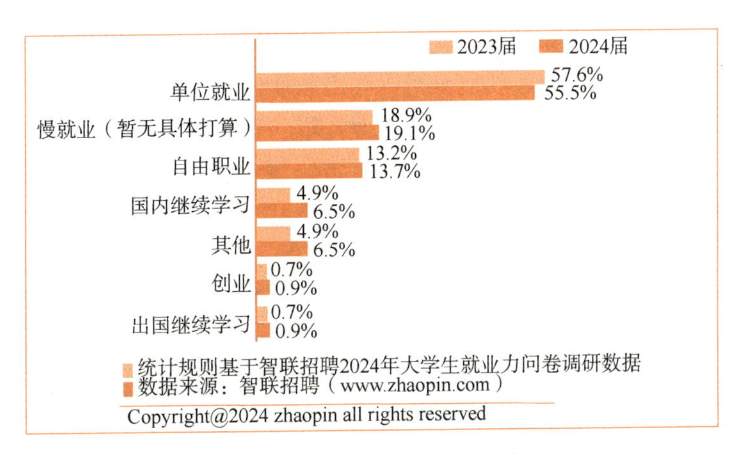

图 4-1-2 2024 届高校毕业生去向

除此之外，受到宏观环境影响大学生就业趋于求稳，抗风险能力和信心不足，期望进入国企工作的应届生比例连续五年上升，从 2020 年的 36%持续上升至 2024 年的 47.7%；而期望进入民营企业的毕业生比例从 2020 年的 25.1%持续下降至 2024 年的 12.5%。

4. 求职行为更积极

2024 届毕业生求职时间提前，60.3%的求职毕业生在 2023 年就开始找工作；投递简历数量增多，39.2%的求职毕业生已投递超 50 份简历；实习经历增加，有过实习经历的应届生占比达 78.4%。大学生找工作呈现准备前置的趋势，同时越来越重视积攒实习经历，开拓自己的就业渠道，同时提升自己的就业能力，打造竞争优势。求职毕业生开始找工作的时间分布如图 4-1-3 所示。

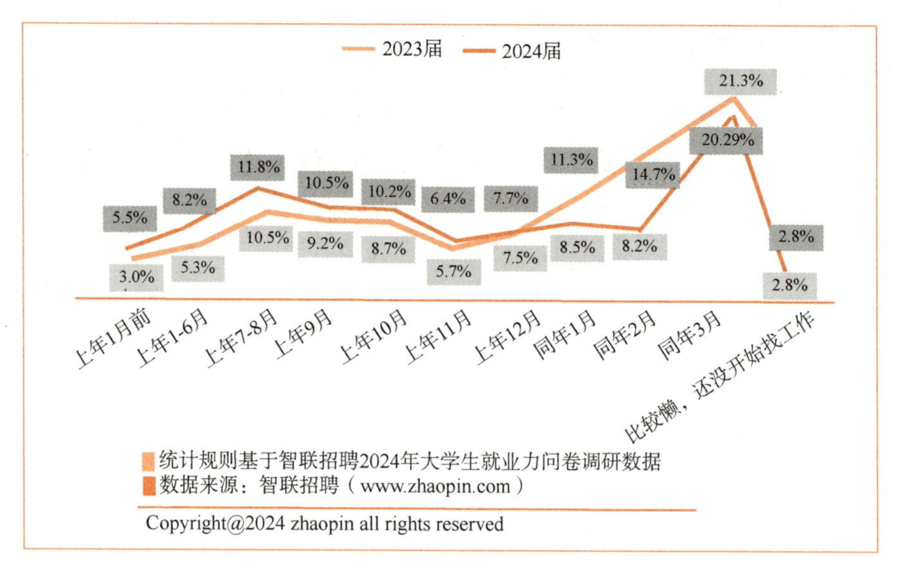

图 4-1-3　求职毕业生开始找工作的时间分布

当然，就业情况会受到多种因素的影响而有所变化，且不同专业、地区的大学生就业状况也可能存在差异。大学生可以关注相关就业信息和政策，提升自身综合素质和专业技能，以更好地适应就业市场的需求。

5. 大学生职业生涯规划不合理现象依然明显

大学生对就业地区、就业渠道、就业岗位的认识不充分，容易受到地方经济、薪资待遇、工作环境等因素影响，没有客观地分析内外因就业情况，根据自身的综合因素及能力做出合理的职业生涯规划。受此影响容易产生就业扎堆、就业竞争、就业差异等问题。四是学生的职业期待与真实的用人需求之间存在着严重错位。大学生呈现热衷于选择公务员、事业单位、央企、国企，而恰恰是民营企业，尤其是中小型企业有广泛的用人需求，为大学毕业生提供了大量工作岗位。这亟需大学生转变就业观念，提振就业信心，顺应社会和市场需求，敢于挑战不确定性，提升承担风险的能力，从依赖某个组织提供“终生”的稳定保障，转变为依赖个人能力提升与资源积累来实现自我保障。

二、劳动合同

1. 劳动合同的内涵

劳动合同是用人单位同劳动者之间确定劳动关系、明确相互权利义务的协议。企业与被招用的人员签订劳动合同时，必须遵守《中华人民共和国劳动法》的相关规定，坚持平等自愿和协商一致的原则，以书面形式进行签订。

2. 劳动合同的内容

劳动合同由用人单位起草，公司会根据自身情况在通用劳动合同书基础上进行补充修改，通常包含法定条款和约定条款。

3. 劳动合同的法定条款

劳动合同的法定条款为法律规定劳动合同中必含内容，并且不能根据签订双方进行修改的，具备这些条款劳动合同才依法成立。劳动合同的法定条款对于保护劳动条件、劳动报酬和违法合同的责任等方面都有相关约束，是对合同双方的保护，很有必要，一般包含以下内容：

（1）劳动合同期限。

依法签订劳动合同期限分为固定期限、无固定期限和以完成一定工作为期限，要在合同中说明合同效力期限，清楚标明合同生效的日期和终止日期。无固定期限合同标注合同生效日期，在履行中只要不出现约定的终止条件或法律规定的解除条件，一般不能解除或终止，劳动关系可以一直存续到劳动者退休为止。

劳动合同期限与实习期相关，劳动合同期限三个月以上不满一年的，试用期不得超过一个月；劳动合同期限一年以上不满三年的，试用期不得超过二个月；三年以上固定期限和无固定期限的劳动合同，试用期不得超过六个月。试用期包括在劳动合同期限中。非全日制劳动合同，不得约定试用期。

（2）工作内容。

工作内容是指用人单位安排劳动者从事什么工作，是劳动者在劳动合同中确定的应当履行的劳动义务的主要内容，包括劳动者入职后的工作岗位、工作性质、工作职责等。

（3）劳动保护和劳动条件。

劳动保护和劳动条件是指在劳动合同中约定的用人单位对劳动者所从事的劳动必须提供的生产、工作条件和劳动安全卫生保护措施。用人单位必须提供符合国家规定的劳动安全卫生条件和劳动保护，保证劳动者完成劳动任务和劳动过程中安全健康保护的基本要求。

（4）劳动报酬。

劳动报酬是指用人单位根据劳动者劳动岗位、技能及工作数量、质量，以货币形式支付给劳动者的工资，包括工资的数额、支付日期、支付地点等以及其他社会保险（养老、失业、医疗、工伤、生育等）待遇。劳动报酬的内容和标准不得低于国家法律、行政法规的规定，也不得低于集体合同中的规定。

（5）劳动纪律。

劳动纪律是指劳动者在劳动过程中必须遵守的劳动规则，包括国家法律、行政法规，用人单位内部制定的规章制度和纪律要求等。

（6）劳动合同的终止条件。

劳动合同的终止条件是指劳动关系终止的客观要求，即劳动合同终止的事实理由。劳动合同中约定的劳动合同终止条件，一般是指劳动者和用人单位在国家法律、行政法规规定的劳动合同终止的条件以外，其他的劳动合同终止的条件。例如，不可抗力造成的合同终止、公司破产、停业等情况。

（7）违反劳动合同的责任。

当事人一方故意或过失违反劳动合同，致使劳动合同不能正常履行，给对方造成经济损失时应承担的法律后果。应依照法律、行政法规的规定承担违约责任。

4. 劳动合同的约定条款

劳动合同除规定的必备条款外，用人单位与劳动者可以本着平等、自愿、协商一致、合法的原则约定试用期、培训、保守商业秘密、补充保险和福利待遇等其他事项，但约定条款不能与国家法律法规相抵触。

5. 劳动合同的签订。

劳动合同是指用人单位与劳动者通过公平公正、平等自愿的原则协商，就所有条款达成一致意见，以书面形式确立双方权利和义务的内容，从而确立劳动关系。

签订劳动合同要注意以下几点：

（1）认真审阅合同的每一项条款，包括是否具备法定条款，是否存在违法条款，是否存在描述不清楚、界限模糊的条款。

（2）用人单位在劳动合同签订过程中不得扣押劳动者的相关证件，收取违法费用或索要财物。

（3）用人单位签订劳动合同当事人应具备合法的主体资格，为用人单位的法定代表人或者其他委托代理人。

（4）劳动合同一式两份，用人单位、劳动者各执一份。

三、就业权益及保障

1. 就业相关法律法规

大学生要增强法律意识，依法就业、合法就业；要主动了解就业相关的法律法规，关注大学生就业政策；明晰权利和义务，权利受到侵犯时，学会用法律武器维护自己的合法权益。

（1）《中华人民共和国劳动法》。

1994年7月5日第八届全国人民代表大会常务委员会第八次会议通过《中华人民共和国劳动法》，根据2009年8月27日第十一届全国人民代表大会常务委员会第十次会议《关于修改部分法律的决定》第一次修正，根据2018年12月29日第十三届全国人民代表大会常务委员会第七次会议《关于修改〈中华人民共和国劳动法〉等七部法律的决定》第二次修正。

劳动法的制定和执行在保护劳动者的合法权益方面具有重要作用。劳动法确认了劳动者所应享有的各项基本权利，如劳动权、劳动报酬权、劳动保护权、休息权、获得劳动安全卫生保护权、接受职业技能培训的权利等。特别是对于妇女、未成年人等特殊劳动者的权益保护，劳动法规定了特别的措施，保证其不被不公平区别对待。

（2）《中华人民共和国劳动合同法》。

2007年6月29日第十届全国人民代表大会常务委员会第二十八次会议通过《中华人民共和国劳动合同法》，2012年12月28日第十一届全国人民代表大会常务委员会第三十次会议进行修正。

《中华人民共和国劳动合同法》的颁布实施，对于更好地保护劳动者合法权益，构建与发展和谐稳定的劳动关系，促进社会主义和谐社会建设，具有十分重要的意义。《中华人民共和国劳动合同法》以劳动者为本，保障劳动关系和谐，是保证企业正常的生产经营秩序、促进经济社会和谐发展的前提和基石。

毕业生在与就业单位签订劳动合同前，要学习了解《中华人民共和国劳动合同法》的相关内容，利用法律法规维护好自身合法权益。

（3）《普通高等学校毕业生就业工作暂行规定》。

为做好普通高等学校（含研究生培养单位）毕业生（含毕业研究生）就业工作，更好地为经济建设和社会发展服务，维护毕业生和用人单位的合法权益，根据国家有关法律和政策，《普通高等学校毕业生就业工作暂行规定》于 1997 年 3 月 24 日颁发。其中明确了毕业生就业工作的职责分工、毕业生就业指导与鉴定、供需见面和双向选择活动、就业计划的制订、调配及派遣工作、接收工作及毕业生待遇、违反规定的处理等。

根据规定，毕业生有接受学校就业教育、就业指导的权益。可借助就业指导部门获取就业相关信息，参加其组办的大学毕业生双选会活动以谋求就业机会；同时学校有义务公平、公正、如实向用人单位推荐毕业生，在此基础上还应择优推荐。

拓展：国家大学生就业服务平台

拓展延伸

1. 《劳动法与社会保障法：原理、材料与案例》，作者：黎建飞，北京大学出版社。
2. 《中华人民共和国劳动合同法》，中国法制出版社。
3. 《大学生职业发展与就业指导》，作者：郑晓明，高等教育出版社。
4. 《大学生就业 21 问》，作者：秦姣，西南财经大学出版社。

生涯实践

【实践成长任务单 55】

求职准备度

班级：　　　　姓名：　　　　学号：

● **用下面的问题检验一下自己的求职准备情况，做一个自我评估。**

序号	项目	自评分数（1~10分）
1	我有清晰的求职目标岗位	
2	我的就业心态是积极、主动的	
3	我知道自己的目标单位在什么时间段招聘	
4	我明确知道自己的求职目标所属的行业、代表组织或单位、岗位要求	
5	我准备好了面试的服装、发型，以及求职礼仪、面试心态调整等知识	
6	针对不同岗位，我为自己准备了不同的求职简历，求职时更具有针对性	
7	我知道招聘的流程、面试的流程以及面试常用方法	
8	我收集并分析了目标单位的聘任要求，并准备了我的成就故事来证明	
9	我准备了自我介绍，有1分钟、3分钟两个版本	
10	我已经准备好了我的生涯规划书	

【实践成长任务单 56】

求职平台多

班级：　　　　姓名：　　　　学号：

● **浏览下面的网站，查阅15~50个感兴趣的职业信息。**

学职平台https://xz.chsi.com.cn/home.action

新职业 https://www.ncss.cn

国聘网 https://www.iguopin.com/

中国公共招聘网 http://job.mohrss.gov.cn/

中国人事考试网 http://www.cpta.com.cn

中国国家人才网 http://www.newjobs.com.cn

500强招聘网 http://www.job500.cn/

中国卫生人才网 http://www.21wecan.com

军队人才网 http:/81rc.81.cn/

电网招聘 http://www.gidwzp.com/

中公教育 https://www.offcn.com

万行教师 https://www.job910.com

汽车人才网 http://www.carjob.com.cn

金融圈 https://www.51jrq.com/

其他招聘网站：应届生求职网、智联招聘、前程无忧、拉勾网、内推网、Boss直聘、猎聘网、赶集网、脉脉、实习僧。

【实践成长任务单 57】

简版规划书

班级：　　　　姓名：　　　　学号：

● **完成自己的生涯规划书。**

<table>
<tr><td>兴趣</td><td colspan="2"></td><td>家庭环境</td><td></td></tr>
<tr><td>能力</td><td colspan="2"></td><td>学校环境</td><td></td></tr>
<tr><td>职业价值观</td><td colspan="2"></td><td>目标城市环境</td><td></td></tr>
<tr><td>性格</td><td colspan="2"></td><td>目标行业
发展趋势</td><td></td></tr>
<tr><td>职业目标及
生涯发展路线</td><td colspan="4"></td></tr>
<tr><td rowspan="2">长期目标
（5年以上）</td><td>具体目标</td><td>具体措施</td><td>起止时间</td><td>考核指标</td></tr>
<tr><td></td><td></td><td></td><td></td></tr>
<tr><td rowspan="2">中期目标
（3~5年）</td><td>具体目标</td><td>具体措施</td><td>起止时间</td><td>考核指标</td></tr>
<tr><td></td><td></td><td></td><td></td></tr>
<tr><td rowspan="2">短期目标
（1年以内）</td><td>具体目标</td><td>具体措施</td><td>起止时间</td><td>考核指标</td></tr>
<tr><td></td><td></td><td></td><td></td></tr>
</table>

项目 4.2 毕业手续及流程

生涯名言

人生的旅途，前途很远，也很暗。然而不要怕，不怕的人的面前才有路。

——鲁迅

生涯思考

小迪是一名应届大学生，大三的时候一直在一家单位实习，可是并没有考虑好是否要留在该单位就业。前一阵，单位组织了实习生的统一考核，小迪顺利通过了考核，单位领导让小迪下周拿着“三方协议”来单位签约。可是小迪并不知道“三方协议”是什么，在哪儿领取，有什么作用。签订了“三方协议”是不是就必须留在这个单位就业了？如果违约了要承担什么后果？应届毕业生的“三方协议”是不是只能签订一次呢？你能为小迪解答这些疑惑吗？

生涯理论

一、就业流程

毕业生通过用人单位系列考核后，用人单位将以电话、邮件、网站等方式通知求职者被成功录用，可办理入职手续。毕业生可选择网上发起三方协议申请（视学校情况是否支持网签），或在毕业学校领取纸质版三方协议，与用人单位办理签订手续。

三方协议签订后可办理个人档案、户口、党员或团员关系转接手续。如用人单位可接收个人档案，可在学校登记派遣至用人单位地址（如用人单位存在委托人才代理机构管理人事关系等情况，由用人单位提供转接地址）。

如用人单位不接收个人档案，或灵活就业、自主创业等情况，学校默认将毕业生档案派遣至学生生源地（一般省内生源至地市级就业主管部门、省外生源至省级就业主管部门）。

党员、团员关系在学校办理转交手续，开具介绍信转接至用人单位，同时注意及时办理线上党员、团员管理系统关系转出转入，就业流程如图 4-2-1 所示。

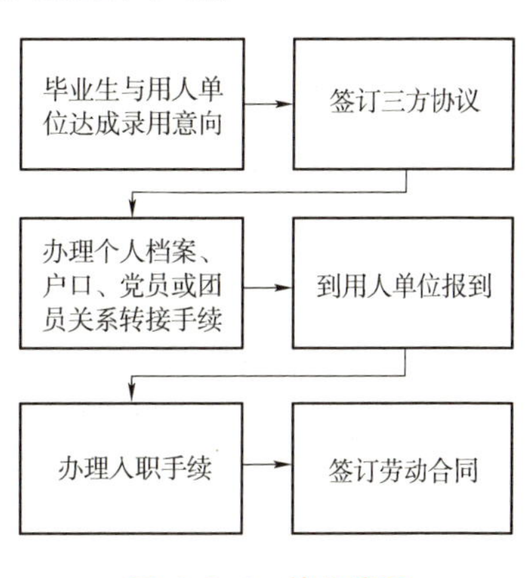

图 4-2-1 就业流程

二、就业协议的签订

1. 三方协议

三方协议是《全国普通高等学校毕业生就业协议书》的简称，由国家教育部或各省、自治区、直辖市就业主管部门统一印制。三方指毕业生、用人单位和学校三方，三方相互关联但彼此独立，就业协议在毕业生完成学业后到用人单位就业，有效期为签约日起至毕业生到用人单位报到止的这一段时间，报道后签订正式劳动合同后自行终止，对保护毕业生就业权利发挥着重要作用。

2. 三方协议的内容

（1）毕业生情况及意见。

毕业生要保证合法就业、依法就业，如实填写个人基本信息部分，包括姓名、民族、性别、年龄、联系方式、专业、学制、学历、家庭住址等。在意见栏的签名处清晰手写签名，标注日期。

（2）用人单位情况及意见。

用人单位要如实提供单位真实基本信息，如单位名称、组织机构代码、单位联系人及联系方式、单位地址等信息。标注清楚单位是否接收个人档案和户口，或提供其他转接地址。在用人单位意见处加盖单位公章。

①学校意见。

学校应核查毕业生是否具有就业资格，如是否能够按时毕业取得学历等。填写真实校方信息如院校地址、负责联系人及联系电话，在用人单位同意录用后，加盖学生就业管理部门印章。

②协议内容。

按《普通高等学校毕业生就业工作暂行规定》的要求，在此部分明确毕业生、用人单位、学校三方具体的权利与义务。

③备注。

协议三方如有补充协议或其他需要单独标注内容可在此部分体现。

3. 填写说明

（1）协议为高校毕业生与用人单位确立聘用关系、明确权利和义务的协议，虽然不是劳动合同，但属于民事合同，具有一定的法律效力。所以在签订时，要认真阅读协议内容，确保无误，自愿签订。

（2）毕业生可通过相关网站核查企业名称与其代码是否一致，公司状况是否存续、是否存在高危高风险情况等信息。

（3）如有其他要求要以书面形式在备注栏详细补充，如约定薪资待遇、签订正式劳动合同时间、实习时间、具体违约条件等。

（4）协议签订时要使用非可擦黑色或蓝色墨水填写，字迹清晰工整，签名不要连笔，如有改动涂抹必须签名或加盖印章，否则视为无效。

（5）毕业生离校后学校不予签署意见。

三、就业协议的解除

就业协议的解除分为违约解除和合法解除。

1. 违约解除

违约解除包括单方擅自解除协议，属违约行为，解约方应承担违约责任。如毕业生不存在违约行为，用人单位未按协议与毕业生签订劳动合同，拒绝录用等情况；或毕业生单方面因协议外个人原因悔约，拒绝入职。违约方应需向另一方承担法律责任。

2. 合法解除

合法解除包含两种情况，一是根据协议内容不满足聘用条件，依法解除。如毕业生未按时取得毕业资格或体检不合格等情况。二是三方协商解除，经三方协商达成一致意见解除协议，使协议不再发生法律效力。三方解除应在就业计划上报主管部门之前进行，如就业派遣计划下达后三方解除，则需要办理就业改派手续。

3. 违约责任

就业协议书一经大学毕业生、用人单位、学校签署即具有法律效力，任何一方不得擅自解除，否则违约方应向权利受损方按协议条款约定进行赔偿。

大学毕业生方发生违约多数是因为选择其他就业单位，或因选择提升学历、外地发展等职业生涯规划变动。大学生要强化契约精神，签订协议前要进行个人就业的全面思考，深思熟虑后再签订协议。大学毕业生违约，除本人应承担违约责任、向用人单位支付违约金外，往往还会造成其他不良的后果，主要表现在以下几个方面：

（1）用人单位利益受损。用人单位组织集中招聘和选拔后与录用毕业生签订三方协议，通常毕业生报到后就会按照用人计划分配到对应岗位。违约行为会造成用人单位招聘人数不满，或浪费人力物力进行补招，或岗位落空一定程度影响其部门运行。

（2）影响学校的声誉和个人诚信。大学毕业生违约行为会被企业认定为学校对其就业教育不力，同时影响该生在行内的个人诚信，影响学校和用人单位的长期合作关系，也影响毕业生在行内就业。

（3）占用其他大学毕业生的就业机会。毕业生签订就业协议意味着占用了当时招聘期其他人的就业资源，在一定程度上影响了其他毕业生就业。

生涯阅读

拓展：《普通高等学校毕业生就业协议书》样本

拓展延伸

1. 《大学生职业生涯规划与就业指导》，作者：刘建华、张卫建，科学出版社。
2. 《“双创”背景下大学生就业创业问题研究》，作者：仝东峰，科学出版社。
3. 《应用型本科大学生就业心理辅导》，作者：肖琪、倪春虎等，电子科技大学出版社。

生涯实践

【实践成长任务单 58】

20年同学会

班级：　　　　姓名：　　　　学号：

- 毕业20年的同学聚会上，大家相互介绍自己的职业情况，聊着职业过程中的……

我的名字：________，我的职业：______________________。

聊到职业的 ________________ 让你有强烈的**幸福感**

聊到职业的 ________________ 让你有强烈的**成就感**

【实践成长任务单 59】

面试前思考

班级：　　　　姓名：　　　　学号：

● **尝试回答下面的问题。**

1.在学校期间，你参加过哪些课外活动，为什么选择这些活动？

2.你对学校组织的哪些课外活动最感兴趣，为什么？

3.你最喜欢哪些课程，最不喜欢哪些课程？

4.如果大学生活可以重来一次，你将会学哪些课程，为什么？

5.你的学弟学妹们想让你给他们一些建议，你会给什么建议？

6.你从勤工俭学、课外活动、社会实践等活动中学到了什么？

7.进入大学后，你参加过哪些竞赛，从中学到了什么？

8.竞争对你有什么影响？

9.针对你了解到的目前就业市场情况，你所学的哪些课程最有用，哪些课程最没用？

10.到目前为止，学校生活中令你最难忘的经历是什么？

11.你的求职目标和所求的岗位不对口，为什么会来申请这个岗位？

12.你将要进入的职业领域特点是日新月异，你今后打算怎么做？

13.你对在学校中的学习成绩满意吗？

14.你认为你的学习成绩能真实地反映你的能力和水平吗？

15.你非常缺乏这个岗位的实际工作经验，你怎么看？

16.你认为你能成功的最大因素是什么？

17.谁对你的影响最大？

18.你经常为什么而感到烦恼？

【实践成长任务单 60】

个人商业图

班级：　　　　　姓名：　　　　　学号：

● **试着填写下面的表格，梳理你的职业目标。**

<table>
<tr>
<td rowspan="2">关键伙伴
谁可以帮助你？</td>
<td>关键活动
我要做什么？</td>
<td rowspan="2">价值主张
我怎样帮助其他人？</td>
<td>客户关系
怎么和对方打交道？</td>
<td rowspan="2">客户细分
我可以帮助哪些人？</td>
</tr>
<tr>
<td>核心资源
我是谁，我拥有什么？</td>
<td>渠道通路
我通过什么方式或途径提供价值？</td>
</tr>
<tr>
<td colspan="2">成本结构
我需要付出什么？时间、金钱、精力、固定成本、可变成本……</td>
<td colspan="3">收入来源
我能获得什么？工资、奖金、投资、成就感……</td>
</tr>
</table>

项目 4.3 就业心态的调适

生涯名言

由预想进行于实行，由希望变为成功，原是人生事业展进的正道。

——丰子恺

生涯思考

一个在面试中常被问到的问题

在面试的时候，面试官通常会问一个问题：你未来三五年的职业规划是什么？

你的反应是：

A：什么？三五年的计划？我连现在都没有想好呢！

B：我为自己做了职业规划，我的职业目标是……

根据一些关注求职市场的机构收集到的求职信息，以及一些被访的求职者的经历来看，对于刚毕业的大学生来说，类似的面试问题是一个无法逃避的问题，你总要给出你的答案。

有人回答说："我打算在一年内当上主管，三年内当上经理，五年当上总监。"

还有人回答说："我想先能养活自己，然后能在这里定居。"

也有人回答说："我想先找一份稳定工作，然后边工作边学习。"

那这个问题具体应该怎么回答呢？很多人都会很纠结：

(1) 表现得太踏实苦干了，可能会让人觉得没进取心。

(2) 职业目标描述得太明确，会被质疑太在意外部激励而缺乏内部动机。

(3) 我还没想清楚！

还有很多类似的回答，如果是你，你会怎么说？

生涯理论

一、"三点连一线" 确定你的职业目标

1. 三点：要什么、有什么、凭什么

对于许多人而言，一个常见的问题是："我该如何定位自己的职业？"

如果把职场比作一片森林，我们在其中打猎，那么首先需要了解森林里有哪些猎物，如犀牛、梅花鹿、狍子、兔子和野鸡。我们想要猎取什么，目光就会聚焦在那里，这就是判断自己需求的过程。如果我们决定猎取犀牛，因为它体型大且易于捕捉，那么接下来就需要审视手中的工具，确认是否能够成功猎取犀牛。也许手中的工具只适合捕捉梅花鹿，这时就需要对自己的资源、能力和优势有清晰的认知，思考我们凭什么能够成功捕捉到目标猎物。

同样，在职场这片大森林中，有成千上万的职业机会，每个人的视野里都有自己看到的

职业群体和许多目标。当我们选择某个职业机会或岗位时，也需要思考我们凭什么能够达到这个目标。

“三点连一线”是一个很好的做职业定位的方法。它原本是一个射击术语，指的是射击时从视觉点出发，通过准心的对焦，再聚焦到目标物的原理。

在做职业定位时，需要把（我）要什么、（职场）有什么、（我）凭什么（能力）获得这份工作，三者结合起来思考，最终找到自己的职业目标。职业定位：三点连一线如图 4-3-1 所示。

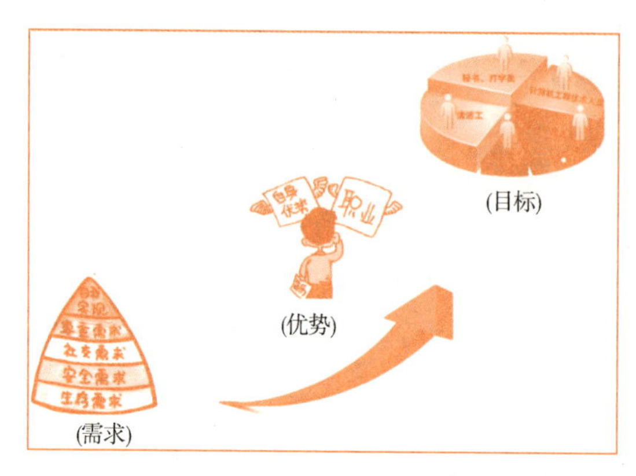

图 4-3-1　职业定位：三点连一线

（1）（我）要什么：指的是个人的职业目标或需求，包括理想的工作岗位、职业发展方向、期望的收入水平、工作与生活平衡等。这是生涯规划的起点，明确“要什么”有助于个人建立清晰的职业愿景。

（2）（职场）有什么：指的是个人当前所具备的资源和能力，包括教育背景、专业技能、工作经验、人际关系网、个人兴趣等。这是评估个人实现职业目标的基础，了解“有什么”有助于个人认识自己的优势和劣势。

（3）（我）凭什么（能力）：指的是个人实现职业目标所需的关键要素或条件，包括核心竞争力、行业趋势把握、持续学习能力、适应变化的能力等。这是连接“要什么”和“有什么”的桥梁，明确“凭什么”有助于个人制订切实可行的行动计划。

2. 使用方法

（1）明确“要什么”。

通过自我探索和外部调研，明确自己的职业兴趣和方向。

设定短期和长期的职业目标，确保这些目标是具体、可衡量、可达成、相关性强且有时间限制的（SMART 原则）。

（2）评估“有什么”。

全面梳理自己的教育背景、专业技能、工作经验等资源和能力。

使用工具如 SWOT 分析（优势、劣势、机会、威胁）来识别自身的优势和劣势。

（3）分析“凭什么”。

识别出实现职业目标所需的关键能力和资源。

分析自身是否具备这些关键能力和资源，如果不具备，则制订计划来培养和获取它们。

（4）制订行动计划。

基于“要什么”和“凭什么”的分析结果，制订切实可行的行动计划。

将长期目标分解为短期目标，并设定具体的时间表和里程碑。

（5）执行与调整。

按照行动计划执行，并在执行过程中保持灵活性。根据外部环境变化和自身成长情况及时调整和优化规划方案。

（6）持续反馈与评估。

定期对自己的职业进展进行评估，确保自己仍在正确的轨道上前进；寻求来自导师、同事或专业人士的反馈，以便更好地了解自己的表现和进步空间。

通过运用“三点一线”模型，可以更加系统地规划自己的职业生涯，提高实现职业目标的成功率。

二、“准职场人”身份与心态的调适

1. 学生与职场人的区别

人的一生中经历着多重角色的转换，其中，从学生到职场人的转变尤为关键，标志着一个重要的生命阶段转折。

在校期间，大学生的核心任务是广泛学习专业知识及其他多方面的知识，培养以专业能力为核心的各种技能。教学大纲为同学们提供了清晰的学习路径，学术氛围鼓励师生间的深入讨论，整个环境以知识获取为导向。在此阶段，大学生往往处于被动地位，被要求听话、遵守规则，能力要求相对单一，但学习能力强，生活节奏规律。

然而，职场人的角色则截然不同，不仅需要具备扎实的基础知识和业务能力，还要能遵守职业规范，履行工作职责，并实现经济上的独立。职场人必须学会服从领导和管理，迅速适应不同的管理风格，面对快节奏的生活、严格的上下班时间、繁重的工作任务、有限的自由时间，以及复杂的人际关系等挑战，职场人被要求表现出主动性、创新思维和多元化的能力，同时需要具备强大的问题解决能力和适应无规律生活的能力。

在这种背景下，学生所期望的回馈是明确、直接的，付出与回报之间的关系相对确定且成正比。而职场人的回馈则充满不确定性，付出可能无法及时获得回报，甚至可能完全没有回报。因此，许多学生在从学生到职业人的转变过程中会遇到诸多困惑和挑战。学生与职场人的区别如图4-3-2所示。

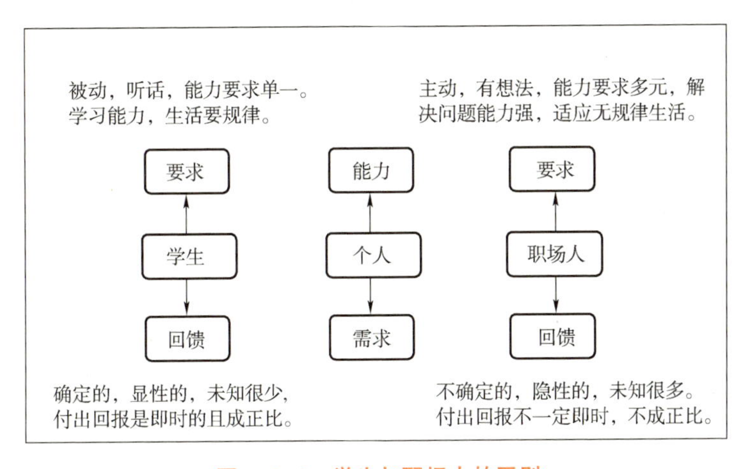

图4-3-2 学生与职场人的区别

2. 实现心态转变的策略

首先，学会独立，增强心理承受能力。要学会主动承担责任，保持谦逊和谨慎，为每件事设计三种以上解决方案。学会从被动接受知识转变为主动探索知识，将“索取”的心态转变为“贡献”的心态，这是成为职场人的关键所在。

其次，转变思维方式。学生思维往往缺乏斗争意识、高度体制化、轻信他人、重感情、思维封闭和固化。而职场则是以利益为导向的，因此需要从封闭性思维转向开放性思维，从单一性思维转向多维性思维，从保守性思维转向创造性思维。

再次，不断扩展自己的能力范围。入职后，会发现工作内容与大学所学并不完全一致，这时就需要在业余时间学习新的技能，除了专业技能外，还应提升综合能力，如创新创造能力、组织沟通能力、抗压能力、适应能力等。

最后，增强行动能力。大多数学生的行动力或执行力相对较弱，而企业更需要的是实干家而非思想家。因此，大学生需要改变在校期间高谈阔论、喜欢争辩的行为模式，积极行动，把自己培养成行动派。

三、人生 ABC+Z 条路线

人生 ABC+Z 条路线是一种个人生涯规划的策略，帮助个人在面对不确定性和风险时，能够有多种选择和退路。

1. A 计划：主业工作

A 计划代表你首先想选择的工作，可以是你职业生涯的核心选项，可以是你稳定收入的来源，也可以是你专业技能和经验的积累平台。

面对 A 选项的策略：

按部就班地完成工作中所需要完成的计划任务。

不断提升自己的专业技能和职业素养，以保持在职场上的竞争力。

关注行业动态和市场趋势，及时调整自己的职业规划和发展方向。

2. B 计划：备选职业或副业

B 计划代表如果无法实现 A 工作会从事的领域，是备选职业或副业，用于应对职业生涯中的不确定性，是你的可能性，布局人生的“第二曲线”。但有些机会可遇而不可求，且机会是留给有准备的人的，你需要配得上这个机会，比如有机会邀请你，你也要能接得住。

面对 B 选项的策略：

探索自己感兴趣且有一定基础的领域，作为备选职业或副业的发展方向。

积累相关的知识和技能，提升自己的跨界能力。

建立自己的副业网络和人脉资源，为将来的转型做好准备。

3. C 计划：梦想与挑战

C 计划代表一个疯狂的想法或梦想，可以是任何你想要追求但目前可能还无法实现的目标。

面对 C 选项的策略：

勇敢地提出自己的梦想和挑战，不要害怕失败或被嘲笑。

制订详细的计划和步骤，逐步实现自己的梦想。

寻求支持和帮助，包括家人、朋友、导师或合作伙伴等。

4. Z 计划：幸福底线与保障

Z 计划代表幸福底线，是出现最糟糕的情况时，你能够安享人生、体会最简单幸福的退路或保障。

面对 Z 选项的策略：

积累一定的储蓄和资产，以应对突发的经济风险。

建立自己的社会保障网络，包括医疗保险、养老保险等。

培养一种简单而幸福的生活方式，即使在最困难的时候也能保持心态平和。

5. 综合策略

并行推进：人生 ABC+Z 条路线并不是单线选择，是可以并行推进的，可以同时打造这四种平行世界的能力和资源，然后择机实现。

灵活调整：根据外部环境和个人情况的变化，灵活调整自己的计划和策略，不固守成规，敢于尝试新事物和挑战自我。

持续学习：保持学习的热情和动力，不断提升综合素质和竞争力，适应不断变化的世界。

总之，人生 ABC+Z 条路线是一种全面而灵活的生涯规划策略，它能够帮助你更好地应对职业生涯中的不确定性和风险，实现更加丰富和有意义的人生。

有了自己的 ABC+Z 计划，以后走哪条路，都掌握在自己手里。比如，某位毕业生，目前在互联网公司工作，工作稳定，收入尚可，努力学习技能也能够稳步提升（A 计划）。现在他空闲的时间会去学习一些网络课程，看看自己是否还有更喜欢的行业可以选择（B 计划），报名学习英语课程。在他心里一直有一个梦想，想要骑行去一次西藏，目前在进行一些专业训练（C 计划）。他把每个月收入的一部分拿来存储和理财，为自己准备一份小资产，这也是以后离职或者转行的底气和保障（Z 计划）。

每个人都可以制定这样的人生 ABC+Z 策略。

案例故事：三个砌墙工

拓展延伸

1.《现在，发现你的优势》，作者：［美］白金汉 · 克利夫顿，方晓光译，中国青年出版社。

2.《拆掉思维里的墙》，作者：古典，中信出版社。

3.《你的降落伞是什么颜色》，作者：［美］理查德 · 尼尔森 · 鲍利斯，李春雨、王鹏程、陈雁译，中国友谊出版公司。

生涯实践

【实践成长任务单 61】

三点连一线

班级：　　　　姓名：　　　　学号：

● 如果你要去旅行，出发前要思考清楚“要什么”“有什么”“怎么去”，开启职业之旅也要先想清楚这三个问题，然后旅程才会更轻松。

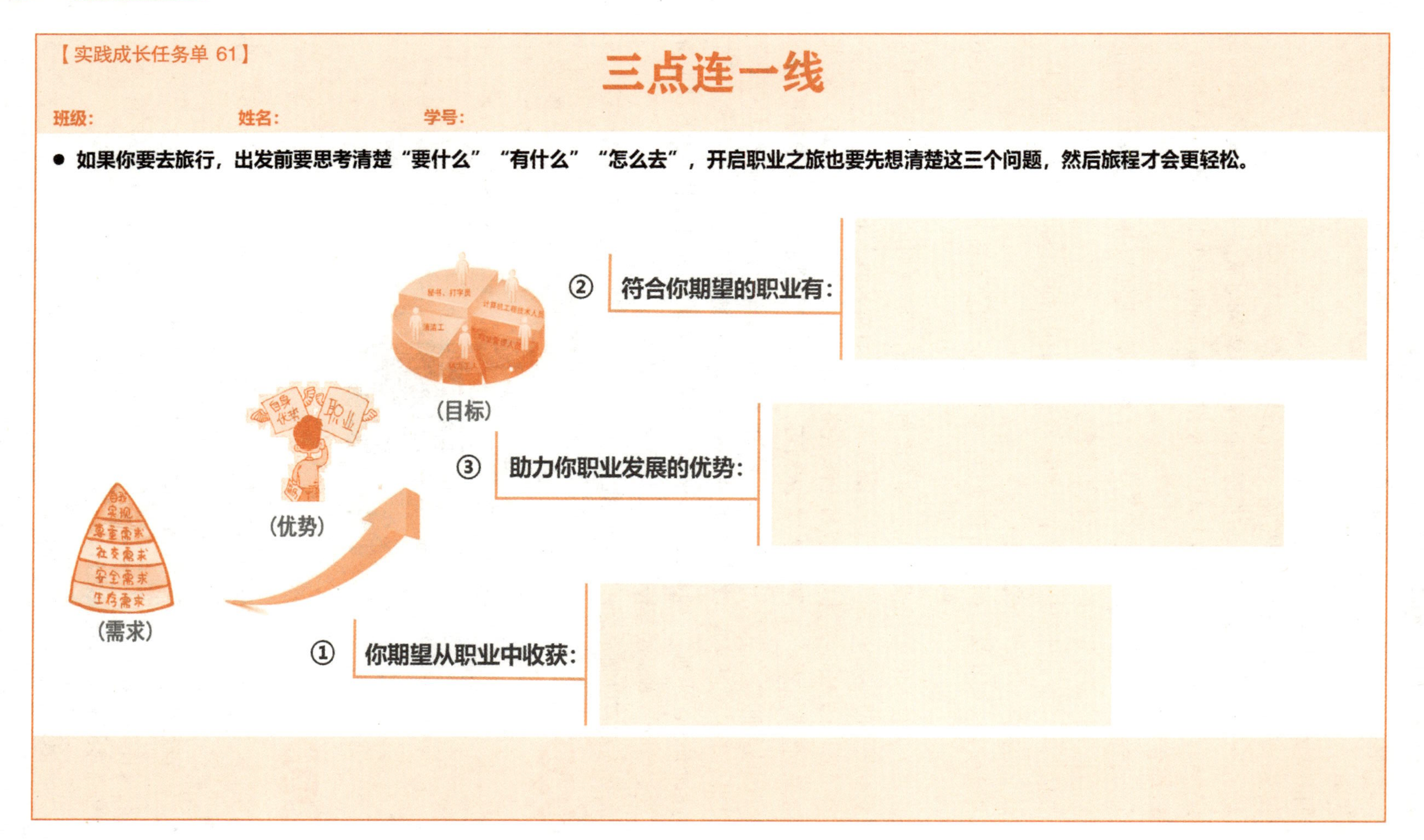

① 你期望从职业中收获：

② 符合你期望的职业有：

③ 助力你职业发展的优势：

【实践成长任务单 62】

生涯罗盘仪

班级：　　　　姓名：　　　　学号：

- 根据下图的提示，整理相应的信息，写到对应的位置中，看看对你的职业选择有什么启示。

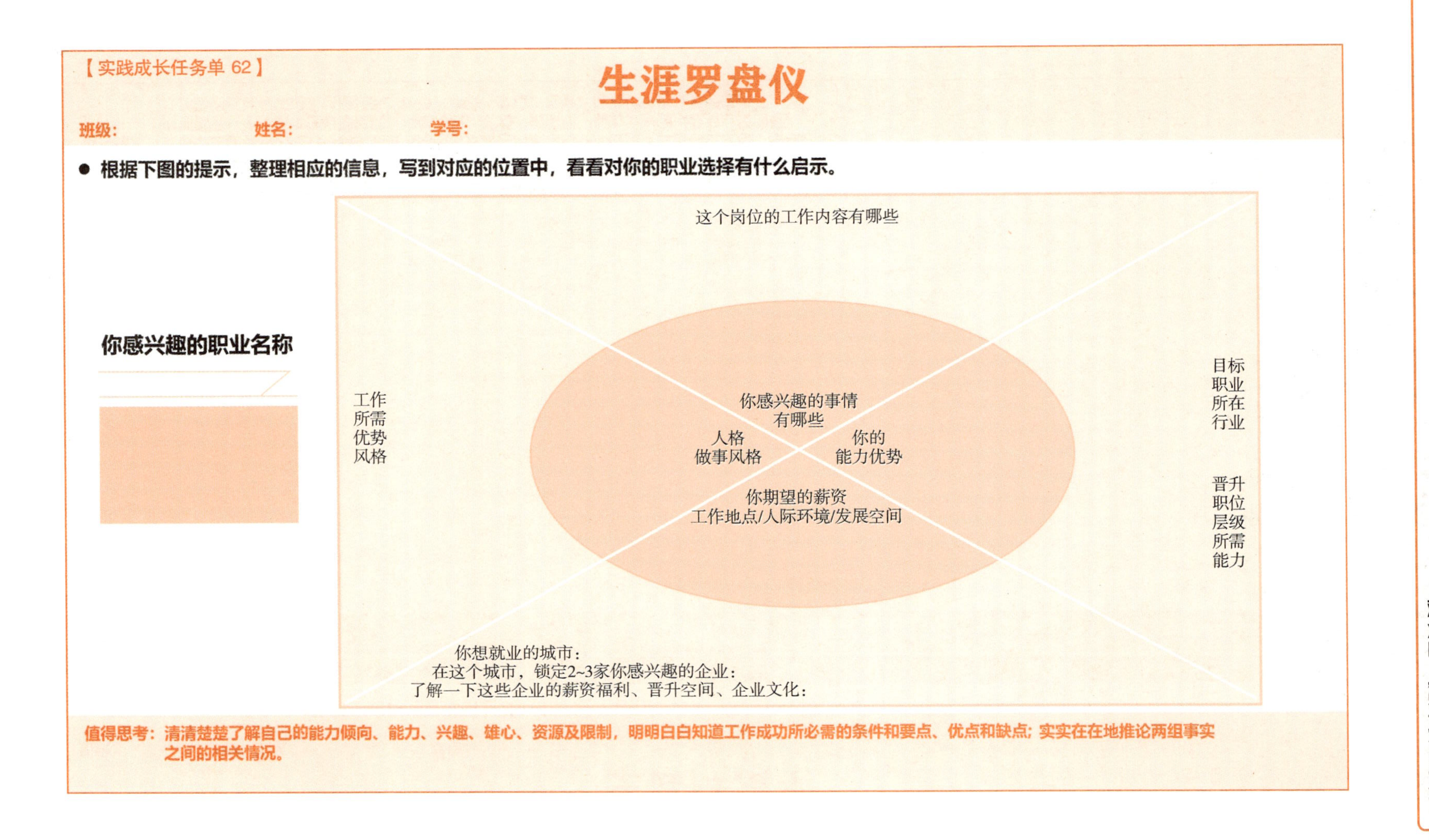

值得思考：清清楚楚了解自己的能力倾向、能力、兴趣、雄心、资源及限制，明明白白知道工作成功所必需的条件和要点、优点和缺点；实实在在地推论两组事实之间的相关情况。

【实践成长任务单 63】

生涯降落伞

班级：　　　姓名：　　　学号：

- **列出影响你做职业选择的因素，对你的备选职业做一个理性评估吧。**

选项		选择1：		选择2：		选择3：	
考虑因素	权重	分数	加权分	分数	加权分	分数	加权分
总计							

值得思考：舒伯的生涯发展论提到影响生涯发展的因素分为内部因素和外部因素。二者相互交织、相互影响。
内部因素：个体的个性心理特征，例如需求、智力、价值观、能力、兴趣以及专业技能等。
外部因素：社会环境，包括社区、经济、学校、家庭、社会、同辈群体以及劳务市场等。

项目 4.4 不可或缺你我他

生涯名言

每个人生下来都要从事某项事业，每一个活在地球上的人都有自己生活中的义务。

——海明威

生涯思考

雁 队

每年的 9—11 月，大雁都要成群结队地往南飞行过冬。第二年的春天再飞回原地繁殖。在长达万里的航程中，它们要遭遇猎人的枪口，历经狂风暴雨、电闪雷鸣及寒流与缺水的威胁，但每一年它们都能成功往返。

雁群排开成“V”字型飞行时，比孤雁单飞提升了 71 %的飞行能量。当每只雁振翅高飞，也为后面的队友提供了“向上之风”，这种省力的飞行模式能让每只雁最大地节省能量。当某只雁偏离队伍时它会立刻发现单独飞行的辛苦及阻力，会立即飞回团队，善用前面伙伴提供的“向上之风”。当前导的雁疲倦时，它会退到队伍的后方，而另一只雁则飞到它的位置上来填补。当某只雁生病或受伤时，会有其他两只雁飞出队伍跟在后面，协助并保护它，直到他康复然后他们自己组成“V”字型，再开始飞行追赶团队。在队伍中的每一只雁会发出“呱呱”的叫声，鼓励领头的雁勇往直前。

生命的奖赏是在终点，而非起点，在旅程中遭尽坎坷，可能还会失败，只要团队相互鼓励坚定信念，终究能获得成功。

生涯理论

一、PERMA 时光：职业幸福感的源泉

1. 什么是 PERMA 时光

幸福是一种什么感受？这个问题好像很简单，又好像没那么简单。“积极心理学之父”马丁·塞利格曼在《持续的幸福》一书中提出了 PERMA 理论，即幸福心理五要素，其中的字母分别代表一种要素：

（1）P = 积极，Positive Emotions；

（2）E = 投入，Engagement

（3）R = 人际关系，Relationships；

（4）M = 意义，Meaning；

（5）A = 成就，Achievements。

要将幸福感提升到理想水平，关键是 PERMA 五要素的各个组成部分如何被触发。

2. PERMA 时光与职业幸福感的关系。

（1）积极。

在职业环境中，积极的情绪是职业幸福感的重要基石，能够帮助职场人更好地应对工作中的挑战和压力，增强创新能力和解决问题的效率。做到这一点，可以采用两种方式：通过行动与思考来刻意地创造积极情绪和微小的积极时刻；在美好的事情正在发生时让自己停下脚步并注意到它们的发生。不幸福的人和幸福的人一样，身边都有许多积极的事情发生，但两者的差别是，幸福的人有意识地在美好事情发生时欢迎这些时刻，不让它们匆匆溜走。有人说，不幸福的人甚至不会注意到进门的时候有人正在替他们扶着门。因此，当身边正在出现一些美好的事情时，不要错过欢迎并欣赏它们的机会。

（2）投入。

全身心地投入到工作中，达到忘我的程度，是职业幸福感的重要来源，这种状态被称为“心流”。在这种状态下，时间仿佛静止，全身心地享受工作带来的充实感和满足感，投入不仅提高了工作效率，还能增强职业认同感和价值感。积极地投入有助于提升我们的幸福感，同时使自己变得更好。如果没有全身心地投入到工作中，这种情况可能会把人拖垮。尝试将目标与正在做的事情协调一致来提升投入感；或者当可以更直接地在工作中或者生活中运用自己擅长的、重要的优势时，也会体验到更强的投入感。

（3）人际关系。

积极心理学研究的先驱者之一克里斯·彼得森说，对幸福的每一次研究，其结果可以归结为一句话：“他人很重要。”坚毅的人们保持热情并坚持不懈，通常是因为他们在自己身边建立并保留了一个团队，而且，他们不仅接受其他人的支持，而且支持其他人，如果想获得幸福和坚毅，PERMA 五要素中的这个要素，再怎么强调都不为过。良好的人际关系是职业幸福感的重要组成部分，与同事、上司和客户建立和谐、支持性的关系，能够提供情感上的支持和归属感，增强工作满意度和幸福感。同时，良好的人际关系还能促进团队合作和沟通，提高整体工作效率。

（4）意义。

幸福的人们不只是生活得快乐或者积极投入生活，他们还觉得人生有意义，并且怀着让世界变得更美好的更高目标。人生的意义有很多种形式，可能来自对自己孩子的爱、为他人突破障碍、拥有一项他人急需的技能并为他人服务，或者是给他人带去希望。为他人服务正是职业的本质和价值。职业幸福感还来源于工作的意义和价值，当认为自己的工作对社会、组织或个人有积极贡献时，会感到更加满足和幸福。追求工作的意义和目标，有助于激发内在动力和积极性，提高工作绩效和幸福感。因此，坚毅地追求职业目标，是使人生变得更加丰富多彩的重要部分。

（5）成就。

对“成就”存在一定的错误认知。在 PREMA 五要素中，成就并不是关于胜利或者夺得第一名；相反，它是关于实现有意义的、有使命感的目标。研究发现，人们希望做些事情，而不是什么事都不做，对此，自我决定理论指出，想要实现成功，必须让人们感觉自己能够游刃有余地掌控身边的环境。当然，并非所有成就都能带给人们幸福，追求一些体现了外在目标（比如金钱和名誉），或者以别人梦想的目标为自己的追求，并不会给人们带来满足的成就感或幸福感。研究发现，最幸福的人们每天醒来后都致力于实现明确而艰难的目标，这些目标超出了他们的舒适区，不但赢得了最佳的成果，而且可以带来最高水平的自尊感和自我效能感。

二、职业协同：职业幸福感的加速器

1. 六度空间理论及作用

六度空间理论（Six Degrees of Separation），又称小世界现象（“Small World” phenomenon）、六度分割理论、小世界理论等。该理论指出：你和任何一个陌生人之间所间隔的人不会超过六个，也就是说，最多通过六个中间人，你就能够认识这世界上的任何一个陌生人。

1967年哈佛大学的心理学教授斯坦利·米尔格拉姆根据这一概念做过一次连锁信件实验，尝试证明平均只需要五个中间人就可以联系任何两个互不相识的美国人。他将一套连锁信件随机发送给居住在内布拉斯加州奥马哈的160个人，信中放了一个波士顿股票经纪人的名字，信中要求每个收信人将这套信寄给自己认为是比较接近那个股票经纪人的朋友。朋友收信后照此办理。最终，大部分信在经过五六个步骤后都抵达了该股票经纪人。六度空间的概念由此而来。六度空间理论如图4-4-1所示。

这种现象，并不是说任何人与其他人之间的联系都必须通过六个层次才会产生联系，而是表达了这样一个重要的概念：任何两个素不相识的人，通过一定的方式，总能够产生必然联系或关系。显然，随着联系方式和联系能力的不同，实现个人期望的机遇将产生明显的区别。

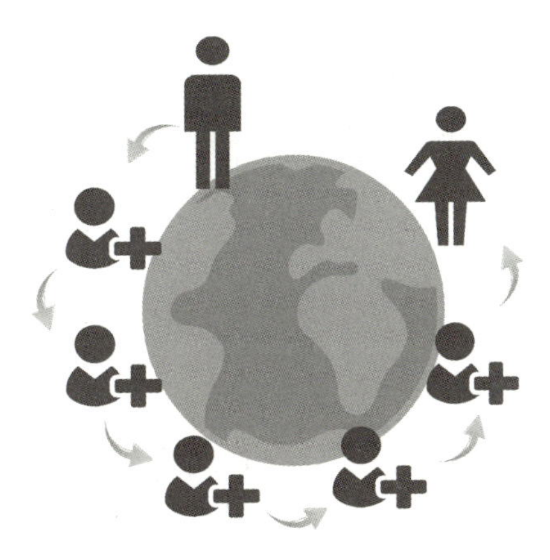

图4-4-1　六度空间理论

随着媒体平台的不断发展，六度空间理论也在不断发展。Facebook团队曾经研究了当时注册的15.9亿使用者资料，在2016年2月4日于其网站公布标题为“Three and a half degrees of separation”的研究结果，发现每个人与其他人间隔为4.57个人。如果仅考虑美国使用者的话，这个数字会降到平均3.46个人。就是说，你与任何人之间的相隔不需要6个人，3.5个人就够了。

六度空间理论对职业发展具有显著的作用，主要体现在以下几个方面：

（1）扩展人脉网络。在职场中，可以通过自己的社交网络，逐步扩展到更广泛的人脉圈。这些人脉资源不仅限于同事、上司和下属，还包括行业内的专家、潜在合作伙伴、投资人等。通过积极建立和维护这些关系，我们可以获得更多的职业机会和资源，为个人的职业发展铺平道路。

（2）提升信息获取能力。职场中，信息是非常重要的资源。六度空间理论揭示了信息的快速传播和广泛覆盖性。通过人脉网络，更快速地获取行业内的最新动态、市场趋势、竞争对手信息，通过信息做出更明智的职业决策，把握机遇，规避风险。

（3）促进合作与交流。六度空间理论鼓励人与人之间的合作与交流。在职场中，合作是完成任务、实现目标的重要方式，寻找志同道合的合作伙伴，共同开展项目、解决问题。

这种合作不仅有助于提升工作效率和质量，还能促进个人能力的成长和经验的积累。

（4）增加职业机会。人脉网络的扩展和信息获取能力的提升，直接增加了获得职业的机会。无论是内部晋升、跳槽到更好的公司，还是创业寻求投资，都可以利用自己的人脉资源来获取信息、寻求支持和机会。这些机会可能来自同事的推荐、朋友的介绍、行业活动的参与等。

（5）提升个人品牌。个人品牌是我们在职场中的形象和声誉，它反映了一个人的专业能力、职业素养和价值观。可以通过积极的表现和贡献，逐步建立起自己的个人品牌，让自己的品牌传播得更远更广，吸引更多的关注和机会。

（6）增强职业竞争力。通过扩展人脉网络、提升信息获取能力、促进合作与交流、增加职业机会和提升个人品牌，我们可以不断提升自己的综合素质和职业能力。这些都将使我们在职场中更加具有竞争力，获得可持续发展的职业力量。

2. 职业协同的含义及重要性

职场中高达80%的工作任务都需要同事之间的相互协作来共同完成，这涵盖了部门间的资源协调、向领导的请示汇报，以及同事间针对工作细节的沟通与交流。越是竞争激烈的时代，仅靠领导者个人的殚精竭虑，而没有员工的相互协作与配合，想要取得成功变得越来越不可行。协同工作能够将组织凝聚成一个团队，赋予组织更强大的力量，它是支撑组织走向成功的重要基石。

职业协同是指在职场中，不同个体、部门或团队之间为了共同的目标和任务，相互协作、配合工作的过程。它强调的是一种集体行动和合作的精神，通过资源的共享、信息的交流、技能的互补以及共同承担责任，以实现更高效的工作成果和组织目标。

职业协同的重要作用主要体现在以下几个方面：

（1）提高工作效率。职业协同能够促使团队成员合理分工，各自发挥专长，减少重复劳动，从而加速工作进程。通过协同工作，团队成员可以共享信息和资源，避免信息不对称和资源浪费，进一步提高工作效率。

（2）提升工作质量。协同工作鼓励团队成员之间的知识分享和经验交流，有助于集思广益，产生更多创新性的想法和解决方案。在协同过程中，团队成员可以相互监督、互相学习，共同提升工作技能和职业素养，进而提升工作质量。

（3）增强团队凝聚力。职业协同要求团队成员之间建立紧密的联系和合作关系，共同面对挑战、解决问题。在协同工作的过程中，团队成员之间的信任和默契会逐渐加深，形成强烈的归属感和集体荣誉感，从而增强团队的凝聚力。

（4）促进个人职业发展。通过协同工作，个人可以接触到更多的工作任务和领域，拓宽视野、积累经验。同时，协同工作也为个人提供了展示才华和能力的平台，有助于提升个人在团队和组织中的影响力和地位。

（5）推动组织创新与发展。职业协同有助于打破部门壁垒和思维定式，促进跨部门和跨领域的交流与合作。这种交流与合作有助于激发新的创意和灵感，推动组织在产品和服务上的创新与发展。

（6）应对复杂多变的职场环境。在快速变化的职场环境中，单靠个人的力量往往难以应对各种挑战和问题。通过职业协同，团队可以汇聚集体智慧和力量，共同应对复杂多变的职场环境，确保组织的稳定和发展。

三、团队合作：职业幸福感的稳固基石

1. 团队的概念

在竞争激烈的今天，光靠几个领导者殚精竭虑，而没有员工的积极支持，或者靠一个人单打独斗成功的可行性越来越小，俗话说："一根筷子轻轻被折断，十根筷子牢牢抱成团"，在组织的经营管理中，充分发挥每一个员工的能力，可能会产生"1+1>2"的力量。团队建设是当今企业发展的必经之路，团队合作是企业成功的基础。

1994 年美国管理学教授斯蒂芬・罗宾斯首次提出了团队的概念：为了实现某一目标而由相互协作的个体所组成的正式群体。后来，经过分析整理，团队的概念不断修正，这里所采用的概念是：团队是指为了一个共同的目标，而在一起工作的一些人组成的协作单位。团队合作是指一群有能力、有信念的人在特定的团队中，为了一个共同目标相互支持、合作奋斗的过程。

2. 职业协同与团队合作的区别

前面提到了职业协同，为什么还要提团队合作呢？因为职业协同与团队合作在职场环境中各有侧重但又相辅相成。

（1）二者侧重点不同。职业协同强调在一个共同目标下，不同个体、部门或团队之间通过相互协作、配合工作，以实现更高效的工作成果和组织目标。它更侧重于个体或部门之间的协同作战，注重资源的整合、信息的共享以及任务的协调。团队合作指多个人为了共同的目标而一起工作，共享资源和知识，通过分工合作来达成目标。团队合作更侧重于团队内部成员之间的紧密合作和相互支持，强调团队的整体性和凝聚力。

（2）目标与任务关系。在协同过程中，虽然每个个体或部门都有自己的任务和责任，但这些任务是相互关联、相互依赖的。协同的目标是确保各个部分能够顺畅地衔接起来，共同推动整个项目的进展。因此，职业协同更注重任务之间的协调性和一致性。而团队合作时，成员通常会有明确的分工和角色定位，每个人根据自己的专长和能力承担特定的任务，并通过共同努力来实现团队的整体目标，团队合作强调的是个体贡献与团队目标的紧密结合。

（3）沟通与协作方式。由于涉及多个个体或部门之间的协作，职业协同往往需要更加复杂和高效的沟通机制，包括定期的会议、信息共享平台以及紧密的跨部门沟通等。同时，还需要不断地调整和优化任务分配和进度安排，以确保整个项目的顺利进行。团队合作则更注重团队内部的沟通与协作，成员之间建立良好的沟通和信任关系，以便及时分享信息、解决问题并共同应对挑战，在团队合作中，有效的沟通和协作是确保团队目标顺利实现的关键。

（4）对个体与团队的影响。通过职业协同，个体或部门之间的界限被打破，资源得到更加合理的配置和利用，有助于提升整个组织的效率和竞争力，并为个体提供更多的发展机会和学习空间。同时，协同工作还能增强个体之间的信任和默契度，为未来的合作打下坚实的基础。团队合作则直接影响了团队的凝聚力和战斗力，一个高效的团队能够激发成员的积极性和创造力，促进知识的共享和技能的提升，通过团队合作，成员之间相互学习、相互支持并共同成长，从而为组织创造更大的价值。

职业协同更注重个体或部门之间的协同作战和资源整合；团队合作则更强调团队内部成

员之间的紧密合作和相互支持，两者共同构成了现代职场中不可或缺的工作模式。

3. 团队的要素

作为一个团队，需要具备以下几个要素：

（1）目标（Purpose）。

（明确的）目标是：旗帜或导航。

每个团队都应该有一个既定的目标，这可以为团队成员们导航，使其知道向何处去，没有目标的团队是没有存在意义的。

对企业而言，团队目标是：企业期待达到的“理想宏图”，企业愿景或目标的“细枝末节”，企业应对突发状况的“救援工具”和“解决方法”。

对团队成员而言，团队目标是团队成员有效沟通的“度量尺”，团队成员开展工作的“行动纲领”，团队成员解决冲突和分歧的“公平秤”，团队成员迎接挑战、应对压力的“冲锋号”。

（2）人员（People）。

（特色的）成员是：具体实施者。

个人是构成团队的细胞，一般来说，3个人以上就能构成团队。团队目标是通过其成员来实现的，因此，人员的选择是团队建设与管理中非常重要的部分。

（3）团队定位（Place）。

（准确的）定位是：整体配合方法或个体自我认知。

团队的定位包含两层意思：一是团队整体的定位，包括团队在组织中处于什么位置，由谁选择和决定团队的成员，团队最终应该对谁负责，团队采取什么方式激励下属等；二是团队中个体的定位，包括各个成员在团队中扮演什么角色，是指导成员制订计划，还是具体实施某项工作任务等。

（4）职权（Power）。

（适当的）职权是：经营管理模式或企业规模业务。

团队的职权取决于两个方面：一是整个团队在组织中拥有什么样的决定权；二是组织的基本特征，如组织的规模有多大、业务是什么等。

（5）计划（Plan）。

（合理的）计划是：方向或行动方案。

从团队的角度看，计划包括两层含义：一是由于目标的最终实现需要一系列具体的行动方案，因此，可以把计划理解成目标的具体工程程序；二是按计划进行可以保证团队的工作顺利，只有在计划的规范下，团队才会一步步地贴近目标，从而最终实现目标。

4. 高绩效团队特征

用一个例子来看什么样的团队是高绩效团队。在F1一级方程式赛车世界锦标赛中，影响比赛成绩的关键是中途进入加油站和换轮胎。这一个过程需要22个人。他们是这样分配任务的：

（1）12位技师负责换胎（每个轮子3位，1位负责拿气动扳手拆、锁螺丝，1位负责拆旧轮胎，1位负责装上新轮胎）。

（2）1位负责操作前千斤顶。

（3）1位负责操作后千斤顶。

（4）1位负责在赛车前鼻翼受损必须更换时操作特别千斤顶。

（5）1位负责检查引擎气门的启动回复装置所需的高压力瓶，必要时必须补充高压空气。

（6）1位负责持加油枪，这通常由车队中最强壮的技师担任。

（7）1位协助扶着油管。

（8）1位负责加油机。

（9）1位负责持灭火器待命。

（10）1位被称为“棒棒糖先生”，负责持写有“Brakes”（刹车）、和“Gear”（入挡）的指示牌，当牌子举起，即表示赛车可以离开维修区了。而他也是这22个人中唯一配备了用来与车手通话的无线电话的人。

（11）1位负责擦拭车手的安全帽。

22位技师各司其职，通力合作才能配合无间，比赛才会高效，车手才会安全，维修区的时间控制是比赛制胜的关键。

高绩效团队的特征如下：

（1）目标明确且统一。高绩效团队拥有清晰、具体且可衡量的目标，这些目标既具有挑战性又切实可行，能够激发团队成员的积极性和动力。团队成员对团队目标有高度的认同感和归属感，愿意为实现共同目标而努力。这种共同的愿景能够增强团队的凝聚力和向心力。

（2）有效的沟通。高绩效团队重视沟通，保持开放和透明的沟通渠道，确保信息能够顺畅传递。团队成员之间能够清晰地表达自己的想法和意见，同时也善于倾听他人的观点，从而更好地理解彼此并做出明智的决策。

（3）优秀的团队领导。优秀的领导者通常具有高尚的品德和超强的能力，能够赢得团队成员的信任和尊重。领导者不仅依靠正式职权，更通过严于律己、率先垂范等人格魅力来影响下属，提升团队的凝聚力和执行力。

（4）互补的成员类型。高绩效团队的成员在知识背景、思想方式、看问题的角度以及处理问题的方式等方面存在差异，这种差异有助于激起团队内部的冲突水平，促进创造性和学习动力。团队负责人熟知每个成员的具体能力素质，进行合理分工，确保团队成员能够充分发挥自己的专长和优势。

（5）良好的团队氛围。团队成员之间尊重和鼓励个体差异，关系融洽，相互信任和支持。团队成员对团队有强烈的归属感和向心力，愿意参加团队活动和承担更多的工作任务。

（6）持续改进和不断学习。高绩效团队不仅关注结果，还关注过程，不断寻找改进的机会。团队成员愿意接受挑战和尝试新的方法，以提高工作效率和质量。团队领导为成员提供培训和发展机会，鼓励成员之间的学习和成长。

（7）信任和尊重的文化。团队成员之间建立起相互信任和尊重的文化，这种文化能够减少冲突和误解，增强团队的凝聚力和向心力。团队领导积极参与文化建设，树立榜样和价值观，鼓励成员之间的相互支持和合作。

（8）合理的工作流程和规范。高绩效团队制定合理的工作流程和规范，这些流程和规范基于团队的实际情况和工作需求。通过制定合理的工作流程和规范，确保每个成员都能够明确自己的任务和责任，并按照规定的时间和质量要求完成工作。

生涯阅读

拓展：贝尔宾团队角色理论

拓展延伸

1.《心灵捕手》，作者：格斯·范·桑特执导，马特·达蒙、罗宾·威廉姆斯、本·阿弗莱克主演。

2.《当幸福来敲门》，作者：加布里尔·穆西诺执导，威尔·史密斯等主演。

3.《楚门的世界》，作者：彼得·威尔执导，金·凯瑞等主演。

生涯实践

【实践成长任务单 64】

时光故事廊

班级：　　　　姓名：　　　　学号：

● 回忆过往经历中的故事，你的故事里除了自己，还有哪些人，这个故事里包含了图片中5个内容中的哪几个内容。

积极情绪 Posive emotion
投入 Engagement
人际关系 Relationship
意义 Meaning
成就 Accomplishment

PERMA幸福时光模型（马丁·塞利格曼）

故事1：________________

故事2：________________

故事3：________________

值得思考：（1）人人都可以过幸福的生活，只要愿意投入。
（2）人的意义，不能在内部找到，而是在外部找到。
（3）结果可以用来兑换价值，过程是留给自己品味的。

【实践成长任务单 65】

沉浸式体验

班级：　　　　姓名：　　　　学号：

● 你有过完全忘我地投入到一件事情中，世界似乎都消失了的经历吗？人们无法从不用心的事情中获得乐趣，你可以从任何事情中自得其乐。

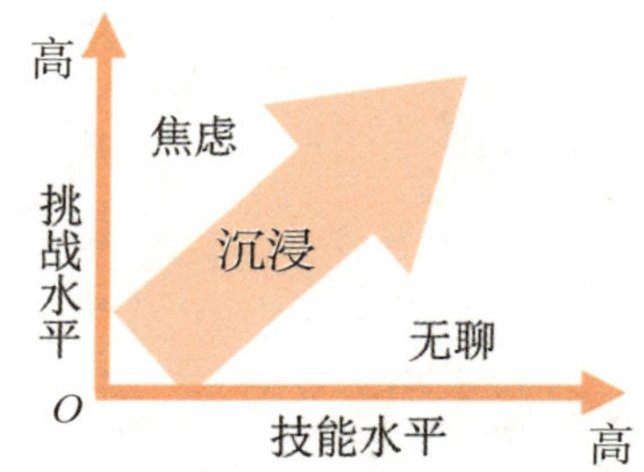

高

焦虑

挑战水平

沉浸

无聊

O

技能水平

高

沉浸体验的表现

（1）清晰的目标
（2）即时的反馈
（3）挑战与技能的平衡
（4）潜在的控制感
（5）全神贯注

体验特征

（1）活动与意识的融合
（2）自我意识丧失
（3）时间知觉扭曲

事件1：______

______

细节：______

______

______

事件2：______

______

细节：______

______

______

值得思考：沉浸体验，也叫沉醉感，一个人的精力全部投注在某种活动当中，以至于无视外物的存在、甚至忘我时的状态。它是一个人体验到的一种积极的感受，这种感受能给人以充实感、兴奋感、幸福感，因此，也被称为“最佳体验”。

【实践成长任务单 66】

你的人脉网

班级：　　　　姓名：　　　　学号：

● 你从来都不是一个人在战斗，我们一起来梳理一下。

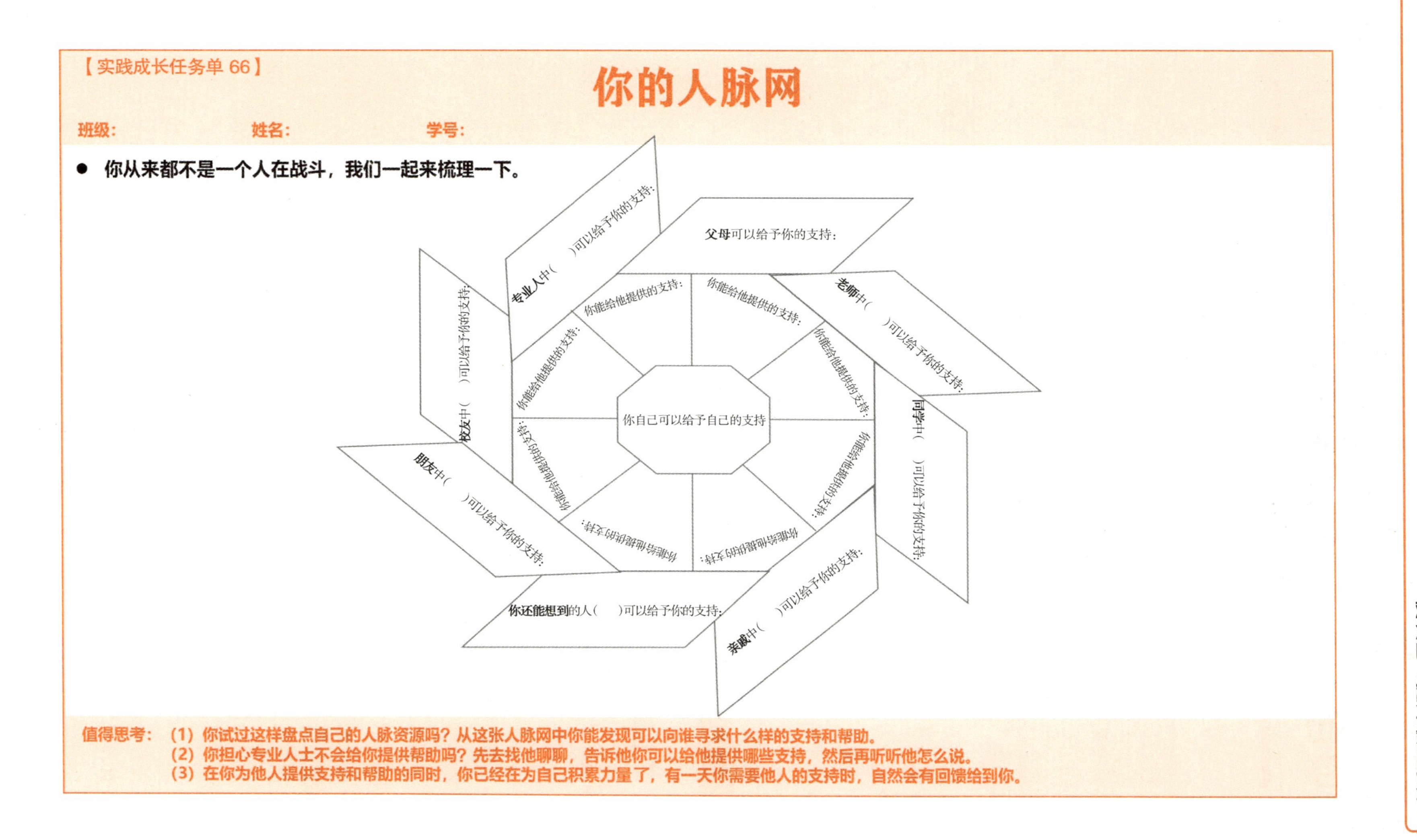

值得思考：（1）你试过这样盘点自己的人脉资源吗？从这张人脉网中你能发现可以向谁寻求什么样的支持和帮助。
（2）你担心专业人士不会给你提供帮助吗？先去找他聊聊，告诉他你可以给他提供哪些支持，然后再听听他怎么说。
（3）在你为他人提供支持和帮助的同时，你已经在为自己积累力量了，有一天你需要他人的支持时，自然会有回馈给到你。

项目 4.5 练就职场硬本领

生涯名言

未来的文盲不再是目不识丁的人，而是没有学会怎样学习的人。

——阿尔温·托夫勒

生涯思考

在各级领导的讲话和各类新闻报道中“新质生产力”成为高频热词。2023 年 9 月 7 日，习近平总书记在主持召开新时代推动东北全面振兴座谈会上，首次公开提出了“新质生产力”概念。这一概念的提出，是中国共产党在推动经济高质量发展、实现中国式现代化过程中的重要理论创新。它不仅丰富和发展了马克思主义生产力理论，也为中国的经济发展提供了新的动力和方向。什么是新质生产力？“新”在哪？是一个什么“力”？该如何发展？

生涯理论

一、职业能力变化趋势

1. 新质生产力的提出

作为一种先进的生产力质态，新质生产力是指由创新起主导作用，摆脱传统的经济增长方式、生产力发展路径；具有高科技、高效能、高质量特征，符合新发展理念的先进生产力质态。是由突破技术革命性、创新性配置生产要素、深度转型升级产业结构催生的；基本内涵是劳动者、劳动资料、劳动对象及其优化组合的跃升；以全要素生产率大幅提升为核心标志；特点是创新，关键在质优，本质是先进生产力。

2. 新质生产力带来的影响

随着科技的不断进步和产业变革的深入推进，新质生产力将继续向数字化、智能化、绿色化方向发展。未来，人工智能、量子信息、脑机接口、卫星互联网等前沿技术将进一步融入新质生产力的发展中，推动形成更加高效、智能、绿色的生产方式和服务模式。同时，随着全球科技竞争的不断加剧，各国将更加注重科技创新和人才培养，以抢占新质生产力发展的制高点。

（1）对国民经济的影响：新质生产力带来极大的效率变革、动力变革和质量变革，促进产业升级和提升产业质量。它推动了传统产业的转型升级和新兴产业的培育壮大，为经济高质量发展提供了新动力。

（2）对社会进步的影响：新质生产力的发展极大地改善了人们的生产方式、生活方式和思维方式。它降低了劳动强度特别是重体力劳动强度，改善了劳动环境，提高了人们的生活品质和教育质量。

（3）对全球竞争力的影响：新质生产力的发展既是综合国力特别是教育、科技、人才的比拼，又促使综合国力分化和重新洗牌。在全球经济中心不断转移的背景下，新质生产力的发展对于提升国家的国际竞争力和地位具有重要意义。

3. 新质生产力对职业能力的新要求

新质生产力以其高科技、高效能和高质量的特征，成为推动经济社会发展的核心动力，对劳动者的职业能力提出了新的挑战和更高要求。这里整理了 6 项关键的职业能力的新要求。

（1）规划力。

① 前沿追踪：关注行业趋势和最新发展，保持前瞻性。

工科高职学生职业核心素养榫卯模型

② 战略思考：制定长期目标和策略，以指导行动。

③ 系统思考：从整体上考虑问题的各个方面和相互影响。

④ 灵活应变：根据环境变化及时调整计划和策略。

（2）思维力。

① 洞察力：对事物本质和内在规律的深刻认识。

② 判断力：基于事实和逻辑做出正确决策的能力。

③ 自我教练：对自己进行反思和评估，自主成长。

④ 数字信息处理：处理和分析数字信息以支持决策。

（3）关系管理。

① 关系建立：与他人建立和维护良好的关系。

② 协同合作：与他人共同工作，实现共同目标。

③ 沟通交流：有效地传递信息和理解他人观点。

④ 情绪调节：管理自己的情绪，以及影响他人的情绪状态。

（4）学习能力。

① 持续学习：保持学习状态，不断更新知识和技能。

② 跨界学习：跨越不同领域和学科进行学习，拓宽视野。

③ 高效学习：掌握有效的学习方法，提高学习效率。

④ 学以致用：将所学知识应用于实际工作和生活中。

（5）推进能力。

① 时间管理：合理安排时间，提高工作效率。

② 问题解决：识别和解决工作中的问题和挑战。

③ 风险管理：评估和管理潜在的风险和不确定性。

④ 资源整合：有效利用和整合各种资源，实现目标。

（6）创新能力。

① 思维创新：具备创新思维模式，能够提出新颖、独特的想法和解决方案。

② 实践创新：勇于将创新想法付诸实践，通过不断试错和优化，推动产品或服务的持续改进。

③ 技术革新：通过研发新技术、优化现有技术或引入先进技术来提升工作效率。

④ 管理创新：能够带领团队进行创新活动，营造创新氛围，激发团队成员的创新潜能。

二、写作能力：职场硬本领

1. 写作能力的重要性

在当今快速变化的职场环境中，写作能力的重要性已经远远超越了简单的信息传递功能，成为展现个人专业素养、逻辑思维和沟通能力的重要手段。有效的职场写作不仅要求信息准确无误地表达，确保每一个词语、数据和事实的精确性，还要求作者具备将复杂概念以专业、逻辑且易于理解的方式呈现给不同背景的受众的能力。

巴菲特曾说，参加戴尔·卡耐基的公众演讲课程对他的职业生涯产生了深远的影响，特别是在提升他的沟通和写作能力方面。他每年给股东的信，以清晰、幽默而充满逻辑性的写作风格，成为商业写作的经典案例。这些信件不仅有效地将复杂的投资理念浅显易懂地呈现给投资者，加深了与投资者的联系并增强了他们对其投资策略的信心，也展现了巴菲特作为一位职场人士的专业形象和个人能力。巴菲特将这种能力视作自己最宝贵的资产之一，对于每一位职场人士来说都是一种启示：不断地磨炼和提升自己的写作技能，对于职业发展具有不可估量的价值。

（1）准确传达信息。写作能力是职场沟通的关键，它确保信息能够准确、无误地传达给接收者。无论是撰写报告、策划还是邮件，清晰、有条理的写作都能帮助同事、上级或客户更好地理解你的意图和观点。

（2）提升专业形象。良好的写作能力能够展现你的专业素养和细致入微的工作态度。一篇结构清晰、语言精练的文档，往往能够给人留下深刻印象，提升你在职场中的专业形象。

（3）促进职业发展。写作能力在职场晋升和职业发展中起着重要作用。能够撰写高质量报告、策划或文案的员工，更容易受到上级的青睐，获得更多的晋升机会。

（4）提高工作效率。通过写作，你可以更系统地整理和表达自己的思路，这有助于你更高效地完成工作任务。清晰的写作可以减少沟通成本，避免不必要的误解和澄清，从而提高整体工作效率。

（5）记录与传承知识。写作能力有助于记录和传承职场中的知识和经验。通过撰写文档、报告或教程，你可以将自己的专业知识和经验系统地整理下来，供他人学习和参考。

2. 提升写作能力的方法

在当代职场环境中，写作能力的提升对职场人来说尤为关键，它不仅是职业成功的敲门砖，更是个人品牌塑造的重要工具。为了有效提升未来职场中的写作能力，可以构建一个实践与理论相结合的教学模式，使学生能够在真实或模拟的职场环境中不断磨炼和提升自己的写作技艺。古代文论家刘勰在《文心雕龙·章句》中提出的“因字成句，积句成章，积章成篇”的立言标准，对今日职场人提升职场写作能力仍具有指导意义。这一理论强调了写作过程中从字、句到篇章的积累和整合，正是通过对每一个基础单位的精雕细琢，最终构建起完整、逻辑严密、表达清晰的文本结构。

（1）紧扣职场需求进行写作练习至关重要。

聚焦于职场中常见的写作任务，如商业计划书撰写、政策分析报告、邮件沟通等，设计相关的写作练习，不仅能增强实训内容的科学性，还能加深对实际职场写作场景的理解。通过模拟真实职场场景，让学习者有机会接触和解决实际工作中可能遇到的写作问题，从而提

升针对性的写作技能。这种练习过程正体现了刘勰所说的“因字成句”，即从最基础的单元出发，逐步构建起完整的表达。

（2）强化逻辑思维和结构清晰度的训练是提升职场写作能力的关键。

逻辑思维能力和信息结构的清晰度是职场写作的重要组成部分，学习者需要学会如何组织材料、构建论点、清晰表达观点。这一过程不仅需要对写作的基本单位——字和句有深刻的理解，更需要能够将这些基本单位积累和整合成有逻辑的章节，最终形成有说服力的全篇文章，这正是“积句成章，积章成篇”的实践体现。此外，注重语言精炼和准确性也不可忽视。职场写作强调信息的准确传达和语言的精炼。通过词汇选择、语法结构、句式变化等方面的练习，教会学习者如何使用准确、专业的语言来表达思想，避免模糊不清和冗长的表述。在这一过程中，刘勰的立言标准提醒我们，每一个字、每一个句子都承载着作者的思想，只有通过精确的选择和运用，才能构建出能够准确表达作者意图的完整文章。

（3）提供反馈和修改的机会对于写作能力的提升至关重要。

写作是一个不断修正和完善的过程。通过同伴评审、专业教师点评等方式，给予学习者具体、建设性的反馈，鼓励他们不断修正和改进自己的作品。这一过程体现了从基础到整体的反复打磨，正如刘勰所强调的，从字到句，从句到章，每一步都需要反复斟酌和完善，最终才能成篇立言，呈现出清晰、准确、具有逻辑性的职场文本。

写作能力的培养是一个综合性的过程，涵盖了对职场文档各种格式的掌握、对行业术语的熟悉以及对目标受众心理的理解。随着职业角色的多样化和工作内容的国际化，从日常的电子邮件到复杂的商业计划书，不同类型的职场文档对写作能力提出了更高的要求，这不仅涉及内容的准确性和专业性，更关乎信息呈现的逻辑性和条理性。随着现代职场对专业能力的要求日益提高，写作能力成为衡量一个职场人专业素养的关键指标之一，它不仅关系到日常工作的效率和质量，更直接影响到个人的职业形象和发展前景。因此，不断提升自己的职场写作能力，对每一个职场人来说都是一项长期而必要的投资，通过持续的学习和实践，我们可以使自己的职场写作更加准确、专业、有逻辑性，从而在职业道路上走得更远。

三、语言表达能力：职场软技能

语言表达能力作为职场软技能的重要组成部分，对于个人在职场中的发展和成功具有不可忽视的作用。

1. 常见语言表达应用场景

（1）会议发言。在会议中清晰、有条理地发表自己的观点和建议，能够赢得他人的认可和尊重。通过有效的语言表达，可以推动会议的进程和决策的制定。

（2）工作报告。周、月度、季度、年度工作总结汇报时，运用准确、简洁的语言描述工作成果和存在的问题，这有助于上级和同事快速了解工作进展和实际情况，为后续的工作安排提供有力支持。

（3）客户沟通。在与客户沟通时，运用恰当的语言和表达方式，能够建立良好的客户关系。通过有效的沟通，可以了解客户的需求和期望，为客户提供更优质的服务和产品。

（4）工作协调中的日常沟通。与同事或客户等进行事务性的沟通，进行信息进度的对齐、确认、感情交流等，为工作开展有效地传递信息、建立关系并推动任务的执行。

2. 语言表达能力的重要性

软技能指的是那些与人际交往、沟通、团队合作、问题解决和自我管理相关的能力，它们对于职业成功至关重要。与硬技能相比，软技能更多涉及个人的情感智力和人际互动能力。其中，语言表达能力是最核心的软技能之一。它不仅仅是能够流畅地说话或写作，更重要的是能够根据不同的听众和情境调整沟通方式，确保信息的有效传达和接收。

（1）沟通桥梁。清晰、准确的语言表达是职场沟通的基础，有助于建立和维护良好的同事关系、客户关系以及上下级关系。有效沟通能够消除误解，促进信息的准确传递，提高工作效率。

（2）展示个人能力。语言表达能力强的员工能够更准确地展示自己的专业技能、工作成果和创意想法。这有助于提升个人在职场中的形象和影响力，为职业发展铺平道路。

（3）推动团队协作。良好的语言表达能力有助于在团队中传达清晰的目标、任务和期望。这能够增强团队成员之间的默契和协作，推动团队整体绩效的提升。

3. 如何提升语言表达能力

（1）注重倾听。倾听是有效沟通的前提，通过倾听他人的意见和建议，能够更好地理解对方的需求和期望。在倾听过程中保持专注和耐心，避免打断或过早下结论。

（2）清晰表达。在表达时尽量使用简洁明了的语言，避免冗长和复杂的句式。注重语言的逻辑性和条理性，确保信息的准确传达。

（3）非语言沟通的运用。除了语言表达外，还可以运用肢体语言、面部表情和声音语调等非语言元素来增强沟通效果。这些非语言元素能够传递更多的情感和信息，使沟通更加生动和有力。

（4）练习与反馈。通过模拟场景、角色扮演等方式进行语言表达的练习，提高自己的沟通能力和应变能力。积极寻求他人的反馈和建议，不断改进自己的语言表达方式。

（5）持续学习与提升。阅读优秀的书籍、文章或参加相关的培训课程，以丰富自己的词汇量和表达方式。关注行业动态和时事热点，提高自己的话题敏感度和谈资储备。

案例故事：唯愿多读书

拓展延伸

1. 《深度工作》，作者：［美］卡尔·纽波特，宋伟译，民主与建设出版社。

2. 《麦肯锡方法：用简单的方法做复杂的事》，作者：［美］艾森·拉塞尔，张薇薇译，机械工业出版社。

3. 《软技能》，作者：刘擎等，新星出版社。

4. 《认知破局》，作者：张琦，北京联合出版公司。

生涯实践

【实践成长任务单 67】

多彩的一周

班级：　　　　姓名：　　　　学号：

- **用文字记录下那些给你带来积极情绪的事件，让它穿越时空更长久地留在我们生命中。**

项目	星期一	星期二	星期三	星期四	星期五	星期六	星期日
喜悦	事件：	事件：	事件：	事件：	事件：	事件：	事件：
感恩	事件：	事件：	事件：	事件：	事件：	事件：	事件：
兴趣	事件：	事件：	事件：	事件：	事件：	事件：	事件：
希望	事件：	事件：	事件：	事件：	事件：	事件：	事件：
自豪	事件：	事件：	事件：	事件：	事件：	事件：	事件：

项目	星期一	星期二	星期三	星期四	星期五	星期六	星期日
好笑	事件：	事件：	事件：	事件：	事件：	事件：	事件：
激励	事件：	事件：	事件：	事件：	事件：	事件：	事件：
敬畏	事件：	事件：	事件：	事件：	事件：	事件：	事件：
爱意	事件：	事件：	事件：	事件：	事件：	事件：	事件：
宁静	事件：	事件：	事件：	事件：	事件：	事件：	事件：

值得思考： 我们并不是因为生活圆满、身体健康才感受到积极情绪的，而是由衷的积极情绪创造了圆满与健康。
缺少了消极情绪，你会变得轻狂、不踏实、不现实。如果你种下积极情绪的种子，你就会收获欣欣向荣的人生。
重要的是，我们都可以通过努力来提高自身的积极情绪。

【实践成长任务单 68】

积极式回应

班级：　　　　　姓名：　　　　　学号：

- 学会爱自己才能更好地爱别人，感谢一下自己这段时间的努力和付出吧。你想对自己说——

主动

消极　　Ⅱ　Ⅰ　　积极

　　　　Ⅲ　Ⅳ

被动

回应他人的4种方式

小练习

判断下面使用的是哪一种回应方式：

- □ 没什么了不起，很多人做的比你好。
- □ 用了那么长时间，就做出这样的作品？
- □ 这也太多了，根本弄不完！
- □ 花费的时间长了点，但是结果还可以吧。
- □ 虽然我不全认同，但你做的确实很不错。
- □ 能和我分享一下你的经验吗，你是怎么做到的？
- □ 这件事你处理得真棒，你愿意分享一下具体细节吗？

值得思考：当你感到无聊或事情多到无从下手时，试着做一下这些事，可能有不一样的发现。

【实践成长任务单 69】

职业七色花

班级：　　　姓名：　　　学号：

● 写一写你期待的工作是什么样子的。

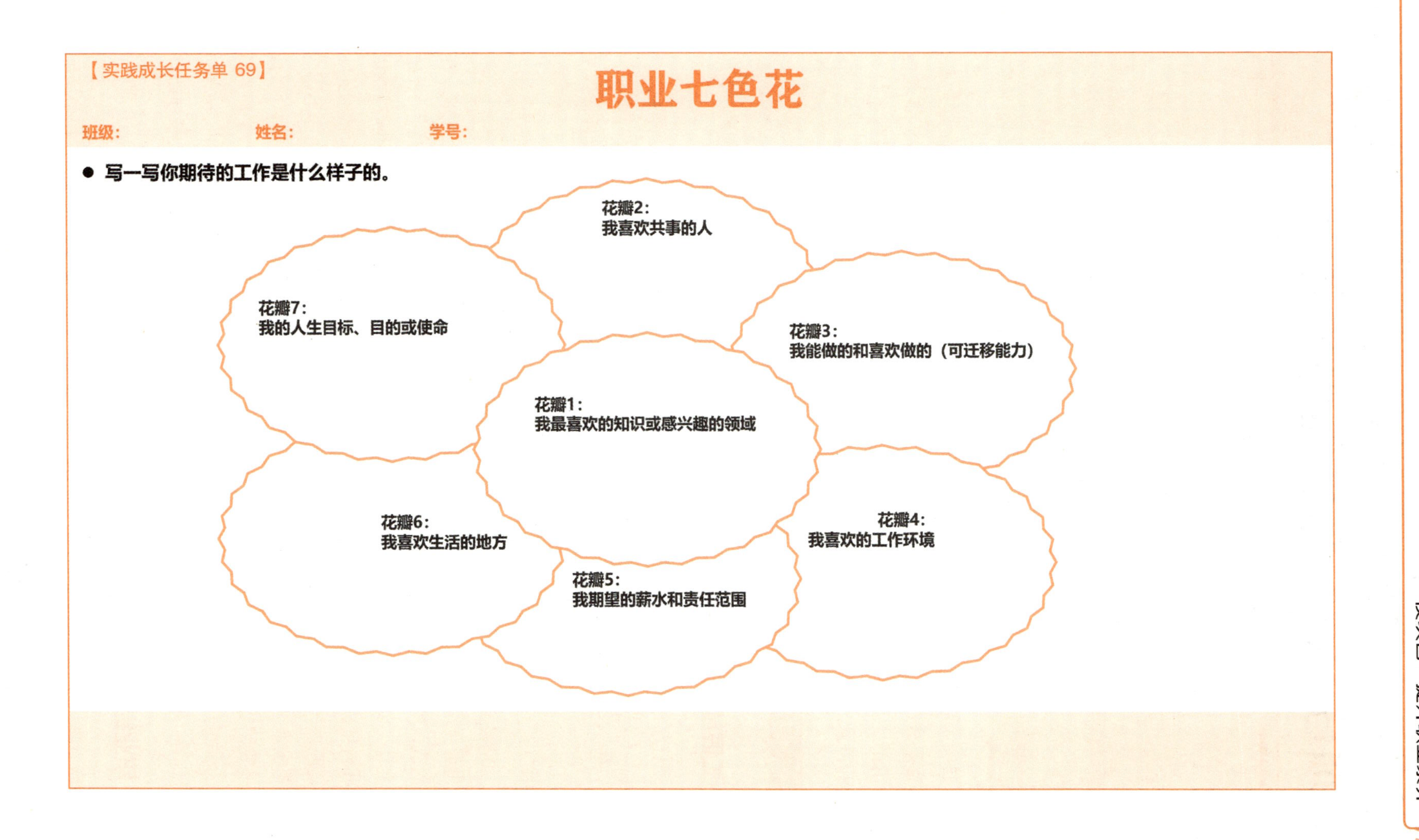

项目 4.6 稳固能力的基石

生涯名言

人生有世，事业为重。一息尚存，绝不松劲。东风得势，时代更新，趁此机，奋勇前进。

——吴玉章

生涯思考

实体经济是我国经济的重要支撑，这需要大量的专业技术人才，需要大批的大国工匠，所以，不论是传统制造业、还是新兴制造业，不论是工业经济、还是数字经济。高技能人才始终是我国制造业的重要力量。在这些专业技术人才身上蕴藏的工匠精神，始终是创新创业的重要精神源泉。你如何理解工匠精神是创新创业的重要精神源泉？

生涯理论

一、工匠精神

在《现代汉语词典》中，工匠的解释是“手艺工人”。传统意义上的工匠可理解为“手艺人”，即具有专门技艺特长的手工业劳动者。《韩非子·定法》说：“夫匠者，手巧也……”可见手艺精巧是工匠的基本特征之一。现在对工匠的理解除了手艺人之外，还包括技术工人或普通熟练工人。

一般认为，工匠精神包括高超的技艺和精湛的技能，严谨细致、专注负责的工作态度，精雕细琢、精益求精的工作理念，以及对职业的认同感、责任感。

当今世界，综合国力的竞争归根到底是人才的竞争、劳动者素质的竞争。近年来，中国制造、中国创造、中国建造共同发力，不断改变着中国的面貌。从“嫦娥”奔月到“祝融”探火，从“北斗”组网到“奋斗者”深潜，从港珠澳大桥飞架三地到北京大兴国际机场凤凰展翅……这些科技成就、大国重器、超级工程，离不开大国工匠执着专注、精益求精的实干，刻印着能工巧匠一丝不苟、追求卓越的身影。一位位高技能人才以坚定的理想信念、不懈的奋斗精神，脚踏实地把每件平凡的事做好，在平凡岗位上干出了不平凡的业绩，共同培育形成的工匠精神，是我们宝贵的精神财富，成为中国共产党人精神谱系的重要组成部分。正如习近平总书记强调的：“劳模精神、劳动精神、工匠精神是以爱国主义为核心的民族精神和以改革创新为核心的时代精神的生动体现，是鼓舞全党全国各族人民风雨无阻、勇敢前进的强大精神动力。

二、职业锚

美国麻省理工学院斯隆管理学院的教授和著名的职业生涯管理学家施恩，提出了职业锚理论。

锚，是使船只停泊定位用的铁制器具。职业锚，是指当一个人不得不做出选择的时候，他无论如何都不会放弃的职业中的那种至关重要的东西或价值观。实际上就是人们选择和发展自己的职业时所围绕的中心。

职业锚，也是自我意向的一个习得部分。个人进入早期工作情境后，由获得的实际工作经验所决定，与在经验中自省的动机、价值观、才干相符合，达到自我满足和补偿的一种稳定的职业定位。它强调个人能力、动机和价值观三方面的相互作用与整合。职业锚是个人同工作环境互动作用的产物，在实际工作中是不断调整的。

职业生涯是一个人一生中所有与工作相联系的行为与活动，以及相关的态度、价值观、愿望等的连续性经历的过程。职业锚理论在现代人力资源管理中的运用，是实现个人价值与组织目标有机统一的一种有效管理方式。

对个人而言，职业锚是个人职业选择的依据，并为人的全部职业生涯设定了发展方向，是影响个人才能发挥的决定性力量。

对组织而言，建立在职业锚理论基础上，切实针对组织成员深层次职业需要的人力资源管理，能够实现组织内部人力资源的最佳配置，最大限度地激发人的才能，从而实现组织效能的最大化，保证组织的良性运转。

1. 职业锚的类型

职业锚的八种类型包括：技术/职能型、管理型、自主/独立型、安全/稳定型、创业型、服务型、挑战型、生活型。

（1）技术/职能型。

技术/职能型的人，追求在技术/职能领域的成长和技能的不断提高，以及应用这种技术/职能的机会。他们对自己的认可来自他们的专业水平，他们喜欢面对来自专业领域的挑战。他们一般不喜欢从事一般的管理工作，因为这将意味着他们放弃在技术/职能领域的成就。

（2）管理型。

管理型的人追求并致力于工作晋升，倾心于全面管理，独自负责一个部分，可以跨部门整合其他人的努力成果，他们想去承担整个部分的责任，并将公司的成功与否看成自己的工作。具体的技术/职能工作仅仅被看作通向更高、更全面管理层的必经之路。

（3）自主/独立型。

自主/独立型的人希望随心所欲安排自己的工作方式、工作习惯和生活方式。追求能施展个人能力的工作环境，最大限度地摆脱组织的限制和制约。他们宁愿放弃提升或工作扩展机会，也不愿意放弃自由与独立。

（4）安全/稳定型。

安全/稳定型的人追求工作中的安全与稳定感。他们可以预测将来的成功从而感到放松。他们关心财务安全，例如，退休金和退休计划。稳定感包括诚信、忠诚以及完成老板交代的工作。尽管有时他们可以达到一个高的职位，但他们并不关心具体的职位和具体的工作内容。

（5）创业型。

创业型的人希望使用自己能力去创建属于自己的公司或创建完全属于自己的产品（或服务），而且愿意去冒风险，并克服面临的障碍。他们想向世界证明公司是他们靠自己的努力创建的。他们可能正在别人的公司工作，但同时他们在学习并评估将来的机会。一旦他们感觉时机到了，他们便会自己走出去创建自己的事业。

（6）服务型。

服务型的人是指那些一直追求他们认可的核心价值，例如，帮助他人，改善人们的安全，通过新的产品消除疾病。他们一直追寻这种机会，即使这意味着变换公司，他们也不会接受不允许他们实现这种价值的工作变换或工作提升。

（7）挑战型。

挑战型的人喜欢解决看上去无法解决的问题，战胜强硬的对手，克服无法克服的困难障碍等。对他们而言，参加工作或职业的原因是工作允许他们去战胜各种不可能。新奇、变化和困难是他们的终极目标。如果事情非常容易，马上就变得非常令人厌烦。

（8）生活型。

生活型的人是喜欢允许他们平衡并结合个人需要、家庭需要和职业需要的工作环境。他们希望将生活的各个主要方面整合为一个整体。正因为如此，他们需要一个能够提供足够的弹性让他们实现这一目标的职业环境。甚至可以牺牲他们职业的一些方面，如提升带来的职业转换，他们将成功定义得比职业成功更广泛。他们认为自己在如何生活，在哪里居住，以及如何处理家庭事情和在组织中的发展道路是与众不同的。

2. 职业锚对求职和职业发展的指导作用。

施恩的职业锚理论对求职者具有多方面的作用。求职者应深入了解和应用职业锚理论，明确自己的职业定位和发展方向，制定科学合理的职业规划，提高职业竞争力，促进个人成长和发展，并有效应对职业变化和挑战。

（1）明确职业定位。

职业锚体现了求职者内心深处的职业动机和需要，是求职者自我认知的重要组成部分，通过职业锚理论，求职者可以更加清晰地了解自己的职业倾向、兴趣爱好和价值观，从而明确自己的职业定位，为未来的职业发展奠定坚实的基础。

（2）制定职业规划。

职业锚不仅帮助求职者明确职业定位，还能指导他们制定科学合理的职业规划。在了解自己的职业锚后，求职者可以更有针对性地选择适合自己的职业路径和发展方向，避免盲目性和随意性。同时，职业锚还能帮助求职者在面对职业选择时更加坚定和自信，减少因职业迷茫而带来的焦虑和压力。

（3）提高职业竞争力。

强调求职者应根据自己的职业锚来选择合适的职业和岗位，有助于求职者在求职过程中更加准确地匹配自己的能力和兴趣，提高求职成功率。同时，由于职业锚是求职者内心深处的职业动机和需要，因此拥有明确职业锚的求职者在工作中更容易表现出色，获得领导和同事的认可，从而提高自己的职业竞争力。

（4）促进个人成长和发展。

职业锚理论鼓励求职者不断探索和发展自己的职业潜能，追求职业成长和进步。通过明确自己的职业锚，求职者可以更有针对性地学习和提升自己的专业技能和综合素质，为未来的职业发展做好充分准备。同时，职业锚理论还能帮助求职者在工作中保持积极的心态和动力，不断挑战自我、超越自我，实现个人价值的最大化。

（5）应对职业变化和挑战。

现代社会，职业环境和市场需求不断变化，求职者需要不断适应和调整自己的职业规划。职业锚理论为求职者提供了一种应对职业变化和挑战的思路和方法。当求职者面临职业转型或职业困境时，可以通过回顾自己的职业锚来重新审视自己的职业定位和发展方向，从而找到新的职业机会和发展空间。

三、自我教练

生涯教练协会这样定义自我教练，将人们和自己理想工作的激情、目的、价值等关键点连接起来，用生涯管理技巧提升自我意识，澄清生活目标，提高应对能力，进行生涯管理，从而整体提升生活质量。

自我教练是帮助人们觉察自我并实现自我的有效途径之一。自我教练主要围绕三个方面，即提升自信心、觉察力和责任感。

（1）自信心：人们常常不自信，不相信自己的能力，因此面对问题会退缩、脾气暴躁，这是因为他们当下被问题困住了，没有找到自己真正的目标，或者因为不自信而不能够采取有效的行动。当人们一旦相信自己，事情就会变得简单很多，能够以积极乐观的心态去行动，并能找到更多实现目标的方法和可能性，因此能够更加高效和迅速地实现目标。

（2）觉察力：自我教练是通过向自己发问，不断明晰自己的目标和现状，帮助自己从新的角度思考问题，并且激发自我效能，用自己的方式找到解决方案，实现自己的目标。每个人都是自己人生的专家，没有任何人比别人更了解自己和自己遇到的问题，自我觉察就像是帮助自己在现实与解决方案之间架起一座桥梁，明晰自己当下的现状、未来的目标，以及所要采取的行动计划。

（3）责任感：一个人如果没有负责任的心态，那么就会缺乏行动的动力，不会积极主动地去实现目标，因此也就不会产生高绩效。一个人如果觉察到自己应当负责任，那么就会发挥自己的主观能动性，从而产生高绩效，一个人所愿意负的责任越大越多，他的能力和态度也就越强。

1. 自我教练的四个步骤

（1）厘清自己想要的目标是什么，为了这个目标我现在要做什么。

（2）以目标为导向，找到实现目标的最佳途径。

（3）排除干扰，挖掘潜在的机会和资源。

（4）制订行动计划，实施执行，面对结果，定期复盘。

2. 自我教练的十个问题

问题1：什么问题对于你是最重要的？

这个问题指向未来，遇到问题或挑战的时候，人的注意力通常放在问题本身或压力、焦虑等负面情绪上，而“真正想要的是什么？”将关注过去转到关注未来的成果。自我教练的重点不在于解决问题，而是拿到未来的成果。有些问题也许无法直接解决，但可以换一种方式得到自己想要的结果。

问题2：为什么这个对我很重要？

这个问题指向价值观。人们所做的事背后，往往有一个更高的意图，这个意图反映了人的价值观，而价值观由我们过往的经历所决定，它是推动人们的行为、思考和选择背后的动力。当问出这个问题时，就是开始思考什么样的价值观驱动人生，将价值观显性化，并强迫思考行为的合理性，或者比较不同的价值观之间的重要性或优先排序。

问题3：当我得到我想要的，我就成为一个什么样的人？

这是一个澄清身份的问题，身份是比价值观更高、更抽象的意图。人们在潜意识中都在扮演着不同的身份，并且渴望成为自己想要成为的人。身份使我们区别于其他人，是关于"我是谁"、关于自己独特的渴望的形象。当我们开始思考这个问题时，会和内在的我相联结，能够发现更多的真相。

问题4：当我获得我想要的，我会给他人带去什么收益？

这个问题让人跳出自己的角度，从一个新的视角去审视自己所要实现的目标。提出这个问题后会开始关注他人，站在他人角度去看他们的事实、感受和想法。这是一种系统思维，为做决策提供新的信息视角，帮自己做出更理性的选择。

问题5：我如何肯定地知道已经得到自己想要的？

这个问题把一个含糊的想法变成具体清晰的结果，转变成为实实在在的行动规划。如果这个画面一开始就能够让人们"看见、听到、感受到"，行动意愿就会变得非常强烈。这种状态的启动不仅仅在理性层面，而且包括内心的情感层面，是一种无比强大的力量。

问题6：10年、20年后，我会如何看待这件事情的成功？

这个问题的假设有两个，一是这个困难是可以被成功解决的，站在成功的结果上去看我们如何取得成功，充满力量和信心；二是这个提问是站在一个更大的时间尺度看当下的这件事，减少烦忧，从当下跳出来。

当下的烦恼变得无足轻重，是因为人们赋予事件以新的意义。

问题7：是什么在阻碍我得到我想要的？

当阻碍人们的干扰被消除了，人们的潜能就能够发挥出来，容易创造更高的绩效。

干扰包括两种类型：

（1）内在的：限制性的信念，缺乏自信心，缺乏某种技能，性格上的偏好等。

（2）外在的：环境、时机、人员等。

探索阻碍自己实现目标的因素，聚焦在消除这些因素上。

问题8：我目前拥有哪些资源？

资源是丰富的，要相信，自己既然拥有问题，也会拥有解决问题的资源，或者能够创造出解决问题的资源，可以延伸出很多问题。

（1）内部资源：熟练的技能、积极的信念、精力、过去的成功体验等。

（2）外部资源：人际关系网，外部积极的环境，优越的条件优势、机会等。

问题9：我如何迈出第一步？

教练的结果，不仅是人们有了新的觉察与成长，还包括付诸行动，如果缺乏行动，什么都不会发生，什么都不会改变。

第一步意味着改变习惯，只要知道目标，知道下一步行动是什么，通过行动，一定会不断接近目标，最终达成目标。

问题10：为了帮助自己建立一个支持、问责的环境，有谁可以成为我的支持者、帮助者？

一个人的意志往往是靠不住的，需要为目标设计一个支持、问责的环境。问责的伙伴不是监督我们，而是因他展示我们的承诺与责任，不断完善自己的成长体系。

案例故事：一个人，一匹马，一条路和一颗温暖的心

拓展延伸

1.《生命向前》，作者：［美］迈克尔·海厄特、丹尼尔·哈卡维，陈默译，北京联合出版公司。

2.《卓越教练技术指南》，作者：［美］乔纳森·帕斯莫，龙红明译，人民邮电出版社。

【实践成长任务单 70】

生涯愿景图

班级：　　　　姓名：　　　　学号：

- 大二已经接近尾声，大三就要为求职做准备了。下面为你的大三做个计划。

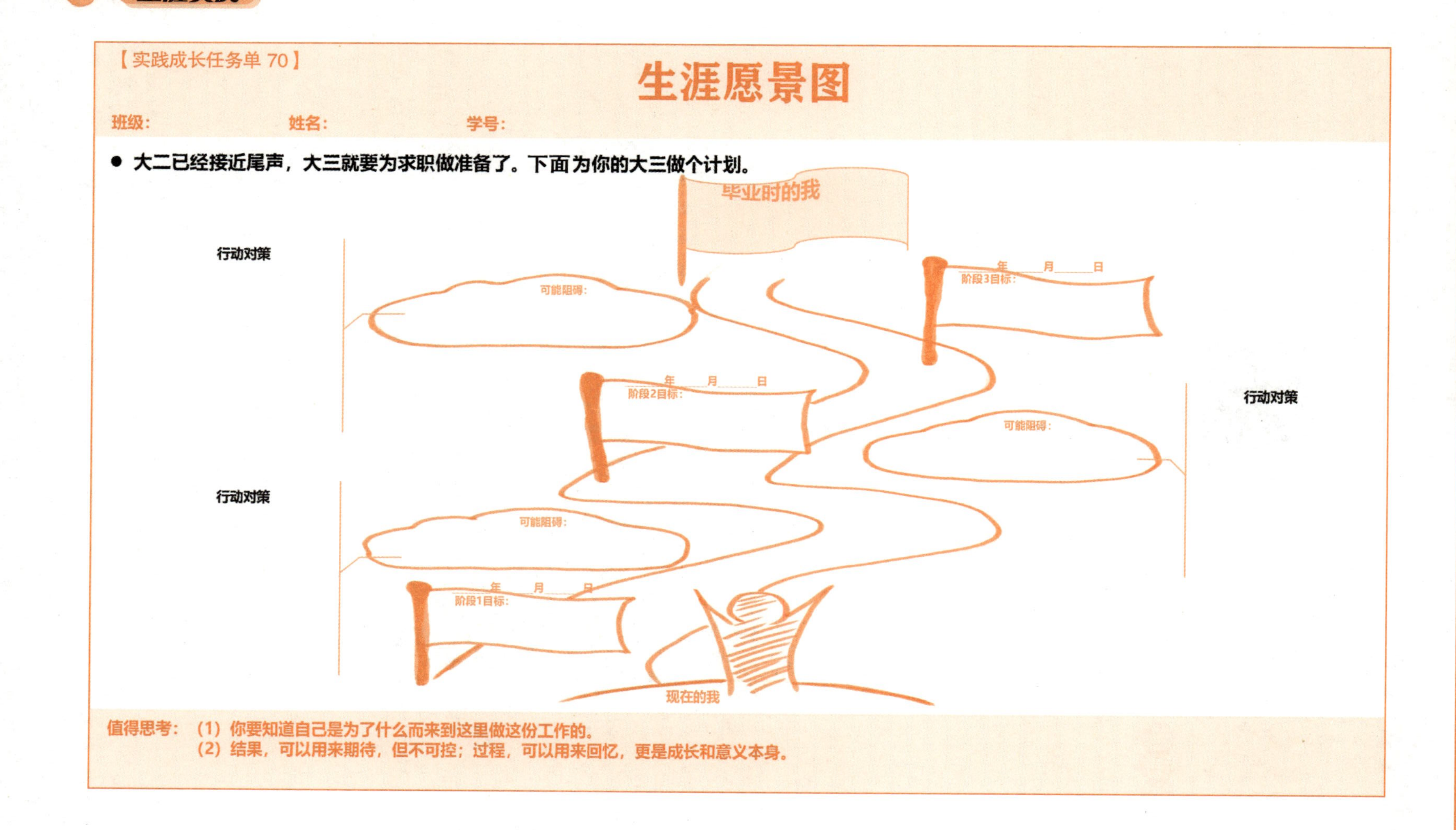

值得思考：（1）你要知道自己是为了什么而来到这里做这份工作的。
（2）结果，可以用来期待，但不可控；过程，可以用来回忆，更是成长和意义本身。

【实践成长任务单 71】

目标分解表

班级：　　　　姓名：　　　　学号：

● **小步慢跑，更易于坚持，更可能达到终点。尝试把前面的阶段目标拆解得再细致一点，更易于执行。**

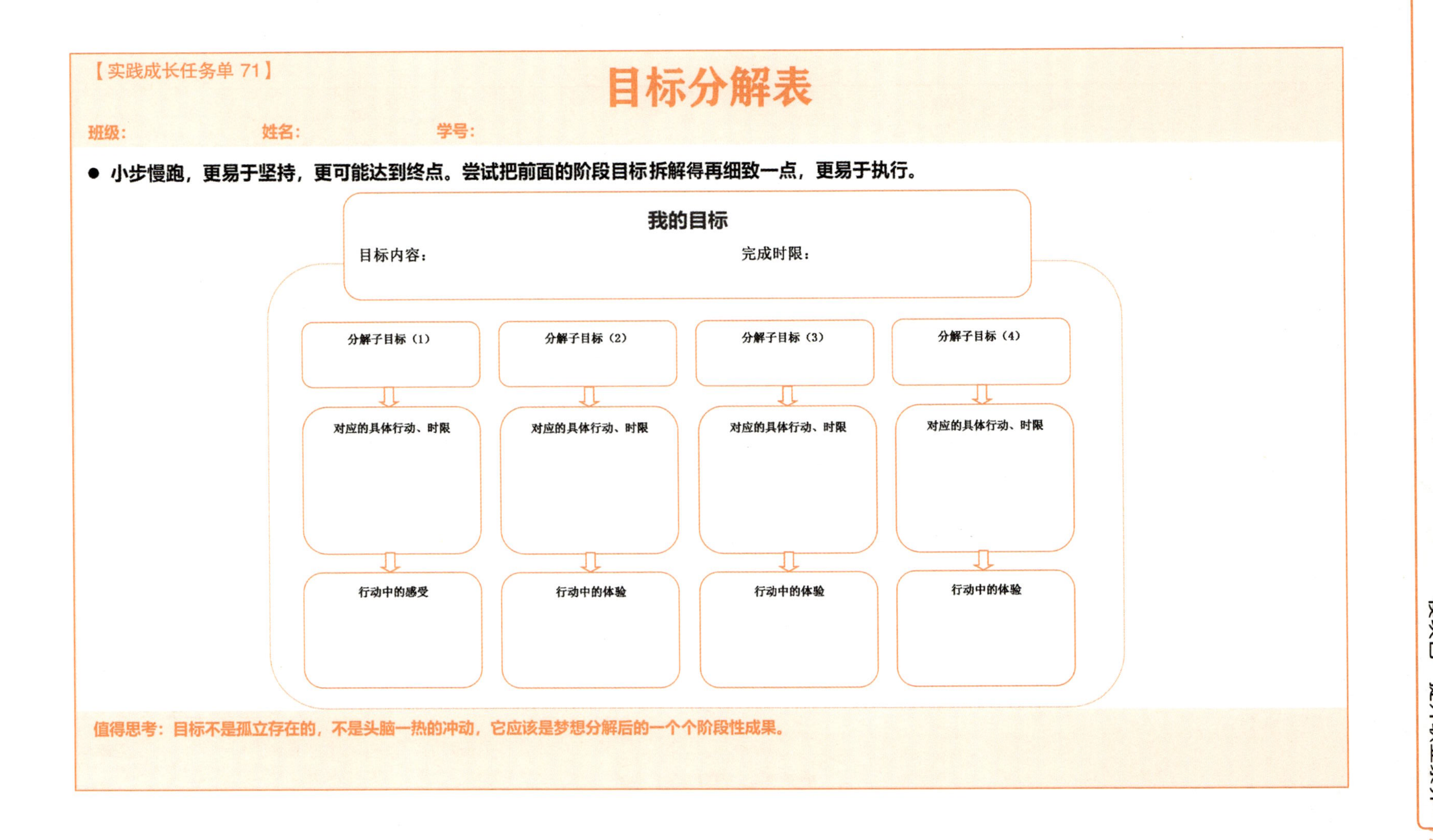

值得思考：目标不是孤立存在的，不是头脑一热的冲动，它应该是梦想分解后的一个个阶段性成果。

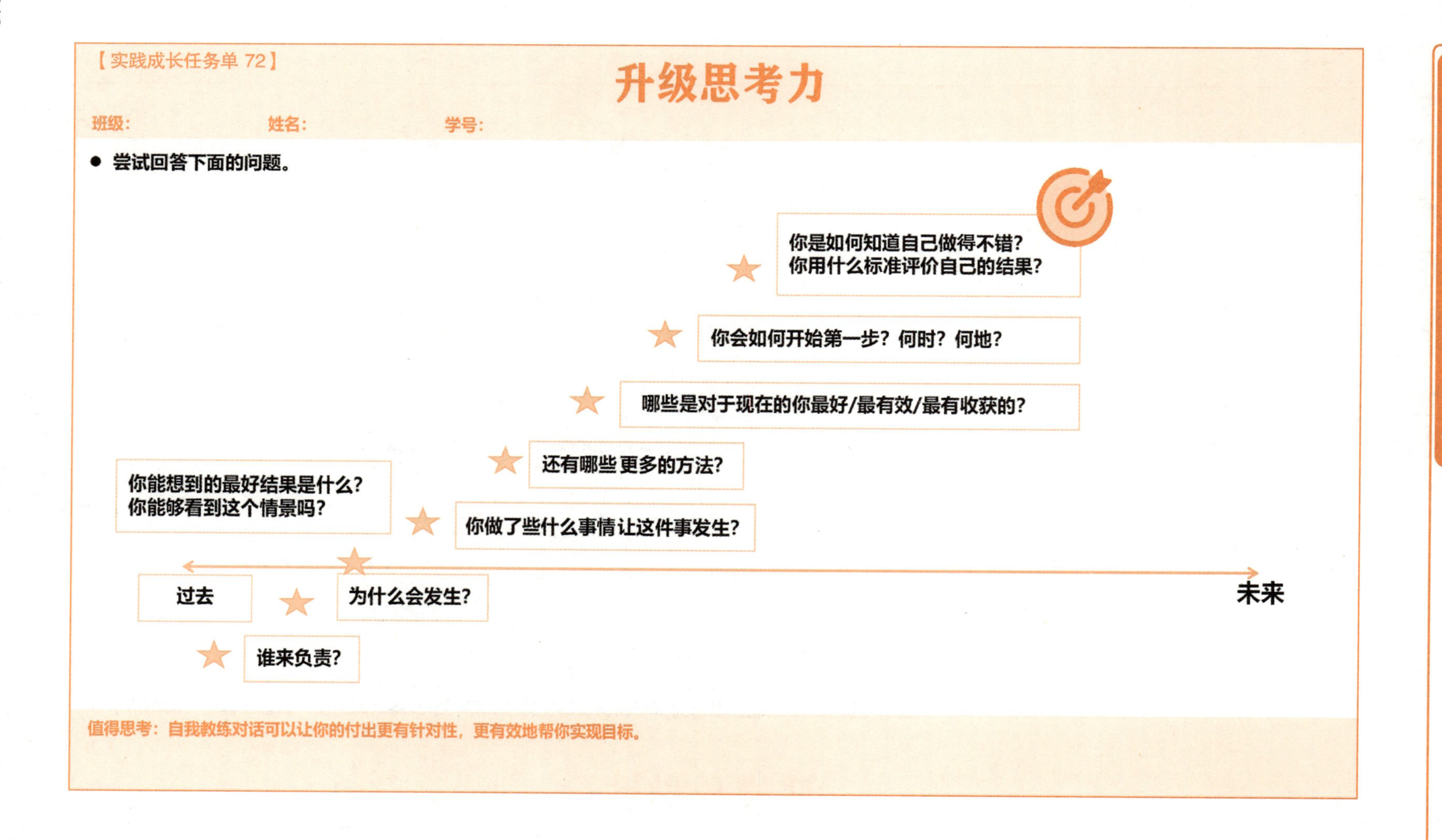
【实践成长任务单 72】
升级思考力
班级：
姓名：
学号：
● 尝试回答下面的问题。
你是如何知道自己做得不错？
你用什么标准评价自己的结果？
你会如何开始第一步？何时？何地？
哪些是对于现在的你最好/最有效/最有收获的？
还有哪些更多的方法？
你能想到的最好结果是什么？
你能够看到这个情景吗？
你做了些什么事情让这件事发生？
过去
为什么会发生？
未来
谁来负责？
值得思考：自我教练对话可以让你的付出更有针对性，更有效地帮你实现目标。

附

生涯时空

时序更迭铭岁月，二十四章记过往。
春生夏长秋收果，心之所向是归航。

立春 · 启智

春日春盘细生菜，忽忆两京梅发时。

——唐 · 杜甫《立春》

立春，二十四节气之首，标志着冬季的结束和春季的开始。通常在每年公历的 2 月 3—5 日交节，此时，太阳运行至黄经 315°时。

《月令七十二候集解》中说："立春，正月节。立，建始也，五行之气，往者过，来者续。于此而春木之气始至，故谓之立也。"立春时节，大地回暖，万物复苏，草木萌发。积蓄了一冬的力量开始展现，一切都充满了生机与活力，让人感受到生命的美好和无限可能。农民开始精心准备土地、选种、播种希望，农耕文化强调顺应自然、和谐共生。

"一年之计在于春"，立春是新的开始，是人们心中希望和憧憬的开始，可以从中汲取深刻的启示，摆脱过去的束缚，勇敢地追求自己的梦想和目标；可以像艺术家一样去雕琢自己的人生，让它成为独一无二、充满个性和创造力的作品。在这个过程中，去尝试、去探索、去挑战，去创造属于自己的精彩人生。

复盘单

<table>
<tr><th colspan="12">学习过程回顾</th></tr>
<tr><td colspan="12">学到的新知识：

联想到的旧知识：

学习过程中的感受：</td></tr>
<tr><th colspan="12">自我复盘</th></tr>
<tr><td>2</td><td>你为本次学习
做出的努力和贡献</td><td colspan="10">☐ 搜集资料　☐ 主动合作，支持伙伴
☐ 执行任务　☐ 控制时间，推进进度
☐ 提供意见或建议　☐ 主动总结，积极复盘
☐ 其他补充：______</td></tr>
<tr><td rowspan="2">3</td><td rowspan="2">对自己的满意度
（1~10 分）</td><td>1</td><td>2</td><td>3</td><td>4</td><td>5</td><td>6</td><td>7</td><td>8</td><td>9</td><td>10</td></tr>
<tr><td></td><td></td><td></td><td></td><td></td><td></td><td></td><td></td><td></td><td></td></tr>
<tr><td>4</td><td>如果想提升满意度，
你会做些什么</td><td colspan="10"></td></tr>
<tr><td>5</td><td>这种回顾方式对你的价值</td><td colspan="10"></td></tr>
</table>

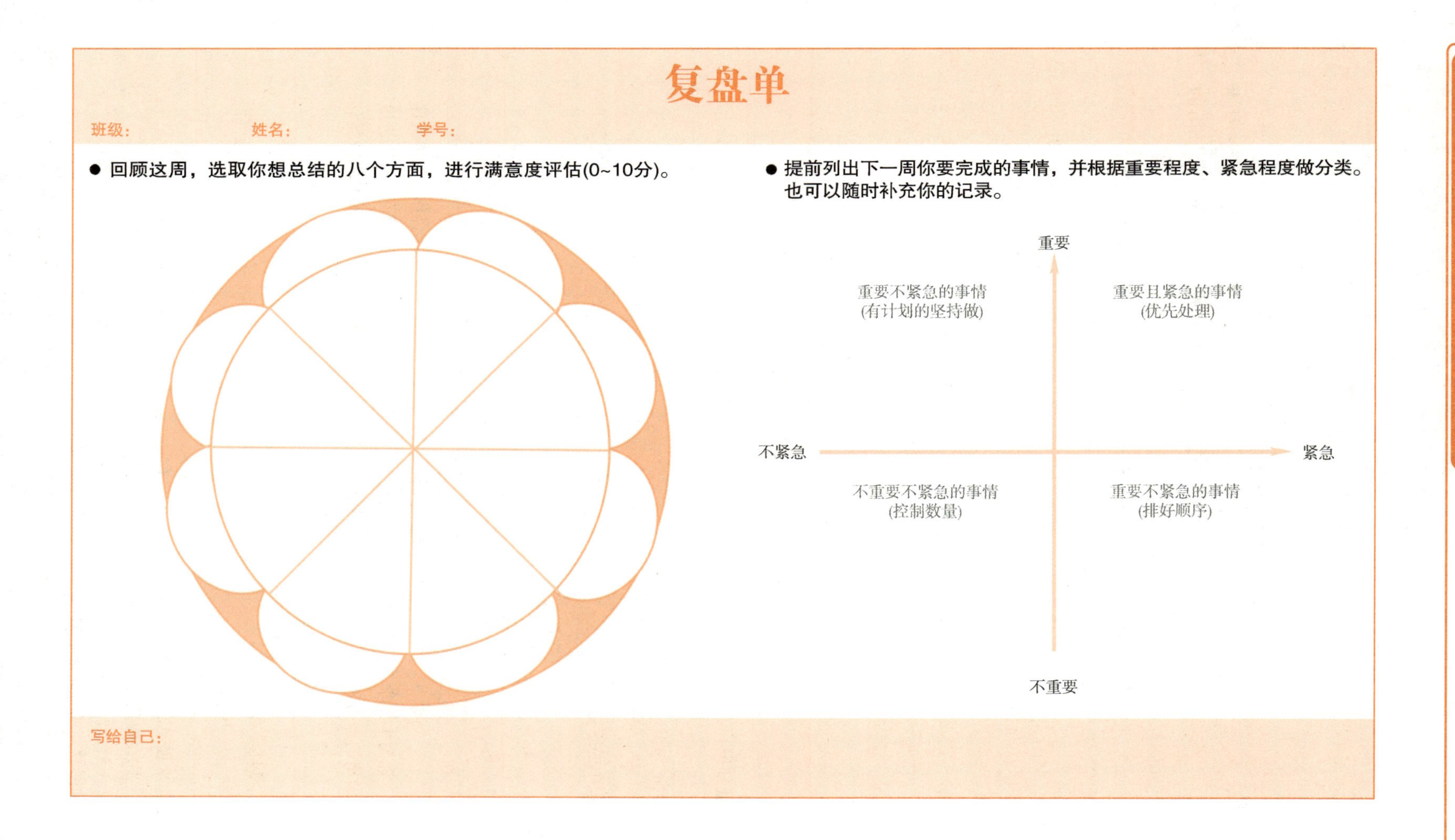

复盘单

班级：　　　　姓名：　　　　学号：

● 回顾这周，选取你想总结的八个方面，进行满意度评估(0~10分)。

● 提前列出下一周你要完成的事情，并根据重要程度、紧急程度做分类。也可以随时补充你的记录。

写给自己：

雨水·润泽

天街小雨润如酥，草色遥看近却无。

——唐·韩愈《早春呈水部张十八员外》

雨水，二十四节气的第二个节气，标志着降雨的开始和增多，通常在每年公历的 2 月 18—20 日交节，此时，太阳运行至黄经 330°时。

《月令七十二候集解》中说：“正月中，天气生水。春始属木，然生木者必水也，故立春后继之雨水，且东风既解冻，则散而为雨矣。”雨水时节，滋润大地，为万物的生长提供了必要的水分。

雨水时节，农民开始忙碌起来，进行耕种、松土等农事活动，为即将到来的春季作物种植做好准备。他们会选择适合雨水季节的作物品种，如小麦、大豆、玉米等，并根据实际情况调整种植计划。同时，农民还会关注灌溉和施肥，确保作物得到充足的水分和营养，以促进其健康生长，在这个时期充分利用自然资源，合理安排农事活动，为春季作物的生长奠定坚实的基础。

复盘单

<table>
<tr><th colspan="12">学习过程回顾</th></tr>
<tr><td colspan="12">学到的新知识：
联想到的旧知识：
学习过程中的感受：</td></tr>
<tr><th colspan="12">自我复盘</th></tr>
<tr><td>2</td><td>你为本次学习
做出的努力和贡献</td><td colspan="10">□ 搜集资料　□ 主动合作，支持伙伴
□ 执行任务　□ 控制时间，推进进度
□ 提供意见或建议　□ 主动总结，积极复盘
□ 其他补充：________________</td></tr>
<tr><td rowspan="2">3</td><td rowspan="2">对自己的满意度
（1~10 分）</td><td>1</td><td>2</td><td>3</td><td>4</td><td>5</td><td>6</td><td>7</td><td>8</td><td>9</td><td>10</td></tr>
<tr><td></td><td></td><td></td><td></td><td></td><td></td><td></td><td></td><td></td><td></td></tr>
<tr><td>4</td><td>如果想提升满意度，
你会做些什么</td><td colspan="10"></td></tr>
<tr><td>5</td><td>这种回顾方式对你的价值</td><td colspan="10"></td></tr>
</table>

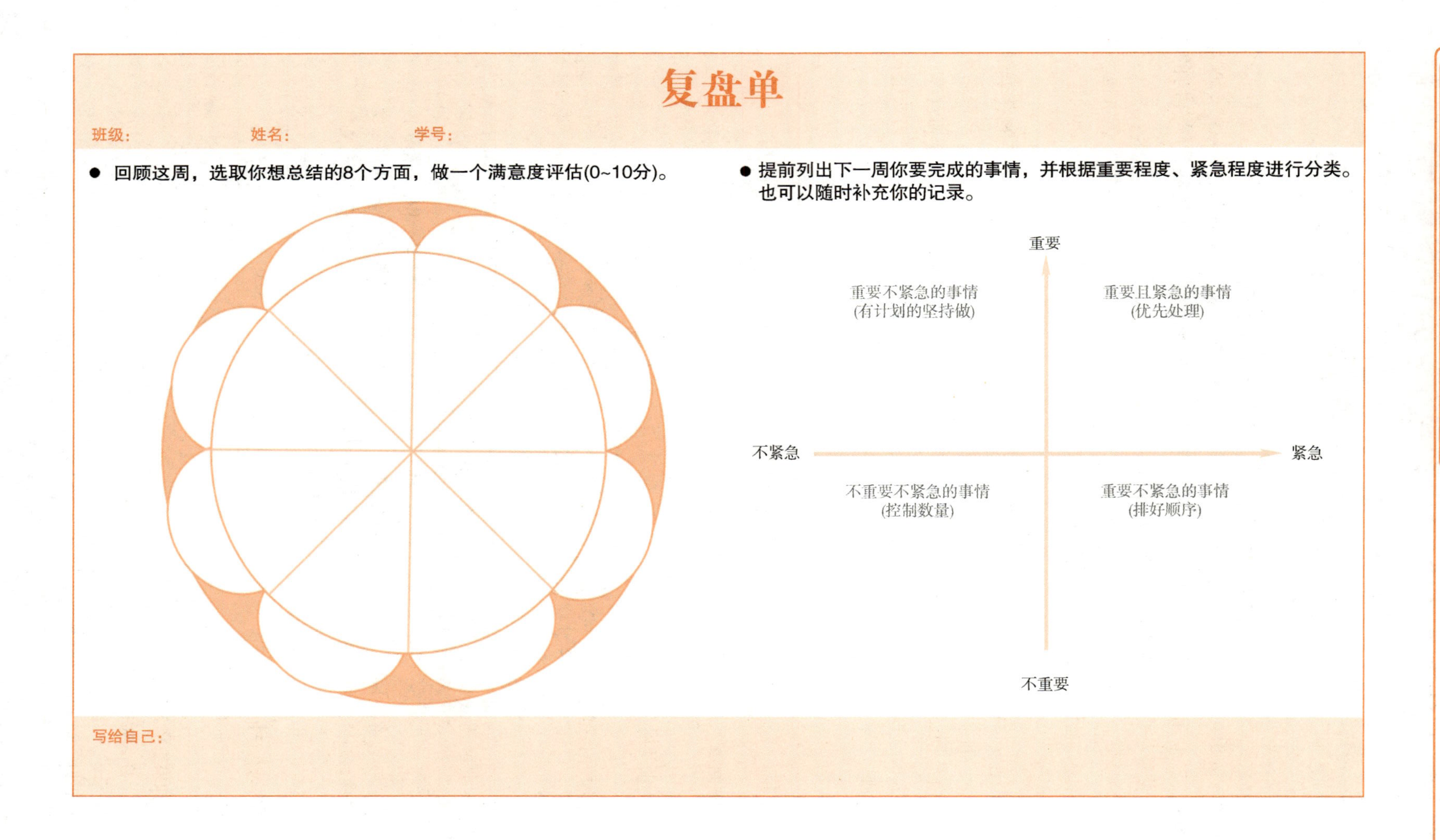

复盘单

班级：　　　　姓名：　　　　学号：

- 回顾这周，选取你想总结的8个方面，做一个满意度评估(0~10分)。

- 提前列出下一周你要完成的事情，并根据重要程度、紧急程度进行分类。也可以随时补充你的记录。

写给自己：

惊蛰 · 觉醒

雷动风行惊蛰户，天开地辟转鸿钧。

——宋 · 陆游《春晴泛舟》

惊蛰，二十四节气的第三个节气，标志着仲春时节的开始，通常在每年公历的 3 月 5—7 日交节，此时，太阳运行至黄经 345°时。

《月令七十二候集解》中说：“二月节……万物出乎震，震为雷，故曰惊蛰，是蛰虫惊而出走矣。”惊蛰时节，春雷始鸣，蛰虫惊醒，万物复苏，生机盎然，大自然开始展现出勃勃生机。

惊蛰时节，是春耕的开始，随着气温的回升和春雨的滋润，大地逐渐苏醒，农民们开始忙碌起来，进行播种、施肥等农事活动。春雷的响起，预示着春天的到来和丰收的希望，激励着农民们积极投入农业生产。农民们开始播种各类春谷，如小麦、燕麦和豌豆等。同时，他们还会开展一系列的护苗活动，以确保庄稼的健康成长。这些活动不仅体现了农民们对大自然的敬畏，也展示了他们勤劳智慧的精神风貌。

复盘单

<table>
<tr><th colspan="12">学习过程回顾</th></tr>
<tr><td colspan="12">学到的新知识：

联想到的旧知识：

学习过程中的感受：</td></tr>
<tr><th colspan="12">自我复盘</th></tr>
<tr><td>2</td><td>你为本次学习
做出的努力和贡献</td><td colspan="10">☐ 搜集资料　☐ 主动合作，支持伙伴
☐ 执行任务　☐ 控制时间，推进进度
☐ 提供意见或建议　☐ 主动总结，积极复盘
☐ 其他补充：________________</td></tr>
<tr><td rowspan="2">3</td><td rowspan="2">对自己的满意度
（1～10 分）</td><td>1</td><td>2</td><td>3</td><td>4</td><td>5</td><td>6</td><td>7</td><td>8</td><td>9</td><td>10</td></tr>
<tr><td></td><td></td><td></td><td></td><td></td><td></td><td></td><td></td><td></td><td></td></tr>
<tr><td>4</td><td>如果想提升满意度，
你会做些什么</td><td colspan="10"></td></tr>
<tr><td>5</td><td>这种回顾方式对你的价值</td><td colspan="10"></td></tr>
</table>

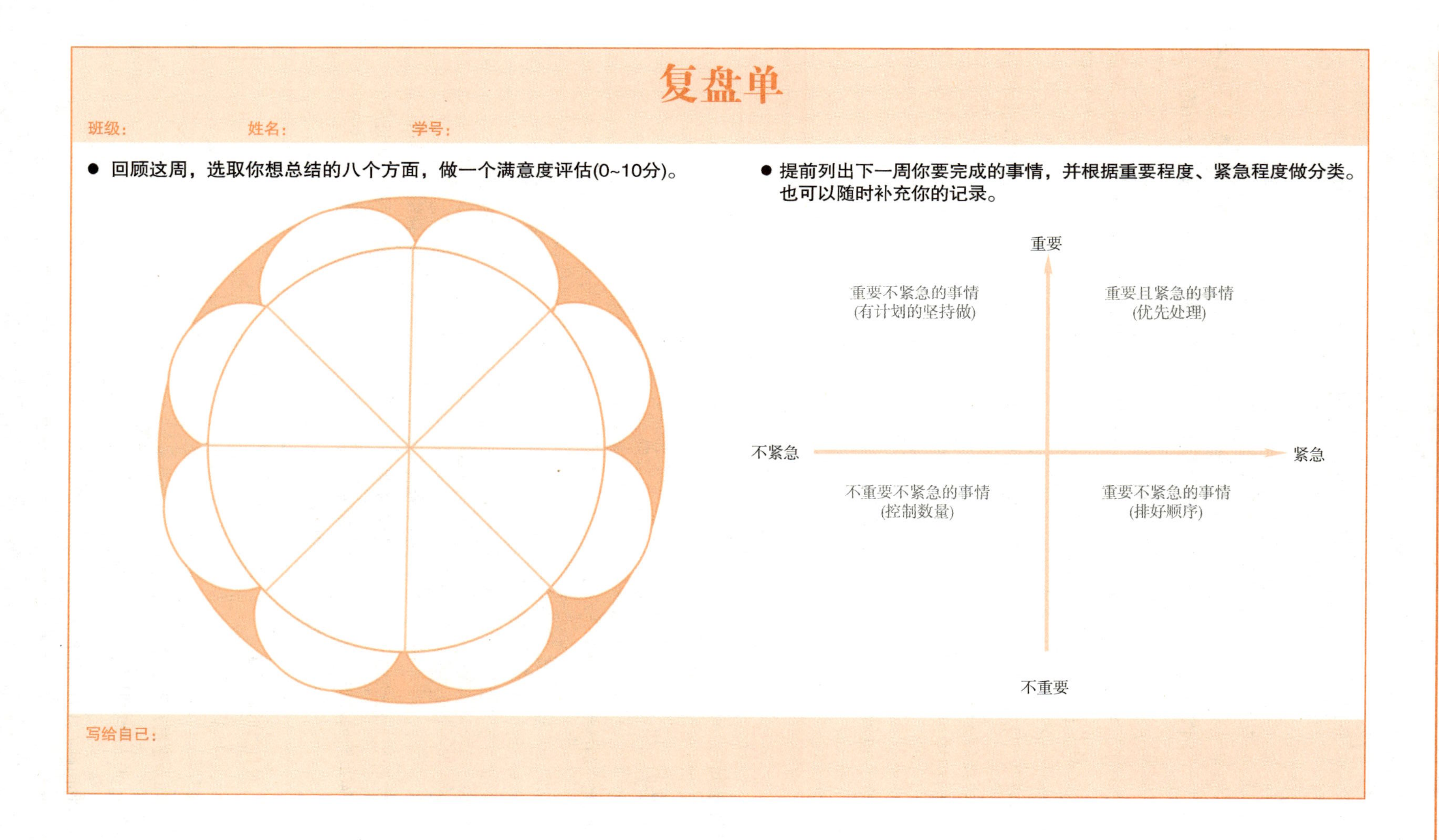
复盘单
班级：
姓名：
学号：
● 回顾这周，选取你想总结的八个方面，做一个满意度评估(0~10分)。
● 提前列出下一周你要完成的事情，并根据重要程度、紧急程度做分类。也可以随时补充你的记录。
重要
不重要
不紧急
紧急
重要不紧急的事情
(有计划的坚持做)
重要且紧急的事情
(优先处理)
不重要不紧急的事情
(控制数量)
重要不紧急的事情
(排好顺序)
写给自己：

春分·均衡

雪入春分省见稀，半开桃李不胜威。

——宋·苏轼《癸丑春分后雪》

春分，二十四节气的第四个节气，象征着平衡与新的开始。通常在每年公历的 3 月 20—22 日交节，此时，太阳运行至黄经 360°时。

《月令七十二候集解》中说：“春分，二月中，分者半也，此当九十日之半，故谓之分。”春分时节，作为春季的中分点，昼夜平分，阴阳相和，大地回暖，万物复苏。万物蓄势待发，春耕的序幕也随之拉开。这一自然现象描绘了大自然的和谐与生机。

春分时节，正是春季农事活动的高潮。此时，大地回暖，万物复苏，农民们开始忙于播种、施肥、灌溉等农事活动。由于春分时节的气候适宜，农作物生长迅速，因此这个时期的农耕活动对于全年的农业生产至关重要，不仅反映了人们对自然的敬畏和顺应，也体现了人们对美好生活的追求和向往。每个人的职业生涯都是独一无二的，没有固定的模板和标准。人们常面临各种选择，如同春分时节的大地，充满了无限的可能与希望。

复盘单

<table>
<tr><th colspan="12">学习过程回顾</th></tr>
<tr><td colspan="12">学到的新知识：

联想到的旧知识：

学习过程中的感受：</td></tr>
<tr><th colspan="12">自我复盘</th></tr>
<tr><td>2</td><td>你为本次学习
做出的努力和贡献</td><td colspan="10">☐ 搜集资料　☐ 主动合作，支持伙伴
☐ 执行任务　☐ 控制时间，推进进度
☐ 提供意见或建议　☐ 主动总结，积极复盘
☐ 其他补充：________________</td></tr>
<tr><td rowspan="2">3</td><td rowspan="2">对自己的满意度
（1~10 分）</td><td>1</td><td>2</td><td>3</td><td>4</td><td>5</td><td>6</td><td>7</td><td>8</td><td>9</td><td>10</td></tr>
<tr><td></td><td></td><td></td><td></td><td></td><td></td><td></td><td></td><td></td><td></td></tr>
<tr><td>4</td><td>如果想提升满意度，
你会做些什么</td><td colspan="10"></td></tr>
<tr><td>5</td><td>这种回顾方式对你的价值</td><td colspan="10"></td></tr>
</table>

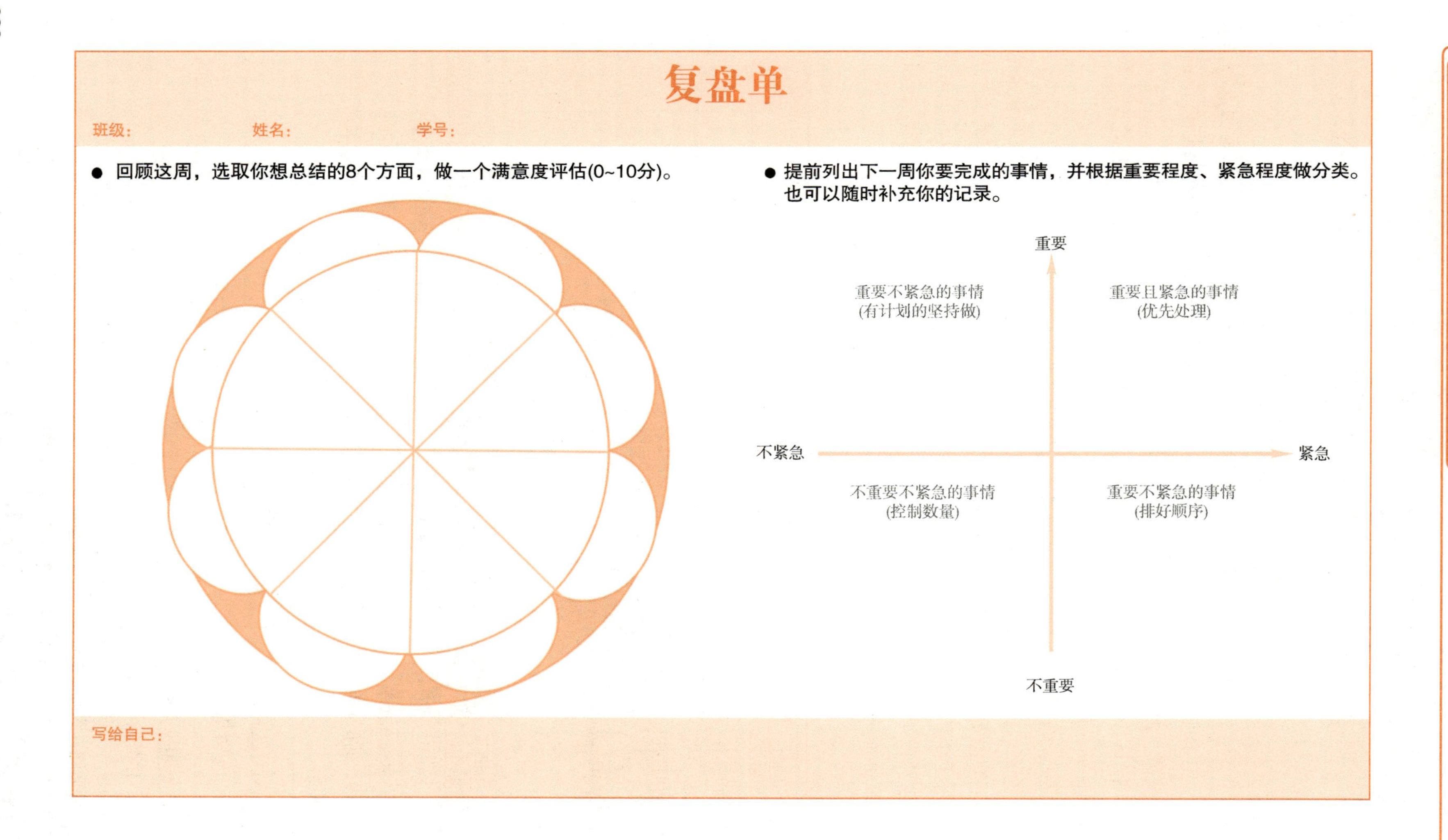

复盘单

班级：　　　　姓名：　　　　学号：

● 回顾这周，选取你想总结的8个方面，做一个满意度评估(0~10分)。

● 提前列出下一周你要完成的事情，并根据重要程度、紧急程度做分类。也可以随时补充你的记录。

写给自己：

清明 · 慧悟

清明时节雨纷纷，路上行人欲断魂。

——唐 · 杜牧《清明》

清明，二十四节气的第五个节气，通常在每年公历的 4 月 4—5 日交节，此时，太阳运行至黄经 15°时。

《月令七十二候集解》中说：“三月节……物至此时，皆以洁齐而清明矣。”清明时节，是自然界气温回暖、春耕开始的时节。

清明时节，是春耕春种的关键时期。在这个时节，农民忙于播种、施肥、灌溉等农事活动。在一些地区，有“清明前后，种瓜点豆”的说法，这表明了清明时节对于农业生产的重要性。同时，植树造林也是清明时节的重要活动，人们会在这个时期种植树苗，为未来的生态环境贡献力量。同时，也是祭奠已故亲人的日子，让人们有机会表达对逝去亲人的怀念与尊敬，这是一种情感和精神上的寄托。这一时刻，让我们感受到生命的轮回与自然的韵律，更承载着深厚的文化内涵。

复盘单

<table>
<tr><th colspan="12">学习过程回顾</th></tr>
<tr><td colspan="12">学到的新知识：

联想到的旧知识：

学习过程中的感受：</td></tr>
<tr><th colspan="12">自我复盘</th></tr>
<tr><td>2</td><td>你为本次学习
做出的努力和贡献</td><td colspan="10">☐ 搜集资料　☐ 主动合作，支持伙伴
☐ 执行任务　☐ 控制时间，推进进度
☐ 提供意见或建议　☐ 主动总结，积极复盘
☐ 其他补充：________________</td></tr>
<tr><td rowspan="2">3</td><td rowspan="2">对自己的满意度
（1~10 分）</td><td>1</td><td>2</td><td>3</td><td>4</td><td>5</td><td>6</td><td>7</td><td>8</td><td>9</td><td>10</td></tr>
<tr><td></td><td></td><td></td><td></td><td></td><td></td><td></td><td></td><td></td><td></td></tr>
<tr><td>4</td><td>如果想提升满意度，
你会做些什么</td><td colspan="10"></td></tr>
<tr><td>5</td><td>这种回顾方式对你的价值</td><td colspan="10"></td></tr>
</table>

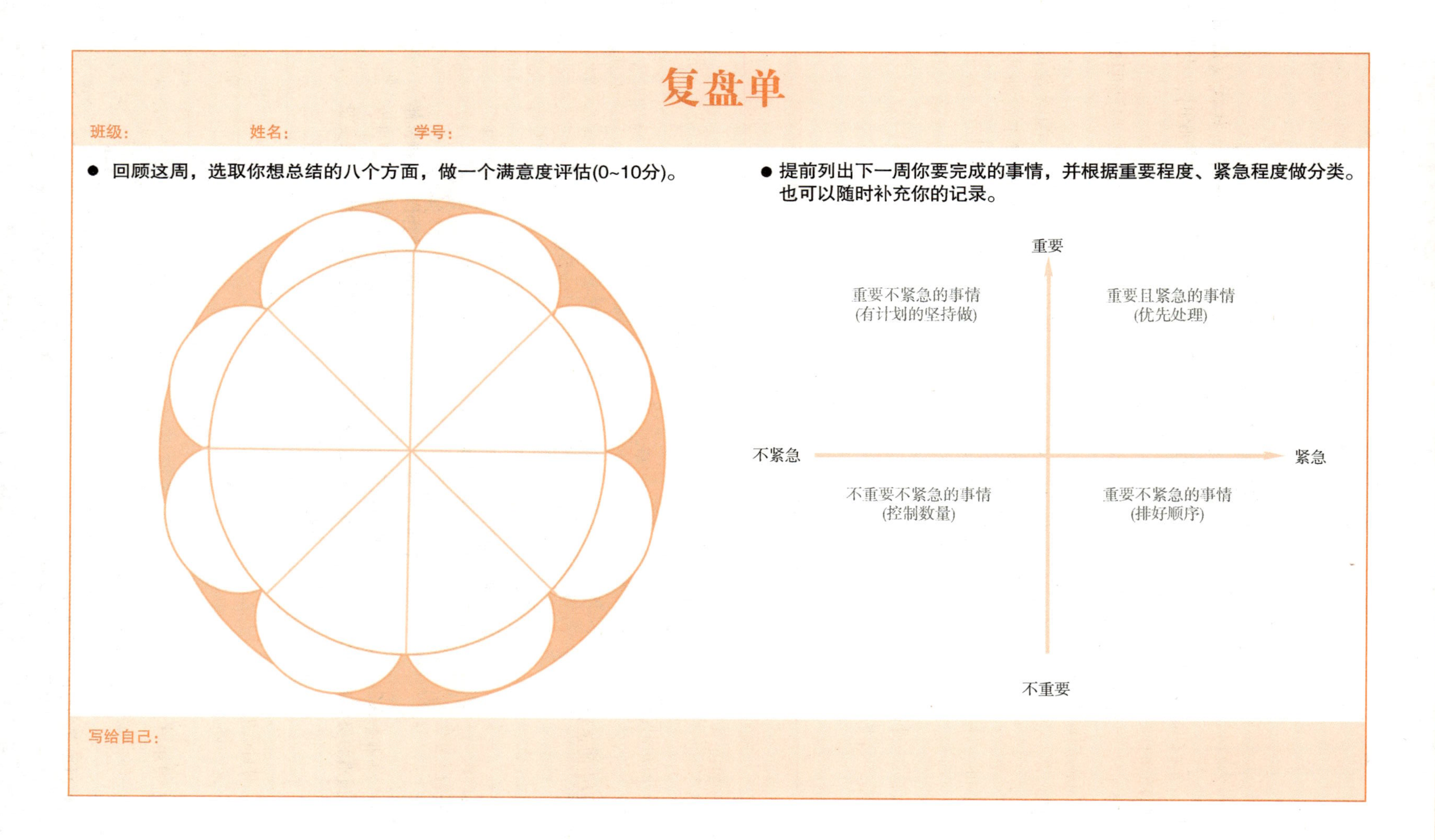

复盘单

班级：　　　　姓名：　　　　学号：

- 回顾这周，选取你想总结的八个方面，做一个满意度评估(0~10分)。

- 提前列出下一周你要完成的事情，并根据重要程度、紧急程度做分类。也可以随时补充你的记录。

写给自己：

谷雨·播种

谷雨都无十日间，落红栖草已斑斑。

——宋·刘子翚《宿云际偶题》

谷雨，二十四节气的第六个节气，是春季的最后一个节气，也是唯一将物候、时令、稼穑农事紧密对应的一个节气。通常在每年公历的 4 月 19—20 日交节，此时，太阳运行至黄经 30°时。

《月令七十二候集解》中说："三月中，自雨水后，土膏脉动，今又雨其谷于水也。谷雨时节作去声，如雨我公田之雨。盖谷以此时播种，自上而下也。"谷雨时节，极利作物的发芽与生长，每一粒种子也都在努力地汲取养分，向着阳光伸展，展现出勃勃生机。

谷雨时节，是春季农事活动的高峰期。由于这个时期雨水充沛，有利于农作物的生长，因此农民们会抓住这个时机，进行播种、插秧、施肥等农事活动。特别是一些春季播种的作物，如棉花、玉米、花生等，都需要在这个时期完成播种工作。此外，对于已经播种的作物，农民们也会加强田间管理，确保作物能够苗壮成长。

复盘单

学习过程回顾											
学到的新知识： 联想到的旧知识： 学习过程中的感受：											
自我复盘											
2	你为本次学习做出的努力和贡献	□ 搜集资料　□ 主动合作，支持伙伴 □ 执行任务　□ 控制时间，推进进度 □ 提供意见或建议　□ 主动总结，积极复盘 □ 其他补充：________									
3	对自己的满意度（1~10 分）	1	2	3	4	5	6	7	8	9	10
4	如果想提升满意度，你会做些什么										
5	这种回顾方式对你的价值										

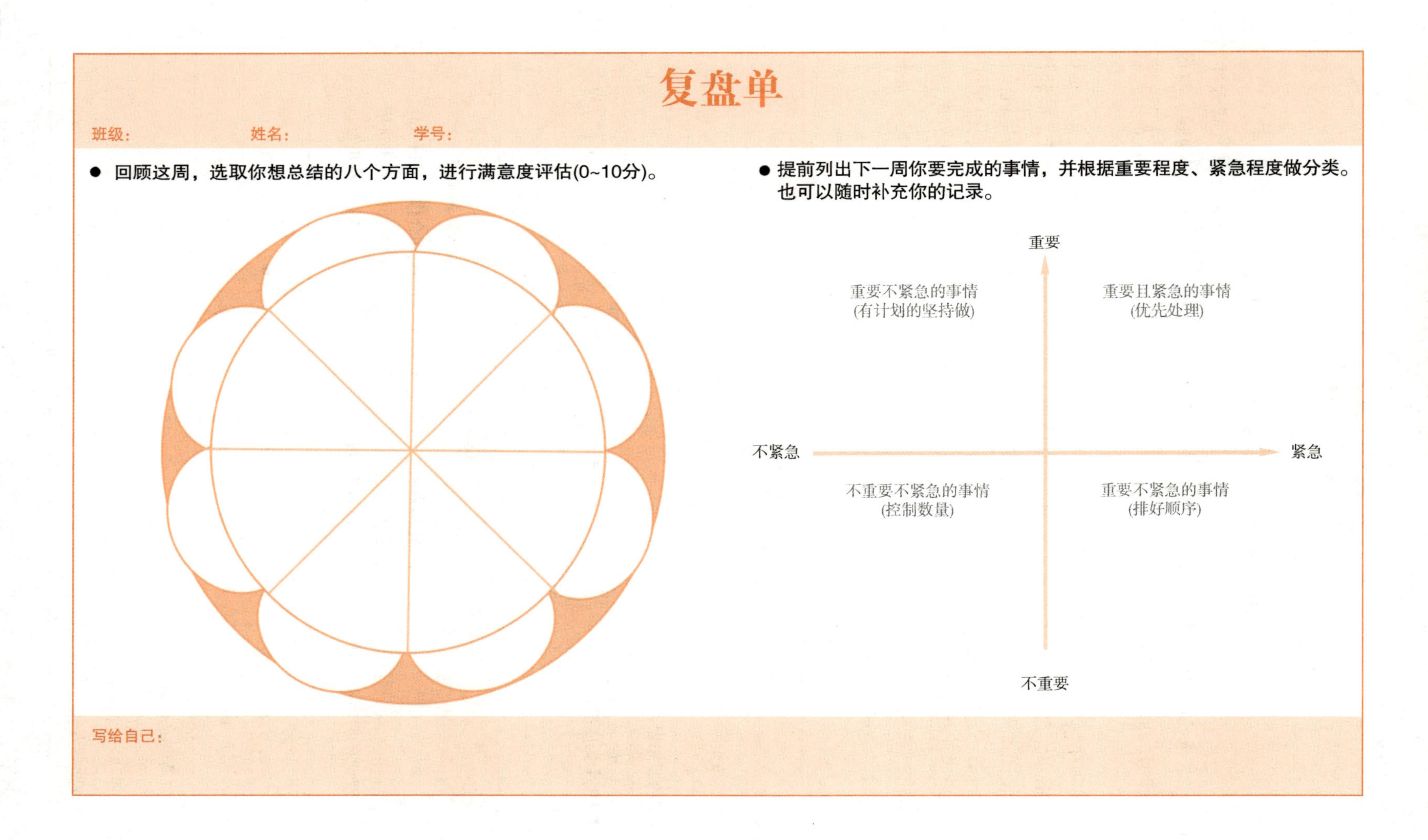
复盘单
班级：
姓名：
学号：
● 回顾这周，选取你想总结的八个方面，进行满意度评估(0~10分)。
● 提前列出下一周你要完成的事情，并根据重要程度、紧急程度做分类。也可以随时补充你的记录。
重要
重要不紧急的事情
(有计划的坚持做)
重要且紧急的事情
(优先处理)
不紧急
紧急
不重要不紧急的事情
(控制数量)
重要不紧急的事情
(排好顺序)
不重要
写给自己：

立夏·成长

纷纷红紫已成尘，布谷声中夏令新。

——宋·陆游《初夏绝句》

立夏，二十四节气的第七个节气，象征着夏季的开始。通常在每年公历的5月5—7日交节，此时，太阳运行至黄经45°时。

《月令七十二候集解》中说："立夏，四月节。立字解见春。夏，假也。物至此时皆假大也。"立夏时节，自然界中的万物进入旺盛生长期，呈现出勃勃生机。

立夏时节，是农作物旺盛生长的重要时期。农民们会忙于田间管理，确保作物健康生长。对于早稻来说，立夏前是插秧的适宜时期。此时，农民会提前准备疏松透气、富含有机质的土壤，然后进行移栽。移栽前，他们会向田内灌入足够的水，并施入经过稀释的有机肥液，以加快稻苗的生长速度。此外，小麦也进入了生长的关键时期，农民需要关注天气变化，做好防病防虫工作，确保小麦的产量和质量。

复盘单

<table>
<tr><th colspan="12">学习过程回顾</th></tr>
<tr><td colspan="12">学到的新知识：

联想到的旧知识：

学习过程中的感受：</td></tr>
<tr><th colspan="12">自我复盘</th></tr>
<tr><td>2</td><td>你为本次学习
做出的努力和贡献</td><td colspan="10">□ 搜集资料　□ 主动合作，支持伙伴
□ 执行任务　□ 控制时间，推进进度
□ 提供意见或建议　□ 主动总结，积极复盘
□ 其他补充：________________</td></tr>
<tr><td rowspan="2">3</td><td rowspan="2">对自己的满意度
（1~10分）</td><td>1</td><td>2</td><td>3</td><td>4</td><td>5</td><td>6</td><td>7</td><td>8</td><td>9</td><td>10</td></tr>
<tr><td></td><td></td><td></td><td></td><td></td><td></td><td></td><td></td><td></td><td></td></tr>
<tr><td>4</td><td>如果想提升满意度，
你会做些什么</td><td colspan="10"></td></tr>
<tr><td>5</td><td>这种回顾方式对你的价值</td><td colspan="10"></td></tr>
</table>

复盘单

班级：　　　　姓名：　　　　学号：

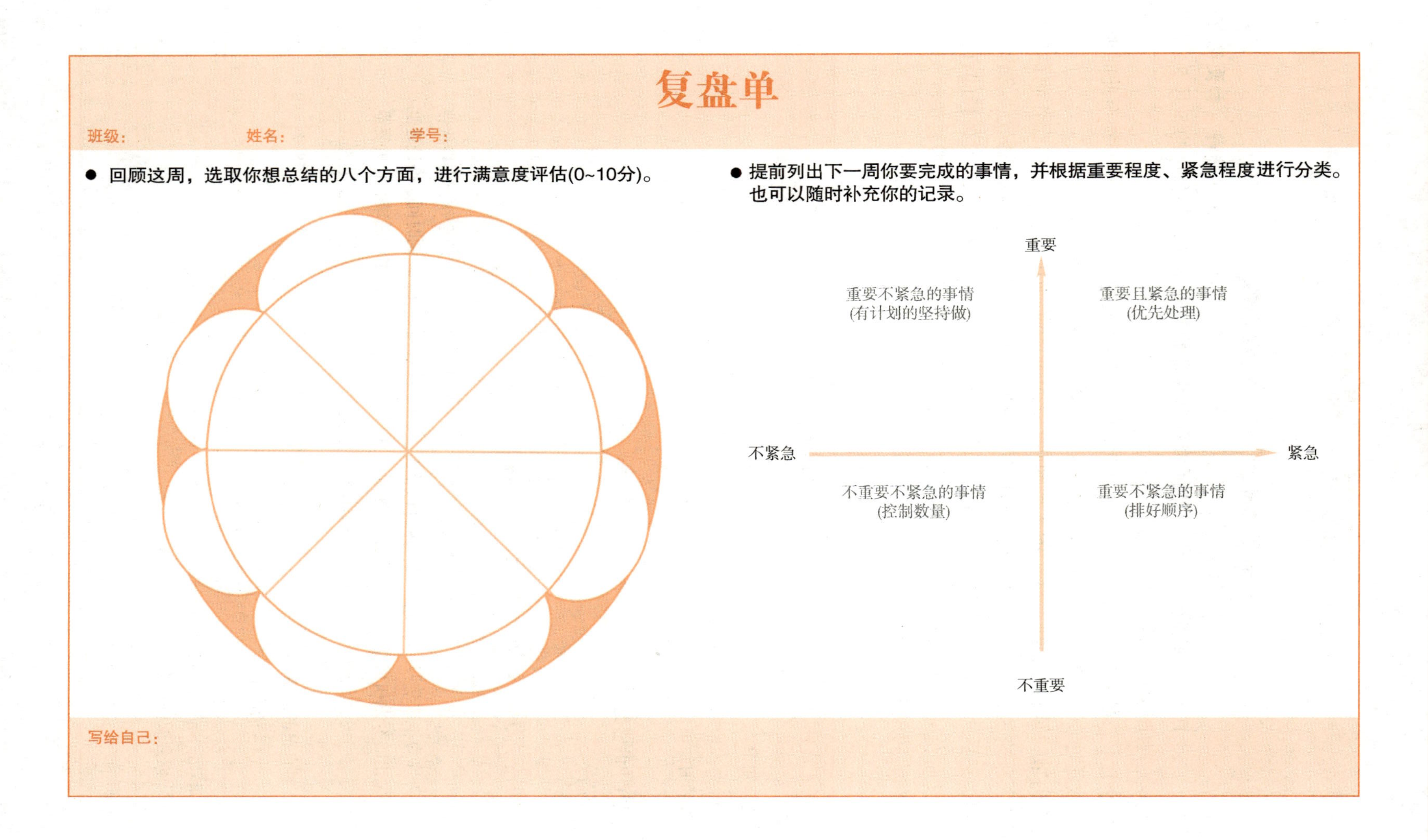

- 回顾这周，选取你想总结的八个方面，进行满意度评估(0~10分)。
- 提前列出下一周你要完成的事情，并根据重要程度、紧急程度进行分类。也可以随时补充你的记录。

写给自己：

小满·充实

小满温和夏意浓，麦仁满粒量还轻。

——佚名《七律·小满》

小满，二十四节气的第八个节气，标志着夏季作物开始进入成熟阶段。通常在每年公历的 5 月 20—22 日交节，此时，太阳运行至黄经 60°时。

《月令七十二候集解》中说："四月中，小满者，物至于此小得盈满。"小满时节，在农作物生长周期中，乳熟后期和灌浆期是关键的生长阶段，特别是对于小麦等谷物来说。这个阶段对农作物的最终产量和质量具有重要影响。

小满时节，是农作物生长的重要时期，尤其是夏季作物。江南地区早稻开始追肥，中稻插秧，农民们会抓紧时间进行田间管理，确保作物茁壮成长。同时，小满也是水利设施建设的关键时刻，一些地方会举行"抢水"仪式，祈求水源充足，为农作物的生长创造有利条件。

一个良好的职业定位是一个关键步骤，有助于个人在职业生涯中取得长足发展；不断地适应新的环境和挑战，才能在激烈的竞争中脱颖而出。

复盘单

学习过程回顾											
学到的新知识： 联想到的旧知识： 学习过程中的感受：											
自我复盘											
2	你为本次学习做出的努力和贡献	□ 搜集资料 □ 执行任务 □ 提供意见或建议 □ 其他补充：________					□ 主动合作，支持伙伴 □ 控制时间，推进进度 □ 主动总结，积极复盘				
3	对自己的满意度（1～10 分）	1	2	3	4	5	6	7	8	9	10
4	如果想提升满意度，你会做些什么										
5	这种回顾方式对你的价值										

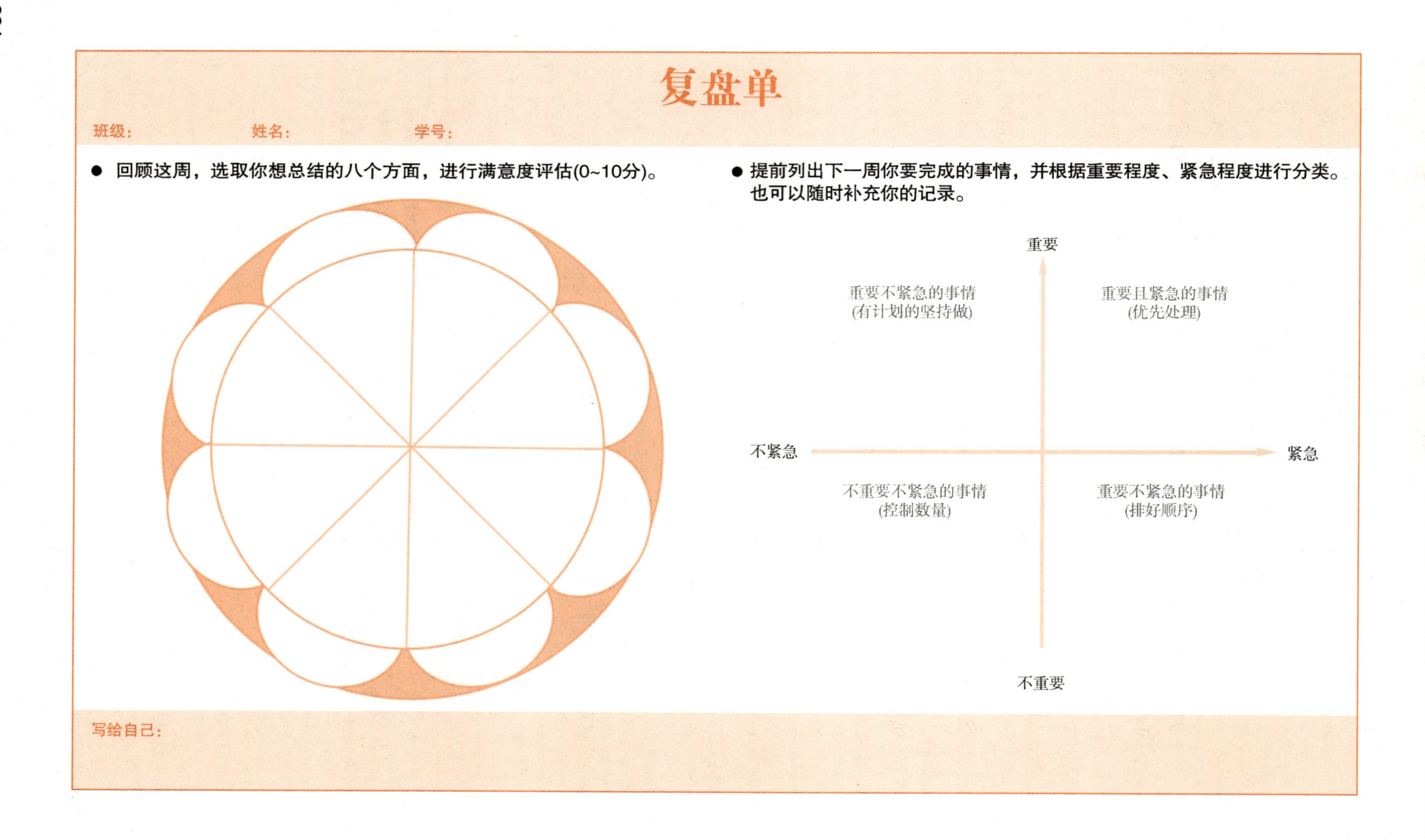
复盘单
班级：
姓名：
学号：
● 回顾这周，选取你想总结的八个方面，进行满意度评估(0~10分)。
● 提前列出下一周你要完成的事情，并根据重要程度、紧急程度进行分类。也可以随时补充你的记录。
重要
重要不紧急的事情
(有计划的坚持做)
重要且紧急的事情
(优先处理)
不紧急
紧急
不重要不紧急的事情
(控制数量)
重要不紧急的事情
(排好顺序)
不重要
写给自己：

芒种·耕耘

节序惊心芒种迫，分秧须及夏初天。

——清·玄烨《题耕图二十三首·其九·第九图》

芒种，作为二十四节气中的第九个节气，标志着大麦、小麦等有芒作物的成熟。通常在每年公历的6月5—7日交节，此时，太阳运行至黄经75°时。

《月令七十二候集解》中说："五月节，谓有芒之种谷可稼种矣。"芒种时节，抢收这些有芒作物成为农民们的首要任务，同时，晚谷、黍、稷等夏播作物也进入了播种的最忙季节，因此芒种也被俗称为"忙种"。

芒种时节是农业生产最为繁忙的时期，核心精神是"抢收抢播、不失时机"。此时，夏季作物进入了生长旺盛阶段，农民需要加强田间管理，包括施肥、灌溉、除草、防虫等工作，以确保作物能够健康生长。此外，对于一些早熟的作物，如小麦，芒种时期也是收割关键时期，需要抓紧时间进行抢收、抢播，以免受到天气变化的影响。敏锐地捕捉每一个发展机会，及时"抢收"成果，同时"抢播"新的计划和目标，实现职业生涯的持续成长和丰收。

复盘单

学习过程回顾											
学到的新知识： 联想到的旧知识： 学习过程中的感受：											
自我复盘											
2	你为本次学习做出的努力和贡献	□ 搜集资料 □ 主动合作，支持伙伴 □ 执行任务 □ 控制时间，推进进度 □ 提供意见或建议 □ 主动总结，积极复盘 □ 其他补充：________									
3	对自己的满意度（1~10分）	1	2	3	4	5	6	7	8	9	10
4	如果想提升满意度，你会做些什么										
5	这种回顾方式对你的价值										

复盘单

班级：　　　　姓名：　　　　学号：

● 回顾这周，选取你想总结的八个方面，进行满意度评估(0~10分)。

● 提前列出下一周你要完成的事情，并根据重要程度、紧急程度进行分类。也可以随时补充你的记录。

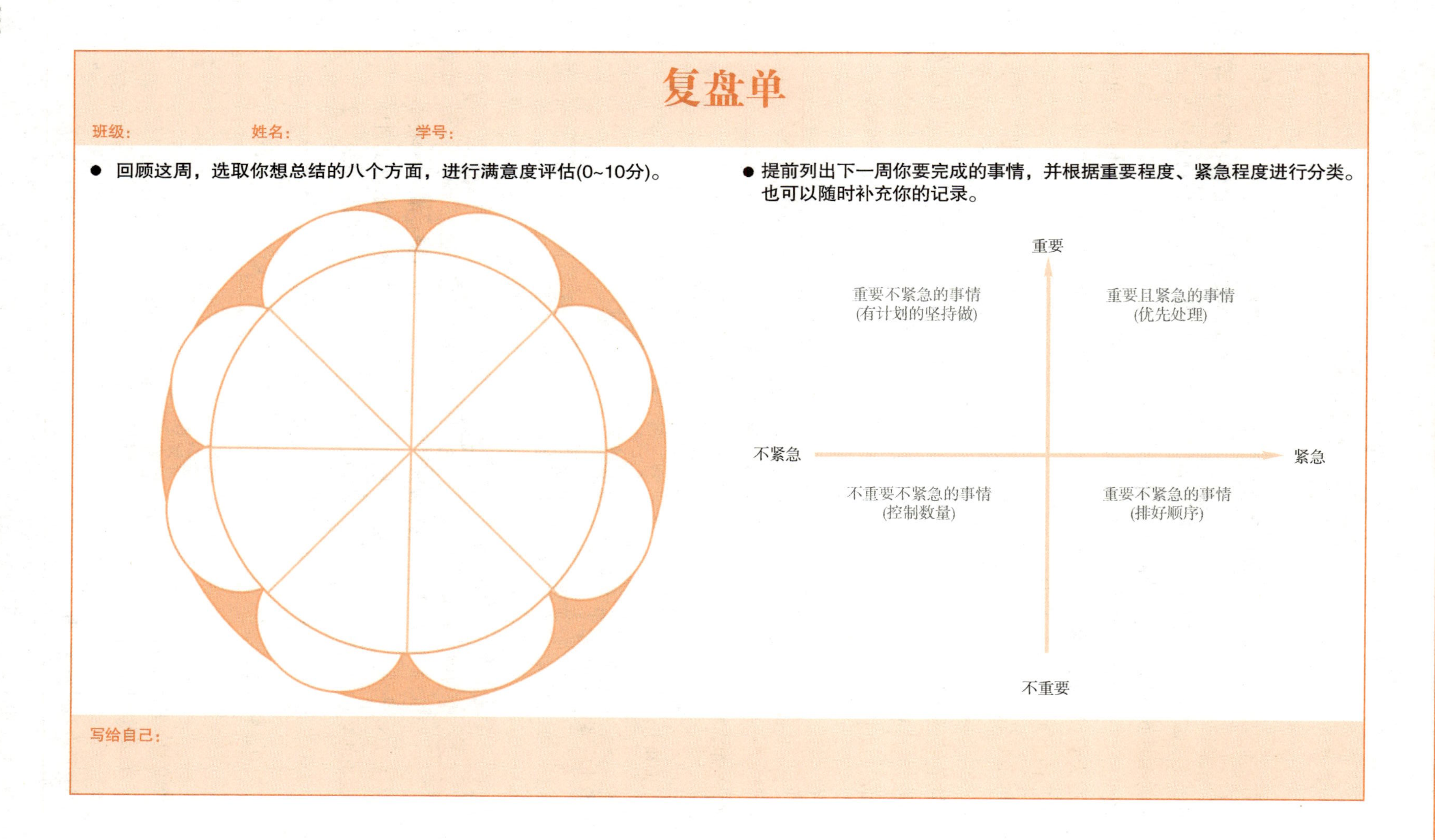

写给自己：

夏至·跃迁

昼出耕田夜绩麻，村庄儿女各当家。

——宋·范成大《四时田园杂兴·其三十一》

夏至，是二十四节气中的第十个节气，标志着夏季的正式开始。通常在每年的公历 6 月 20—22 日交节，此时，太阳运行至黄经 90°时，太阳直射地面的位置到达一年的最北端，几乎直射北回归线，是北半球白昼时间最长、夜晚时间最短的一天，也是一年中太阳高度最高的一天。此后白天开始逐渐变短，夜晚变长，直至冬至时白天最短，夜晚最长。

《月令七十二候集解》中说："夏，假也；至，极也。万物于此，皆假大而至极也。"夏至时节，是一年中阳气最旺盛的一天，万物此时的生长都达到极点。

夏至时节，在农耕方面，由于阳光充足、气温适宜，农作物生长迅速，农民会根据农作物的生长情况，进行灌溉、施肥、除草等农事活动，加强对农作物的管理，确保作物健康生长，为丰收打下基础。民间有许多传统习俗。例如，人们会在此日拜神祭祖，祈求风调雨顺、五谷丰登。此外，一些地方还有吃夏至面、夏至粽等特色食品的习惯。

复盘单

<table>
<tr><th colspan="12">学习过程回顾</th></tr>
<tr><td colspan="12">学到的新知识：
联想到的旧知识：
学习过程中的感受：</td></tr>
<tr><th colspan="12">自我复盘</th></tr>
<tr><td>2</td><td>你为本次学习
做出的努力和贡献</td><td colspan="10">□ 搜集资料　□ 主动合作，支持伙伴
□ 执行任务　□ 控制时间，推进进度
□ 提供意见或建议　□ 主动总结，积极复盘
□ 其他补充：________________</td></tr>
<tr><td rowspan="2">3</td><td rowspan="2">对自己的满意度
（1~10 分）</td><td>1</td><td>2</td><td>3</td><td>4</td><td>5</td><td>6</td><td>7</td><td>8</td><td>9</td><td>10</td></tr>
<tr><td></td><td></td><td></td><td></td><td></td><td></td><td></td><td></td><td></td><td></td></tr>
<tr><td>4</td><td>如果想提升满意度，
你会做些什么</td><td colspan="10"></td></tr>
<tr><td>5</td><td>这种回顾方式对你的价值</td><td colspan="10"></td></tr>
</table>

复盘单

班级：　　　　姓名：　　　　学号：

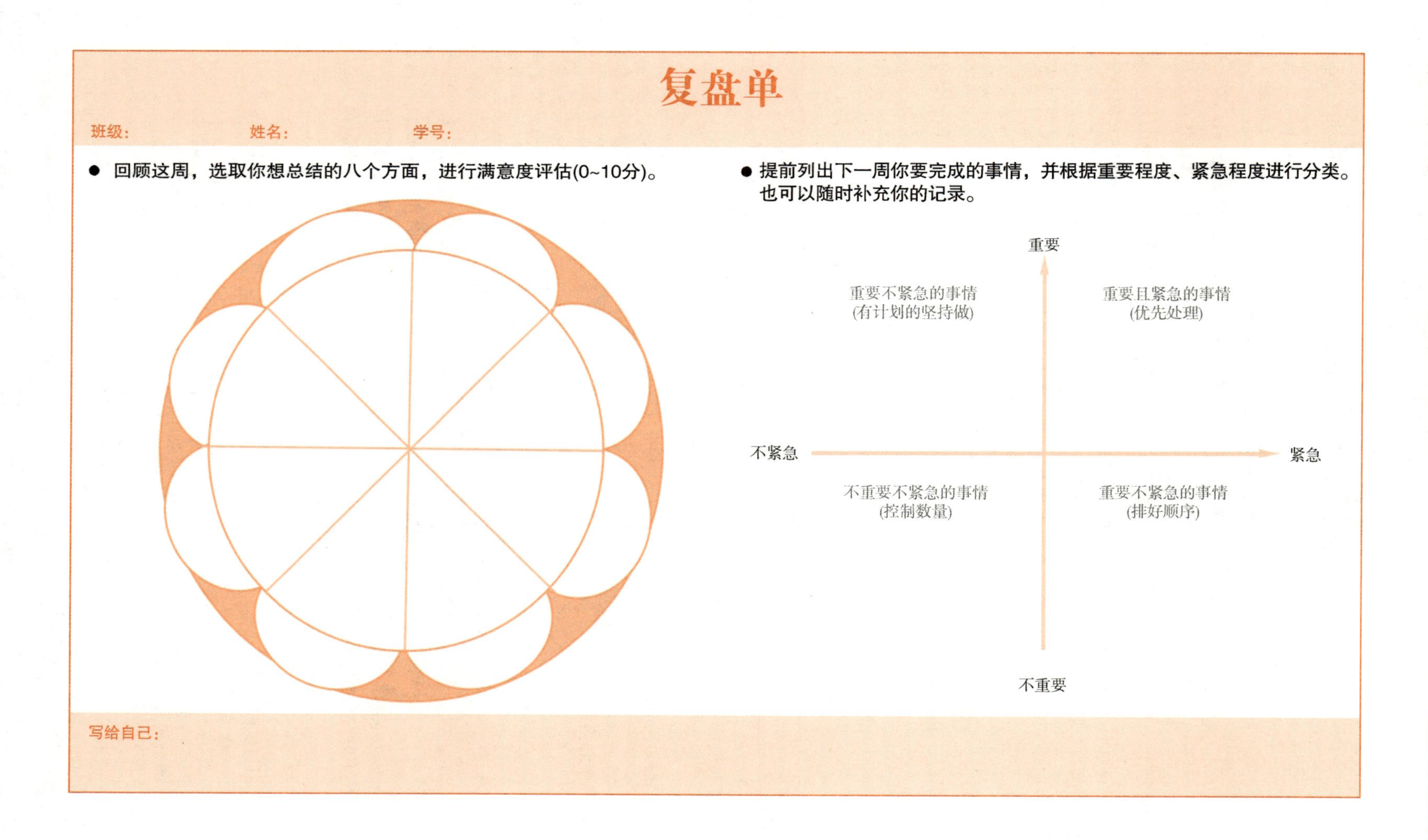

- 回顾这周，选取你想总结的八个方面，进行满意度评估(0~10分)。
- 提前列出下一周你要完成的事情，并根据重要程度、紧急程度进行分类。也可以随时补充你的记录。

写给自己：

小暑·热情

万瓦鳞鳞若火龙，日车不动汗珠融。

——宋·陆游《苦热》

小暑，是二十四节气中的第十一个节气，标志着天气开始炎热。每年，它出现在公历7月6—8日交节，此时，太阳运行至黄经105°时。

《月令七十二候集解》中说："暑，热也。就热之中分为大小，月初为小，月中为大，今则热气犹小也。"小暑即为小热，小暑时节，表示天气开始炎热，但还未到达最热的程度，农谚有"小暑大暑，上蒸下煮"之说。

农耕方面，小暑是农耕收割的重要季节。在南方，水稻正值收割期，而在北方，小麦也基本全部收割完成。古时，人们在小暑这一天有"食新"的习俗，即品尝新米，以此表达对丰收的祈愿。在气候上，小暑标志着夏季气温开始升高，进入炎热季节。白天的温度普遍在30℃以上，甚至可能达到40℃。此外，由于大气温度升高，空气湿度增加，小暑时节也容易出现雷雨天气，增加了夏季的湿润感。小暑时节作物生长迅速，自然界万物都展现出旺盛的生命力与职业生涯中的某些阶段有着异曲同工之妙。

复盘单

学习过程回顾											
学到的新知识： 联想到的旧知识： 学习过程中的感受：											
自我复盘											
2	你为本次学习做出的努力和贡献	□ 搜集资料 □ 执行任务 □ 提供意见或建议 □ 其他补充：________					□ 主动合作，支持伙伴 □ 控制时间，推进进度 □ 主动总结，积极复盘				
3	对自己的满意度（1~10分）	1	2	3	4	5	6	7	8	9	10
4	如果想提升满意度，你会做些什么										
5	这种回顾方式对你的价值										

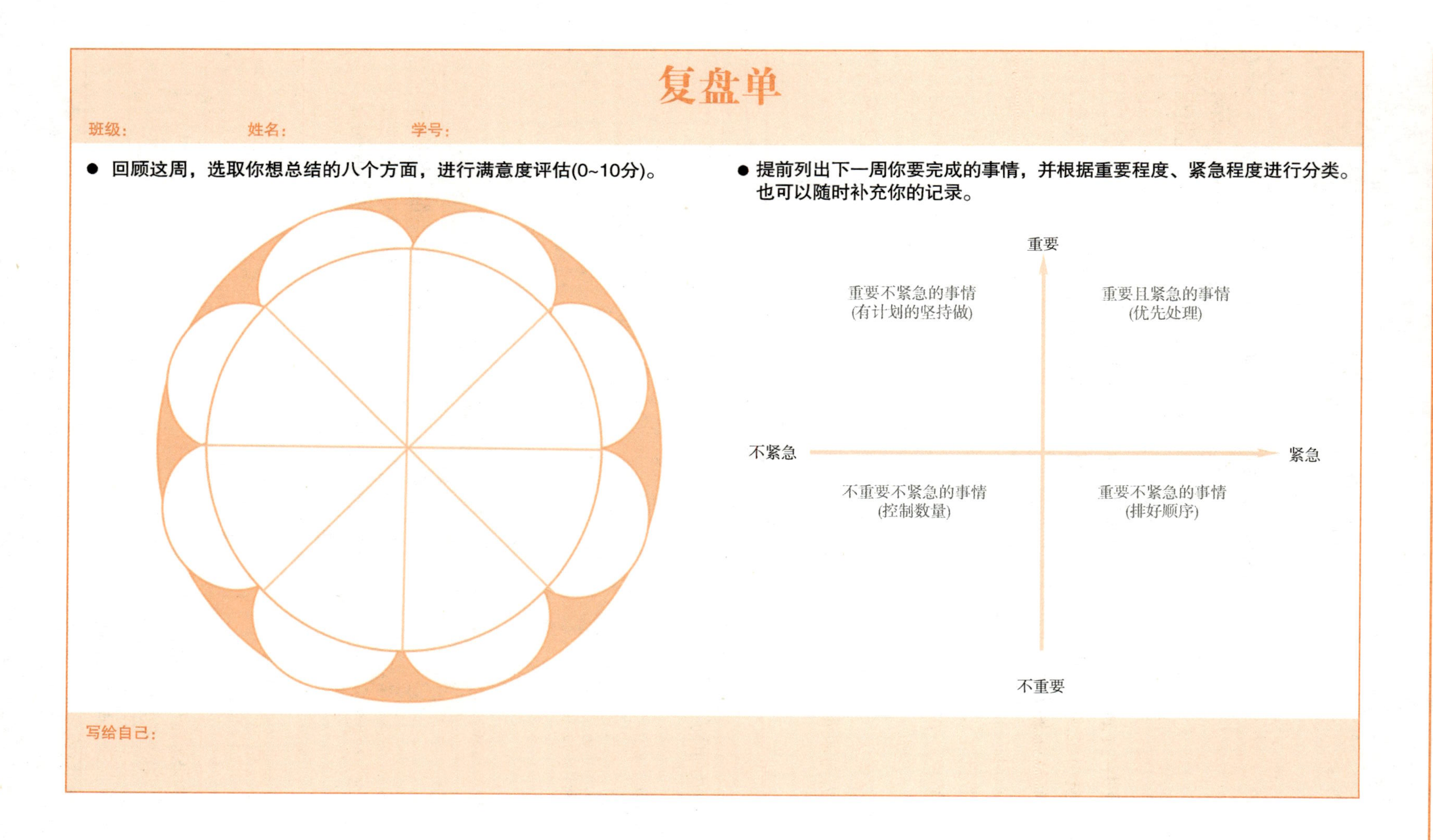
复盘单
班级：
姓名：
学号：
● 回顾这周，选取你想总结的八个方面，进行满意度评估(0~10分)。
● 提前列出下一周你要完成的事情，并根据重要程度、紧急程度进行分类。也可以随时补充你的记录。
重要
重要不紧急的事情
(有计划的坚持做)
重要且紧急的事情
(优先处理)
不紧急
紧急
不重要不紧急的事情
(控制数量)
重要不紧急的事情
(排好顺序)
不重要
写给自己：

大暑·成熟

南州大暑何可当，雪冰不解三伏凉。

——元·张昱《热》

大暑，是二十四节气中的第十二个节气，作为夏季的巅峰，炎热至极，阳光炙烤，湿度与雨水交织，标志着夏季的高温炎热达到了顶峰，也是夏季的最后一个节气，通常在每年公历的7月22—24日交节。此时，太阳运行至黄经120°时。

《月令七十二候集解》中说："大暑，六月中。暑，热也，就热之中分为大小，月初为小，月中为大，今则热气犹大也，故名曰大暑。"大暑时节，天气酷热，阳光猛烈，湿度大，也是雨水最丰沛、雷暴最常见、高温日数最集中的时期。

对于农作物来说，大暑节气是生长最快的时期。这是因为此时温度高、阳光充足、雨水充沛，有利于农作物的光合作用和养分吸收。如果天气过于炎热，也会对农作物造成一定的伤害，因此需要在这个时期特别注意作物的灌溉和防晒工作，这种自然现象体现了人与自然和谐共生的智慧，也与职业生涯的发展有着微妙的契合之处。这一时节，正如人生中的关键阶段，需要找到真正的目标，才能拥有持续不断的动力，避免南辕北辙的迷茫。

复盘单

<table>
<tr><th colspan="12">学习过程回顾</th></tr>
<tr><td colspan="12">学到的新知识：

联想到的旧知识：

学习过程中的感受：</td></tr>
<tr><th colspan="12">自我复盘</th></tr>
<tr><td>2</td><td>你为本次学习
做出的努力和贡献</td><td colspan="10">□ 搜集资料　　□ 主动合作，支持伙伴
□ 执行任务　　□ 控制时间，推进进度
□ 提供意见或建议　　□ 主动总结，积极复盘
□ 其他补充：________________</td></tr>
<tr><td rowspan="2">3</td><td rowspan="2">对自己的满意度
（1~10分）</td><td>1</td><td>2</td><td>3</td><td>4</td><td>5</td><td>6</td><td>7</td><td>8</td><td>9</td><td>10</td></tr>
<tr><td></td><td></td><td></td><td></td><td></td><td></td><td></td><td></td><td></td><td></td></tr>
<tr><td>4</td><td>如果想提升满意度，
你会做些什么</td><td colspan="10"></td></tr>
<tr><td>5</td><td>这种回顾方式对你的价值</td><td colspan="10"></td></tr>
</table>

复盘单

班级：　　　　姓名：　　　　学号：

- 回顾这周，选取你想总结的八个方面，进行满意度评估(0~10分)。
- 提前列出下一周你要完成的事情，并根据重要程度、紧急程度进行分类。也可以随时补充你的记录。

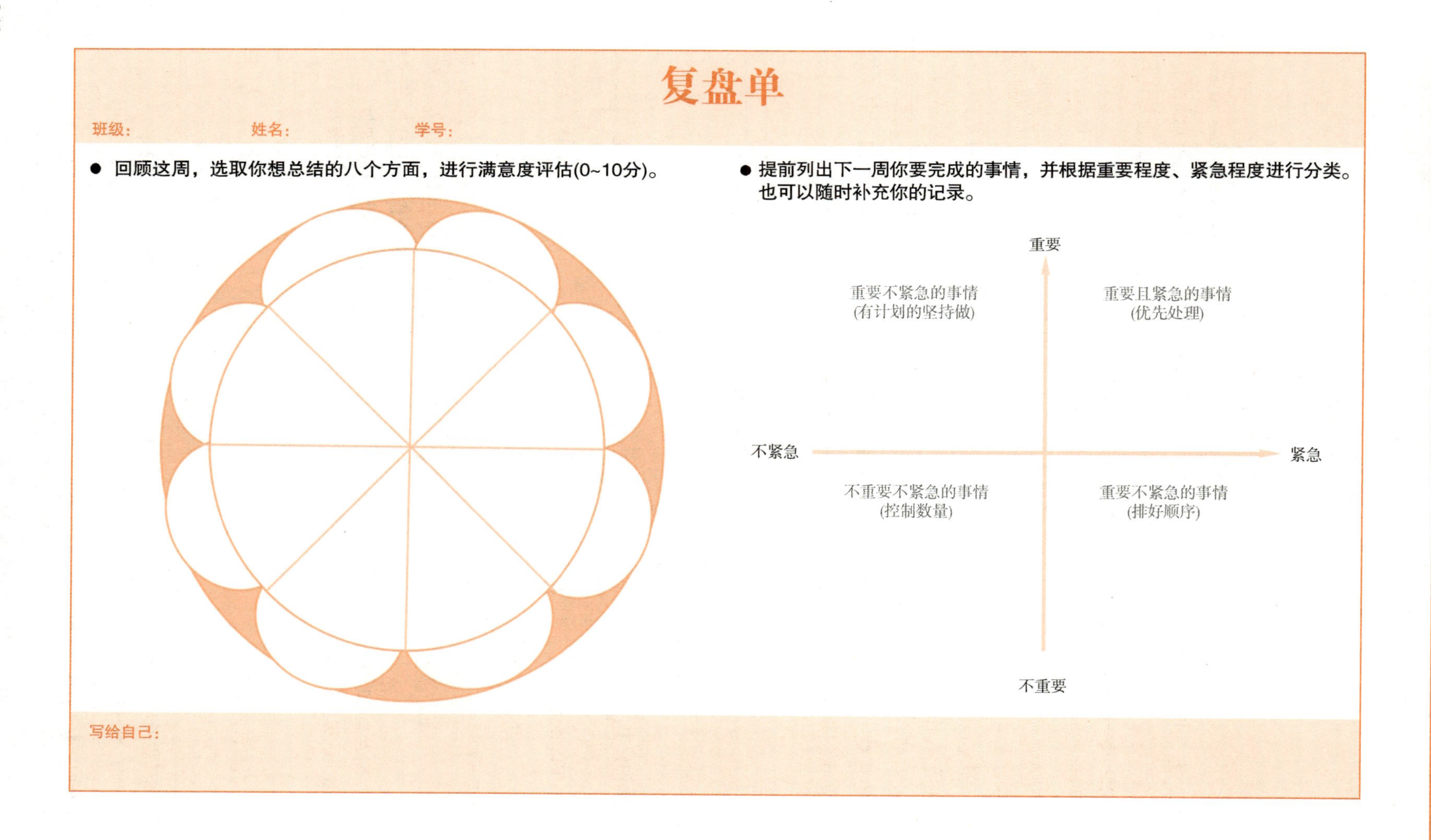

写给自己：

立秋·收获

自古逢秋悲寂寥，我言秋日胜春朝。

——唐·刘禹锡《秋词·其一》

立秋，是二十四节气中的第十三个节气，这个节气标志着秋季的正式开始。通常在每年公历的 8 月 7—9 日交节，此时，太阳运行至黄经 135°时。

《月令七十二候集解》中说：“秋者，揫也，物于此而揫敛也。”揫，即揪敛，意为谷物开始收敛成熟、草木开始结果孕子。立秋时节，意味着暑去凉来，万物开始从繁茂成长趋向萧瑟成熟。

虽然气温开始逐渐下降，会出现一种“秋老虎”的天气现象。这是因为在立秋之后，副热带高压南移，但又向北抬，导致晴朗少云、日照强烈、气温回升，使人们仍然感觉很热。这一时期许多农作物进入成熟阶段，农民忙着收割成熟的作物；同时，也是播种秋季作物的好时机，农民们会根据当地的气候和土壤条件，选择适合的作物进行播种。这些农耕习俗不仅反映了古人对自然规律的敬畏和顺应，也体现了人们对美好生活的追求和向往。

复盘单

<table>
<tr><th colspan="12">学习过程回顾</th></tr>
<tr><td colspan="12">学到的新知识：
联想到的旧知识：
学习过程中的感受：</td></tr>
<tr><th colspan="12">自我复盘</th></tr>
<tr><td>2</td><td>你为本次学习做出的努力和贡献</td><td colspan="10">□ 搜集资料　□ 主动合作，支持伙伴
□ 执行任务　□ 控制时间，推进进度
□ 提供意见或建议　□ 主动总结，积极复盘
□ 其他补充：________________</td></tr>
<tr><td rowspan="2">3</td><td rowspan="2">对自己的满意度（1~10 分）</td><td>1</td><td>2</td><td>3</td><td>4</td><td>5</td><td>6</td><td>7</td><td>8</td><td>9</td><td>10</td></tr>
<tr><td></td><td></td><td></td><td></td><td></td><td></td><td></td><td></td><td></td><td></td></tr>
<tr><td>4</td><td>如果想提升满意度，你会做些什么</td><td colspan="10"></td></tr>
<tr><td>5</td><td>这种回顾方式对你的价值</td><td colspan="10"></td></tr>
</table>

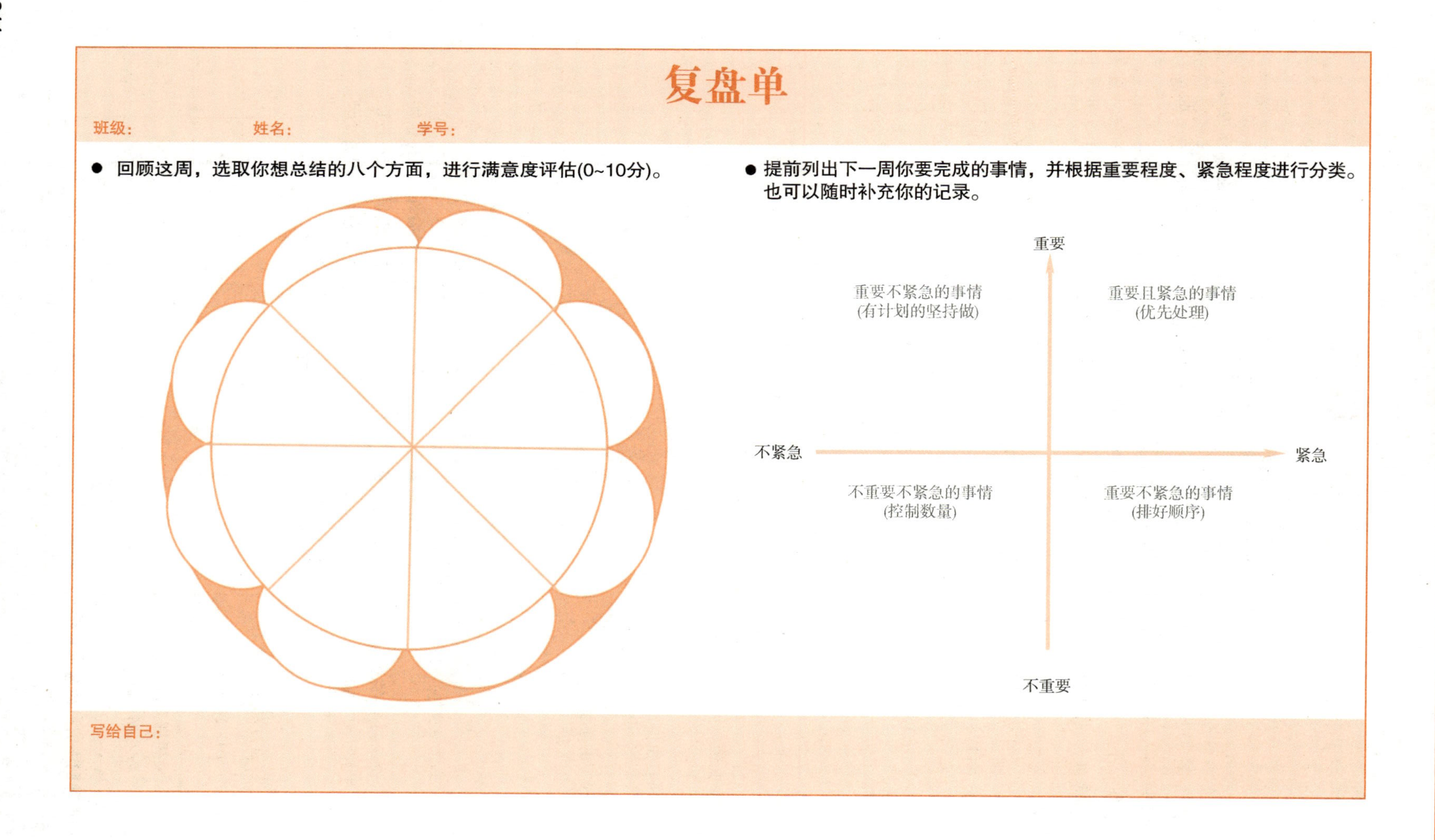
复盘单
班级：
姓名：
学号：
● 回顾这周，选取你想总结的八个方面，进行满意度评估(0~10分)。
● 提前列出下一周你要完成的事情，并根据重要程度、紧急程度进行分类。也可以随时补充你的记录。
重要
重要不紧急的事情
(有计划的坚持做)
重要且紧急的事情
(优先处理)
不紧急
紧急
不重要不紧急的事情
(控制数量)
重要不紧急的事情
(排好顺序)
不重要
写给自己：

处暑·收敛

早秋干叶雨清绝，处暑凉风人黯然。

——清·黎简《雨》

处暑，是二十四节气中的第十四个节气，也是秋季的第二个节气。通常在每年公历的 8 月 22—24 日交节，此时，太阳运行至黄经 150°时。

《月令七十二候集解》中说：“处，止也，暑气至此而止矣。”这里的“处”有躲藏、终止的意思，与“出暑”谐音。处暑时节，意味着炎热离开，暑气逐渐消散，即将进入气象意义的秋天。

处暑的农耕活动丰富多彩，是农民收获谷物的重要时期，如夏玉米、高粱等都陆续可以收割。同时，处暑也是蔬菜收获的时节，农民会选择将蔬菜收回家中晾干或加工成干菜。另外，处暑也是决定庄稼收成的关键期，对庄稼的日照与水分需求较高。处暑不仅标志着气温的转折，也反映了农耕文化的丰富内涵和人们对自然的敬畏与顺应。

职业生涯中也要把握关键时期，就像农作物需要精心呵护和管理一样，要充分发挥自己的能力和优势，实现职业目标。

复盘单

<table>
<tr><th colspan="12">学习过程回顾</th></tr>
<tr><td colspan="12">学到的新知识：

联想到的旧知识：

学习过程中的感受：</td></tr>
<tr><th colspan="12">自我复盘</th></tr>
<tr><td>2</td><td>你为本次学习
做出的努力和贡献</td><td colspan="10">□ 搜集资料　　□ 主动合作，支持伙伴
□ 执行任务　　□ 控制时间，推进进度
□ 提供意见或建议　　□ 主动总结，积极复盘
□ 其他补充：________________</td></tr>
<tr><td rowspan="2">3</td><td rowspan="2">对自己的满意度
（1~10 分）</td><td>1</td><td>2</td><td>3</td><td>4</td><td>5</td><td>6</td><td>7</td><td>8</td><td>9</td><td>10</td></tr>
<tr><td></td><td></td><td></td><td></td><td></td><td></td><td></td><td></td><td></td><td></td></tr>
<tr><td>4</td><td>如果想提升满意度，
你会做些什么</td><td colspan="10"></td></tr>
<tr><td>5</td><td>这种回顾方式对你的价值</td><td colspan="10"></td></tr>
</table>

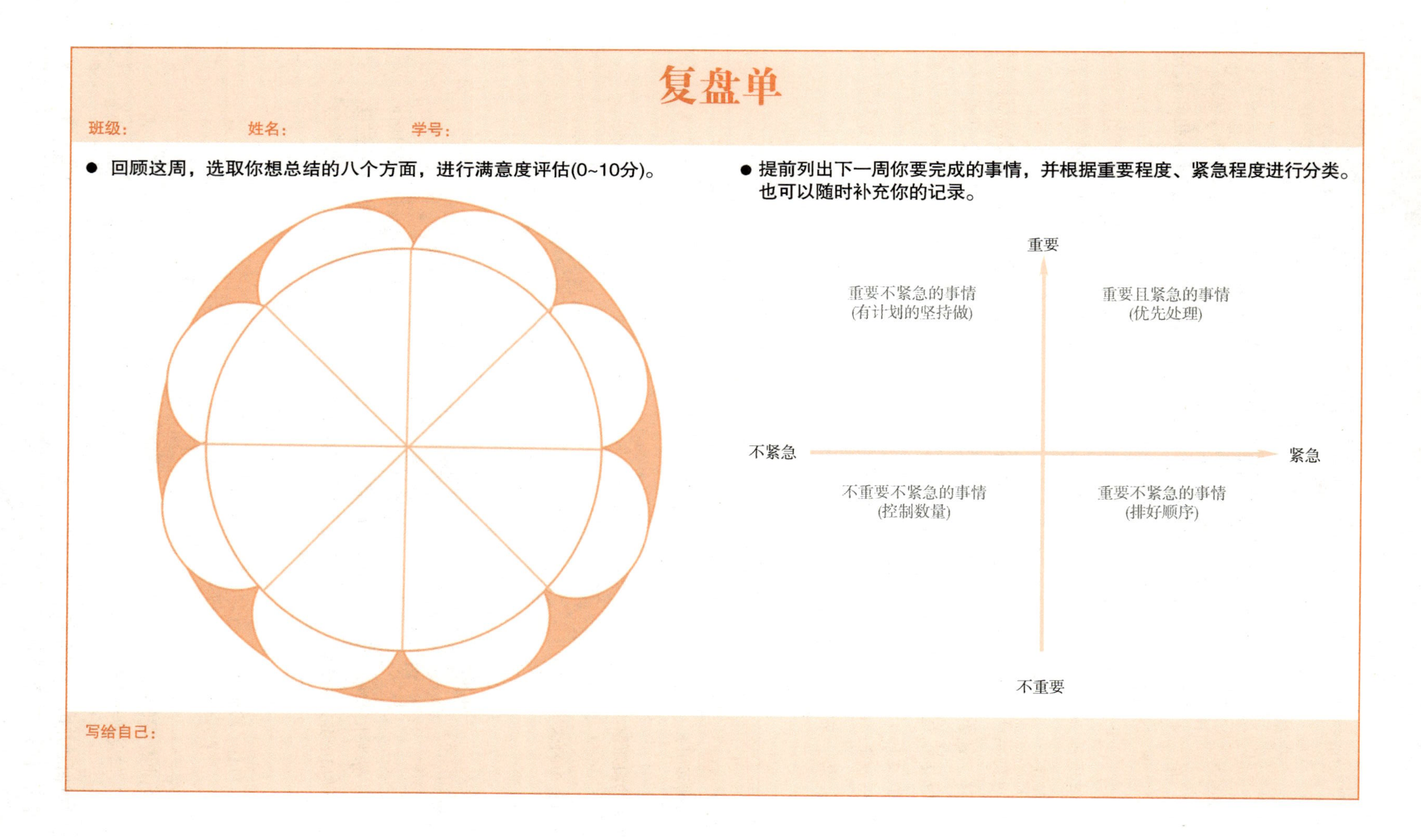
复盘单
班级：
姓名：
学号：
● 回顾这周，选取你想总结的八个方面，进行满意度评估(0~10分)。
● 提前列出下一周你要完成的事情，并根据重要程度、紧急程度进行分类。也可以随时补充你的记录。
重要
不重要
不紧急
紧急
重要不紧急的事情
(有计划的坚持做)
重要且紧急的事情
(优先处理)
不重要不紧急的事情
(控制数量)
重要不紧急的事情
(排好顺序)
写给自己：

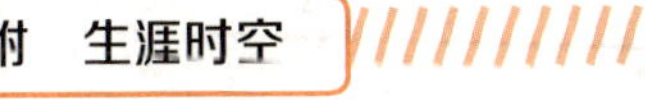

白露·晶莹

一岁露从今夜白，百年眼对老天青。

——宋·丘葵《白露日独立》

白露，是农历二十四节气中的第十五个节气，标志着孟秋时节的结束和仲秋时节的开始。通常在每年公历的 9 月 7—9 日交节，此时，太阳运行至黄经 165°时。

《月令七十二候集解》中说："八月节……阴气渐重，露凝而白也。"白露时节，晚上会感到一丝丝的凉意，水汽在夜间遇冷会凝结成细小的水滴，密集地附着在花草树木的绿色茎叶或花瓣上。

白露时节基本结束了暑天的闷热，是秋季由热转凉的转折点，冷空气日趋活跃，常出现秋季低温天气，昼夜温差拉大，影响农作物，因此要预防低温冷害和病虫害。但有利于蔬菜生产，蔬菜生产已进入旺季，但也要注意做好保温措施。这一时期的农耕活动充满了辛勤与期待，是对劳动者耐心和智慧的考验。此外，白露节气也承载了丰富的教化启蒙意义。它教导人们要顺应自然，尊重自然规律，根据节气的变化来安排农事活动，体现了人们对生活的热爱和对传统文化的传承，加深对中华传统文化的理解和认同，从而增强文化自信。

复盘单

<table>
<tr><th colspan="12">学习过程回顾</th></tr>
<tr><td colspan="12">学到的新知识：
联想到的旧知识：
学习过程中的感受：</td></tr>
<tr><th colspan="12">自我复盘</th></tr>
<tr><td>2</td><td>你为本次学习
做出的努力和贡献</td><td colspan="10">□ 搜集资料
□ 执行任务
□ 提供意见或建议
□ 其他补充：________________
□ 主动合作，支持伙伴
□ 控制时间，推进进度
□ 主动总结，积极复盘</td></tr>
<tr><td rowspan="2">3</td><td rowspan="2">对自己的满意度
（1~10 分）</td><td>1</td><td>2</td><td>3</td><td>4</td><td>5</td><td>6</td><td>7</td><td>8</td><td>9</td><td>10</td></tr>
<tr><td></td><td></td><td></td><td></td><td></td><td></td><td></td><td></td><td></td><td></td></tr>
<tr><td>4</td><td>如果想提升满意度，
你会做些什么</td><td colspan="10"></td></tr>
<tr><td>5</td><td>这种回顾方式对你的价值</td><td colspan="10"></td></tr>
</table>

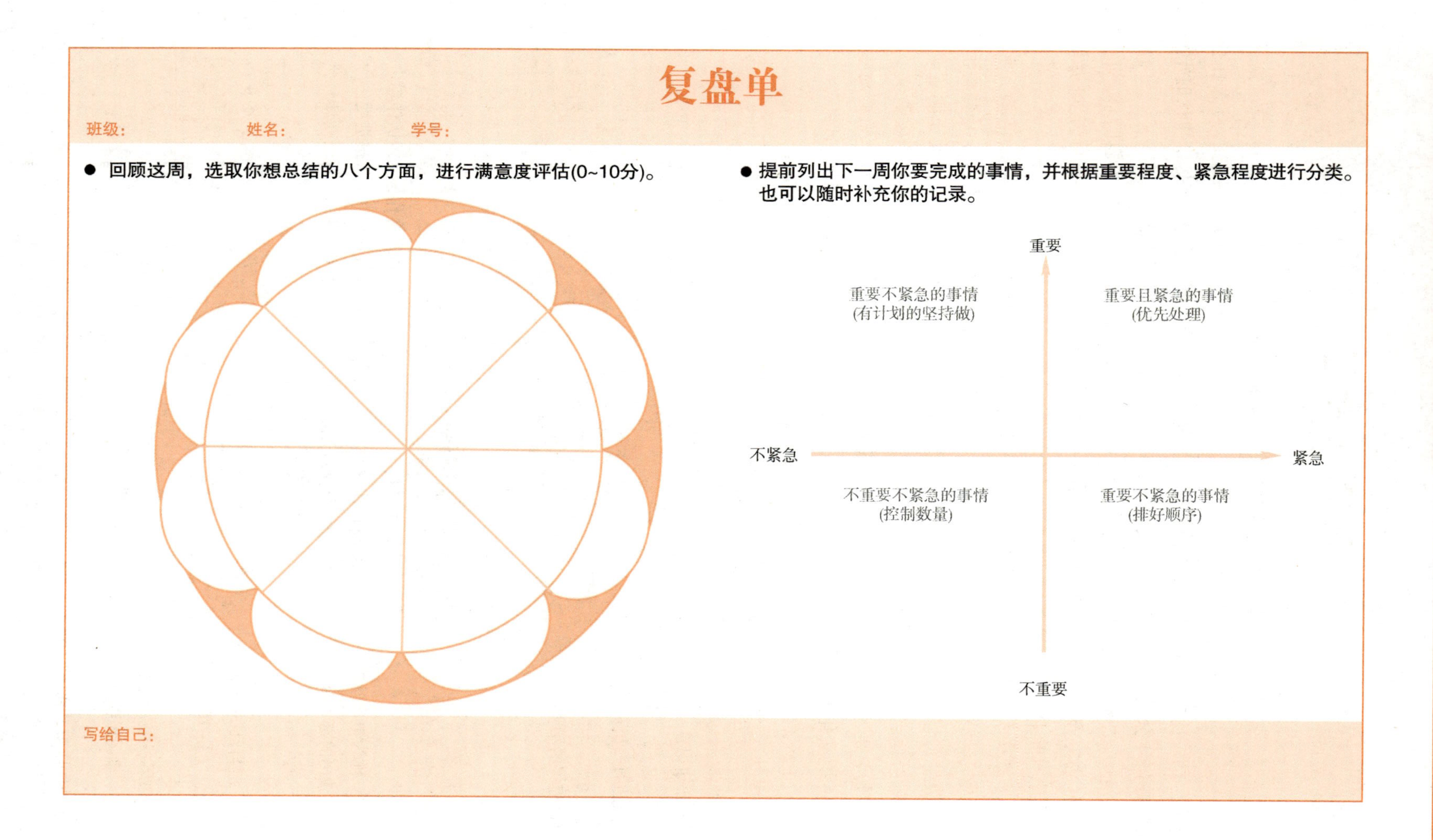
复盘单
班级：
姓名：
学号：
● 回顾这周，选取你想总结的八个方面，进行满意度评估(0~10分)。
● 提前列出下一周你要完成的事情，并根据重要程度、紧急程度进行分类。也可以随时补充你的记录。
重要
重要不紧急的事情
(有计划的坚持做)
重要且紧急的事情
(优先处理)
不紧急
紧急
不重要不紧急的事情
(控制数量)
重要不紧急的事情
(排好顺序)
不重要
写给自己：

秋分·均衡

浙浙风清叶未凋，秋分残景自萧条。

——宋·韩琦《庚戌秋分》

秋分，是农历二十四节气中的第十六个节气，秋季的第四个节气，标志着秋季的中期。通常在每年公历的9月22—24日交节，此时，太阳运行至黄经180°时，直射地球赤道。

《月令七十二候集解》中说：“秋分，八月中。分者半也，此当九十日之半，故谓之分。”秋分时节，这一天昼夜等长，各为12小时，全球无极昼极夜现象，秋分过后，太阳直射点由赤道向南半球推移，北半球各地开始昼短夜长，即一天之内白昼开始短于黑夜。天气也开始逐渐转凉，人们会明显感觉到气温的下降，尤其是早晚温差加大，需要适时增添衣物。

在秋分时节，大部分地区开始进入秋收、秋耕、秋种的“三秋”忙碌期，农民忙着收割稻谷、玉米、棉花等农作物，也是播种冬季作物的最佳时期，如白菜、萝卜、茄子等蔬菜的种植，田间地头洋溢着丰收的喜悦，这是对春耕夏耘的辛勤付出的最好回报，也是农民期待已久的美好时刻。此外，果树也进入了果实采摘的高峰期，苹果、梨子等水果大量上市。秋分曾是传统的祭月节，后来祭月节调至农历八月十五日。

复盘单

<table>
<tr><th colspan="12">学习过程回顾</th></tr>
<tr><td colspan="12">学到的新知识：

联想到的旧知识：

学习过程中的感受：</td></tr>
<tr><th colspan="12">自我复盘</th></tr>
<tr><td>2</td><td>你为本次学习
做出的努力和贡献</td><td colspan="10">☐ 搜集资料　☐ 主动合作，支持伙伴
☐ 执行任务　☐ 控制时间，推进进度
☐ 提供意见或建议　☐ 主动总结，积极复盘
☐ 其他补充：____________</td></tr>
<tr><td rowspan="2">3</td><td rowspan="2">对自己的满意度
（1～10分）</td><td>1</td><td>2</td><td>3</td><td>4</td><td>5</td><td>6</td><td>7</td><td>8</td><td>9</td><td>10</td></tr>
<tr><td></td><td></td><td></td><td></td><td></td><td></td><td></td><td></td><td></td><td></td></tr>
<tr><td>4</td><td>如果想提升满意度，
你会做些什么</td><td colspan="10"></td></tr>
<tr><td>5</td><td>这种回顾方式对你的价值</td><td colspan="10"></td></tr>
</table>

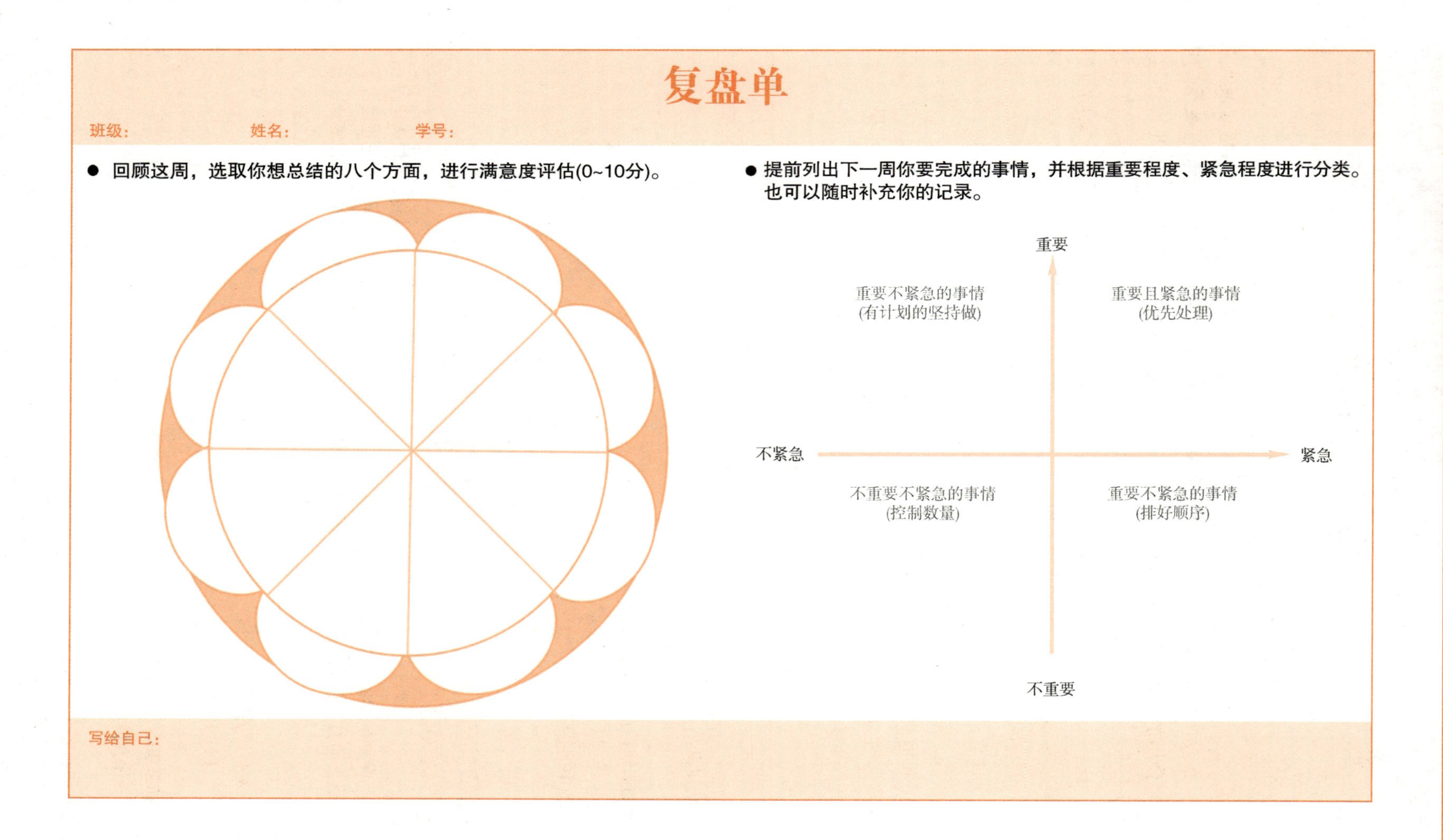
复盘单
班级：
姓名：
学号：
● 回顾这周，选取你想总结的八个方面，进行满意度评估(0~10分)。
● 提前列出下一周你要完成的事情，并根据重要程度、紧急程度进行分类。也可以随时补充你的记录。
重要
重要不紧急的事情
(有计划的坚持做)
重要且紧急的事情
(优先处理)
不紧急
紧急
不重要不紧急的事情
(控制数量)
重要不紧急的事情
(排好顺序)
不重要
写给自己：

寒露·沉静

寒露惊秋晚，朝看菊渐黄。

——唐·元稹《咏廿四气诗·寒露九月节》

寒露，是二十四节气中的第十七个节气，也是秋季的第五个节气，标志着天气由凉爽向寒冷过渡，是秋季到冬季的转折点。通常在每年公历的 10 月 7—9 日交节，此时，太阳运行至黄经 195°时。

《月令七十二候集解》中说：“九月节，露气寒冷，将凝结也。”寒露时节，气温较白露时更低，地面的露水更冷，快要凝结成霜了，带有寒意，昼夜温差较大，秋燥现象也愈发明显。

寒露时节，是入冬前的过渡时期，人们逐渐适应寒冷，调整生活习惯和饮食结构，为即将到来的冬季做好准备。农耕活动主要围绕着收获和播种展开。北方农民应完成小麦的播种，以免减产；南方农民则适宜播种油菜、蚕豆等作物。还需注意对田地进行清理，检查排水系统和灌溉设施，确保下一季农作物的正常生长。同时，妥善储存收获的农产品，以防腐烂和损坏。

复盘单

<table>
<tr><th colspan="12">学习过程回顾</th></tr>
<tr><td colspan="12">学到的新知识：

联想到的旧知识：

学习过程中的感受：</td></tr>
<tr><th colspan="12">自我复盘</th></tr>
<tr><td>2</td><td>你为本次学习
做出的努力和贡献</td><td colspan="10">☐ 搜集资料　☐ 主动合作，支持伙伴
☐ 执行任务　☐ 控制时间，推进进度
☐ 提供意见或建议　☐ 主动总结，积极复盘
☐ 其他补充：____________</td></tr>
<tr><td rowspan="2">3</td><td rowspan="2">对自己的满意度
（1~10 分）</td><td>1</td><td>2</td><td>3</td><td>4</td><td>5</td><td>6</td><td>7</td><td>8</td><td>9</td><td>10</td></tr>
<tr><td></td><td></td><td></td><td></td><td></td><td></td><td></td><td></td><td></td><td></td></tr>
<tr><td>4</td><td>如果想提升满意度，
你会做些什么</td><td colspan="10"></td></tr>
<tr><td>5</td><td>这种回顾方式对你的价值</td><td colspan="10"></td></tr>
</table>

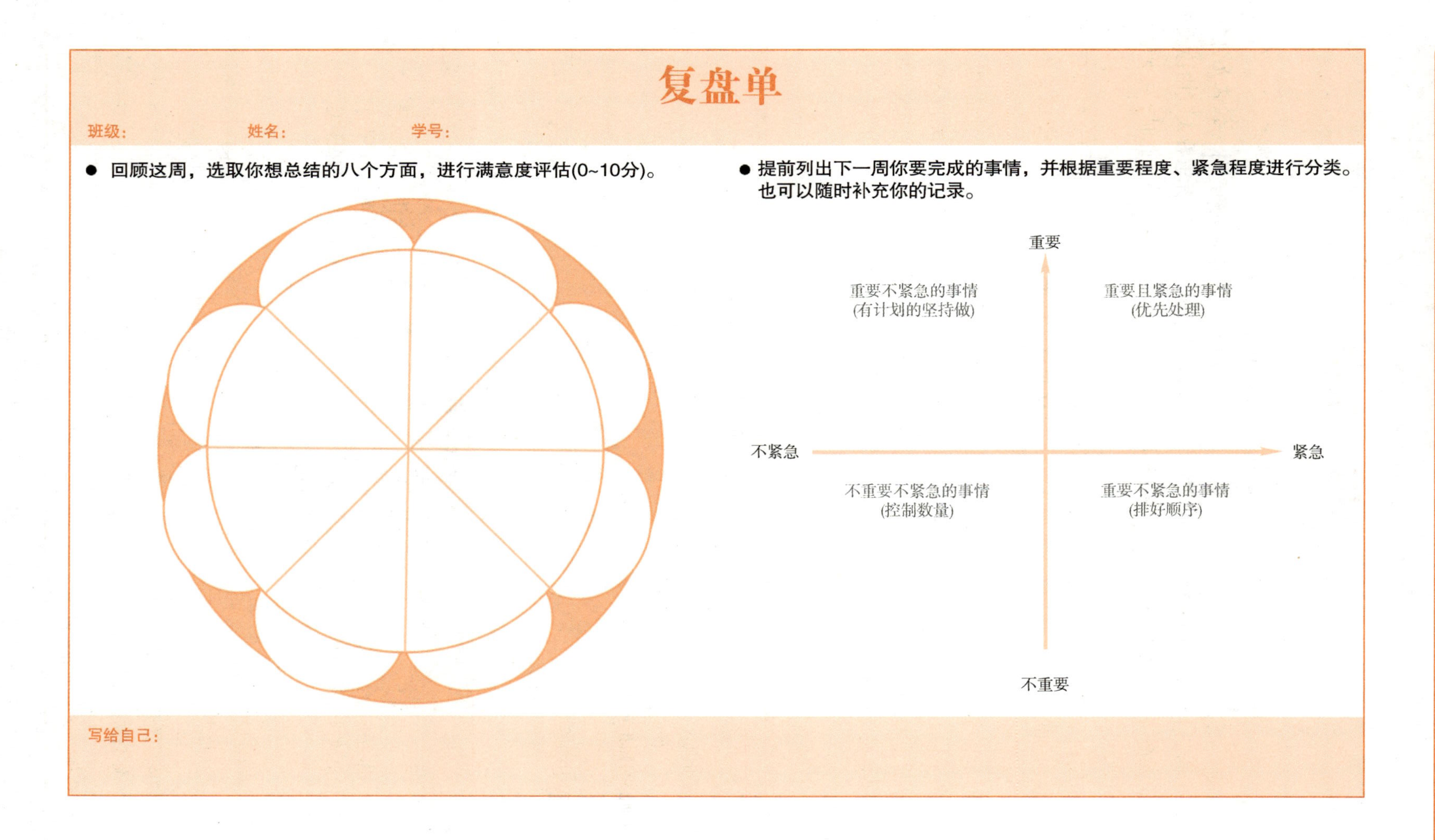

复盘单

班级：　　　　姓名：　　　　学号：

- 回顾这周，选取你想总结的八个方面，进行满意度评估(0~10分)。

- 提前列出下一周你要完成的事情，并根据重要程度、紧急程度进行分类。也可以随时补充你的记录。

写给自己：

霜降 · 沉稳

霜降草花落，林柯亦纷披。

——宋 · 朱岂《采菊亭》

霜降，是二十四节气中的第十八个节气，也是秋季的最后一个节气，标志着秋天的结束和冬天的开始。通常在每年公历的 10 月 22—24 日交节，此时，太阳运行至黄经 210°时。

《月令七十二候集解》中说："九月中，气肃而凝，露结为霜矣。"霜降时节，深秋景象明显，冷空气南下越来越频繁，气温骤降、昼夜温差是一年之中最大的，地面上的露水开始凝结成霜。

霜降时节，农民忙着收获大部分的农作物，并进行耕田工具的整修和收纳。同时，这也是土地休养的关键时期，经过一年的耕种，土地需要得到充分的休息和恢复，农民会注意减少耕作活动，避免过度消耗土地的肥力。通过施肥、松土、灌溉等措施，为土地提供养分和保护，以确保其能够持续拥有产粮能力。

复盘单

<table>
<tr><th colspan="12">学习过程回顾</th></tr>
<tr><td colspan="12">学到的新知识：

联想到的旧知识：

学习过程中的感受：</td></tr>
<tr><th colspan="12">自我复盘</th></tr>
<tr><td>2</td><td>你为本次学习
做出的努力和贡献</td><td colspan="10">☐ 搜集资料　☐ 主动合作，支持伙伴
☐ 执行任务　☐ 控制时间，推进进度
☐ 提供意见或建议　☐ 主动总结，积极复盘
☐ 其他补充：________________</td></tr>
<tr><td rowspan="2">3</td><td rowspan="2">对自己的满意度
（1～10 分）</td><td>1</td><td>2</td><td>3</td><td>4</td><td>5</td><td>6</td><td>7</td><td>8</td><td>9</td><td>10</td></tr>
<tr><td></td><td></td><td></td><td></td><td></td><td></td><td></td><td></td><td></td><td></td></tr>
<tr><td>4</td><td>如果想提升满意度，
你会做些什么</td><td colspan="10"></td></tr>
<tr><td>5</td><td>这种回顾方式对你的价值</td><td colspan="10"></td></tr>
</table>

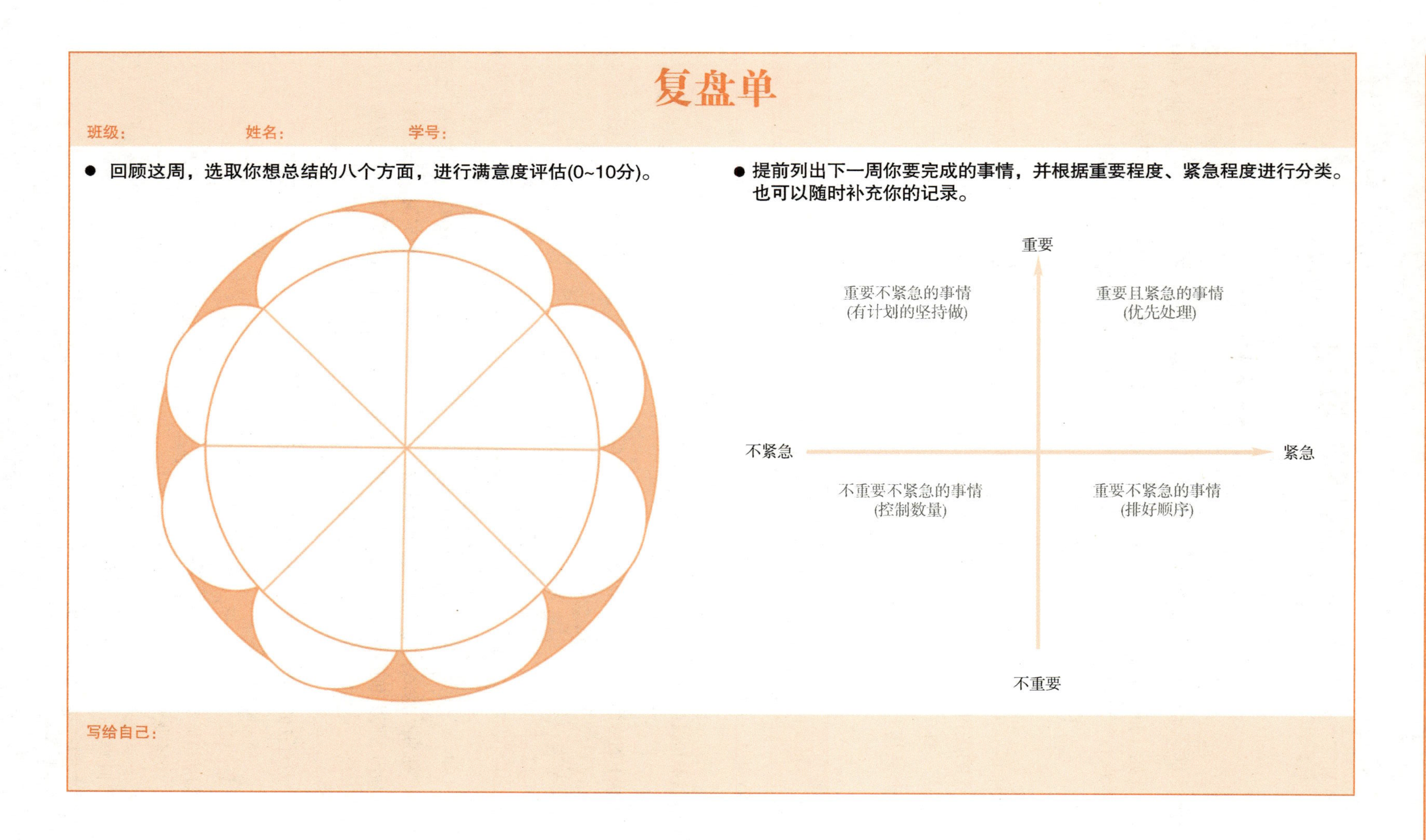
复盘单
班级：
姓名：
学号：
● 回顾这周，选取你想总结的八个方面，进行满意度评估(0~10分)。
● 提前列出下一周你要完成的事情，并根据重要程度、紧急程度进行分类。也可以随时补充你的记录。
重要
重要不紧急的事情
(有计划的坚持做)
重要且紧急的事情
(优先处理)
不紧急
紧急
不重要不紧急的事情
(控制数量)
重要不紧急的事情
(排好顺序)
不重要
写给自己：

立冬 · 蓄势

醉看墨花月白，恍疑雪满前村。

——唐 · 李白《立冬》

立冬，是二十四节气中的第十九个节气，也是冬季的起始。它标志着秋季的结束和冬季的开始。通常在每年公历的 11 月 7—9 日交节，此时，太阳运行至黄经 225°时。

《月令七十二候集解》中说："立，建始也；冬，终也，万物收藏也。"立冬时节，气温逐渐下降，天气寒冷，进入冬季，代表着生气开始闭蓄，万物进入休养、收藏状态，是自然界中一个重要的转折点。

立冬时节，天气逐渐寒冷，一年的田间操作结束，农作物收晒完成，开始整理田地，进行农田基本建设，为来年的春耕做好准备。立冬时节，储存农作物和饲料，以备冬季之需，注重保暖和养生，调整饮食和生活习惯。这时是精神层面"收藏"的好时机，古人会利用农闲时节组织入学堂的活动，在这个时段进行学习和充电，提高文化素养，体现了人们对教育的重视和对知识的追求，契合立冬时节万物收藏、养精蓄锐的精神内涵。

复盘单

<table>
<tr><th colspan="12">学习过程回顾</th></tr>
<tr><td colspan="12">学到的新知识：

联想到的旧知识：

学习过程中的感受：</td></tr>
<tr><th colspan="12">自我复盘</th></tr>
<tr><td>2</td><td>你为本次学习
做出的努力和贡献</td><td colspan="10">□ 搜集资料　□ 主动合作，支持伙伴
□ 执行任务　□ 控制时间，推进进度
□ 提供意见或建议　□ 主动总结，积极复盘
□ 其他补充：________</td></tr>
<tr><td rowspan="2">3</td><td rowspan="2">对自己的满意度
（1~10 分）</td><td>1</td><td>2</td><td>3</td><td>4</td><td>5</td><td>6</td><td>7</td><td>8</td><td>9</td><td>10</td></tr>
<tr><td></td><td></td><td></td><td></td><td></td><td></td><td></td><td></td><td></td><td></td></tr>
<tr><td>4</td><td>如果想提升满意度，
你会做些什么</td><td colspan="10"></td></tr>
<tr><td>5</td><td>这种回顾方式对你的价值</td><td colspan="10"></td></tr>
</table>

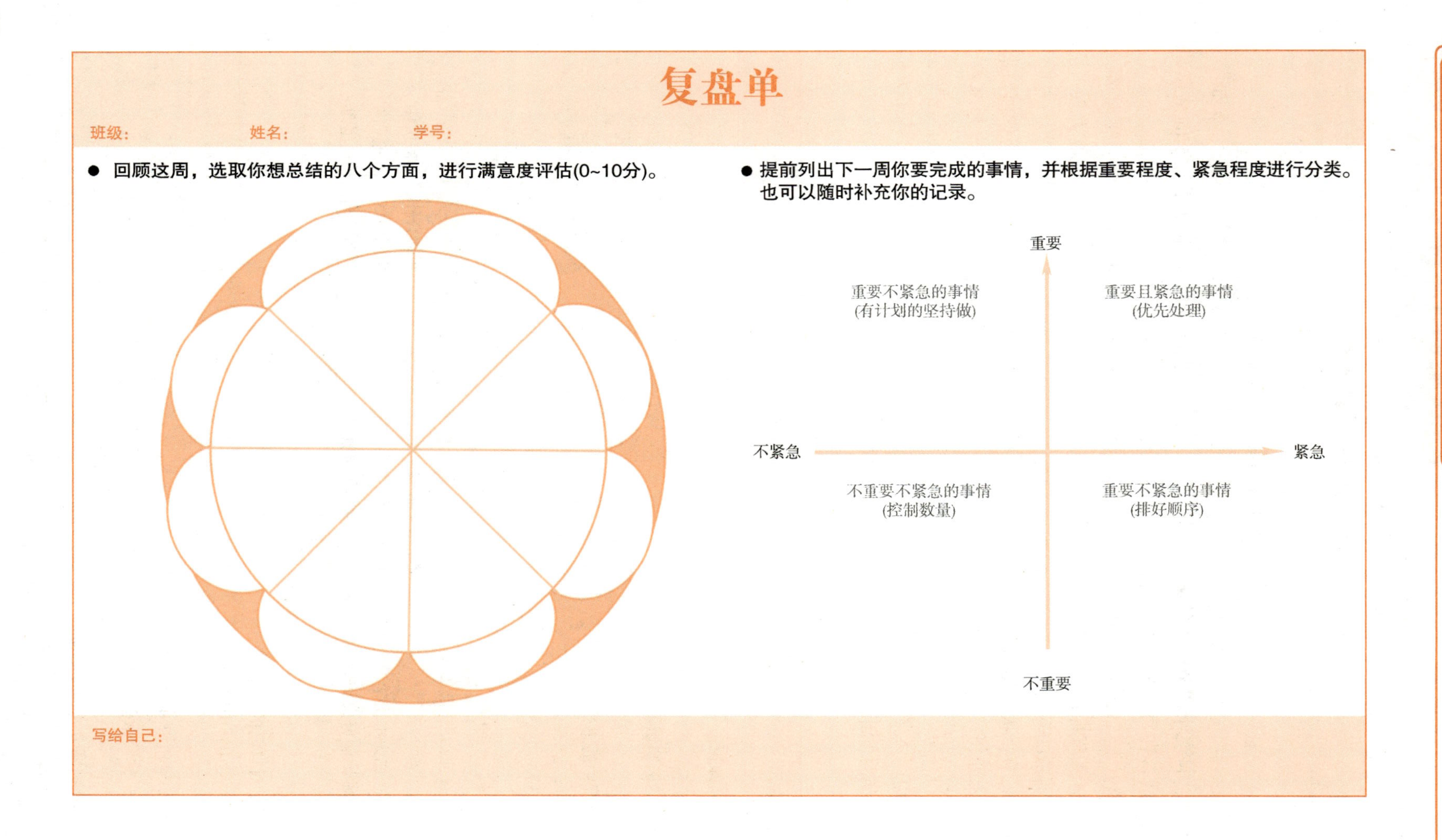
复盘单
班级：
姓名：
学号：
● 回顾这周，选取你想总结的八个方面，进行满意度评估(0~10分)。
● 提前列出下一周你要完成的事情，并根据重要程度、紧急程度进行分类。也可以随时补充你的记录。
重要
重要不紧急的事情
(有计划的坚持做)
重要且紧急的事情
(优先处理)
不紧急
紧急
不重要不紧急的事情
(控制数量)
重要不紧急的事情
(排好顺序)
不重要
写给自己：

小雪 · 积淀

花雪随风不厌看，更多还肯失林峦。

——唐 · 戴叔伦《小雪》

小雪，是二十四节气中的第二十个节气，标志着冬季的深入。通常在每年公历的 11 月 22—24 日交节，此时，太阳运行至黄经 240°时。

《月令七十二候集解》中说：“十月中，雨下而为寒气所薄，故凝而为雪。小者，未盛之辞。”小雪时节，气温逐渐下降，天气越来越冷，雨水在寒气的影响下凝结成雪并开始增多。而“小者，未盛之辞”则表明此时的雪量并不大，尚未达到盛雪的程度。

小雪时节，农民会积极准备土地，进行耕作、翻土等农耕活动，为来年的春耕做好准备；同时，也是收获和储存农作物的好时机，人们会利用小雪节气前后的晴朗天气，晒干稻谷、玉米等谷物，以防潮湿和发霉。人们也注意保暖，适时增添衣物，以应对寒冷的天气。

有的地方会举办与农耕文化相关的庆祝活动，祈求来年五谷丰登，长辈们会传授年青一代关于节气的传统知识和农耕技巧，表达人们对自然的敬畏和对丰收的期盼。

复盘单

<table>
<tr><th colspan="12">学习过程回顾</th></tr>
<tr><td colspan="12">学到的新知识：
联想到的旧知识：
学习过程中的感受：</td></tr>
<tr><th colspan="12">自我复盘</th></tr>
<tr><td>2</td><td>你为本次学习做出的努力和贡献</td><td colspan="10">☐ 搜集资料　☐ 主动合作，支持伙伴
☐ 执行任务　☐ 控制时间，推进进度
☐ 提供意见或建议　☐ 主动总结，积极复盘
☐ 其他补充：________</td></tr>
<tr><td rowspan="2">3</td><td rowspan="2">对自己的满意度（1~10 分）</td><td>1</td><td>2</td><td>3</td><td>4</td><td>5</td><td>6</td><td>7</td><td>8</td><td>9</td><td>10</td></tr>
<tr><td></td><td></td><td></td><td></td><td></td><td></td><td></td><td></td><td></td><td></td></tr>
<tr><td>4</td><td>如果想提升满意度，你会做些什么</td><td colspan="10"></td></tr>
<tr><td>5</td><td>这种回顾方式对你的价值</td><td colspan="10"></td></tr>
</table>

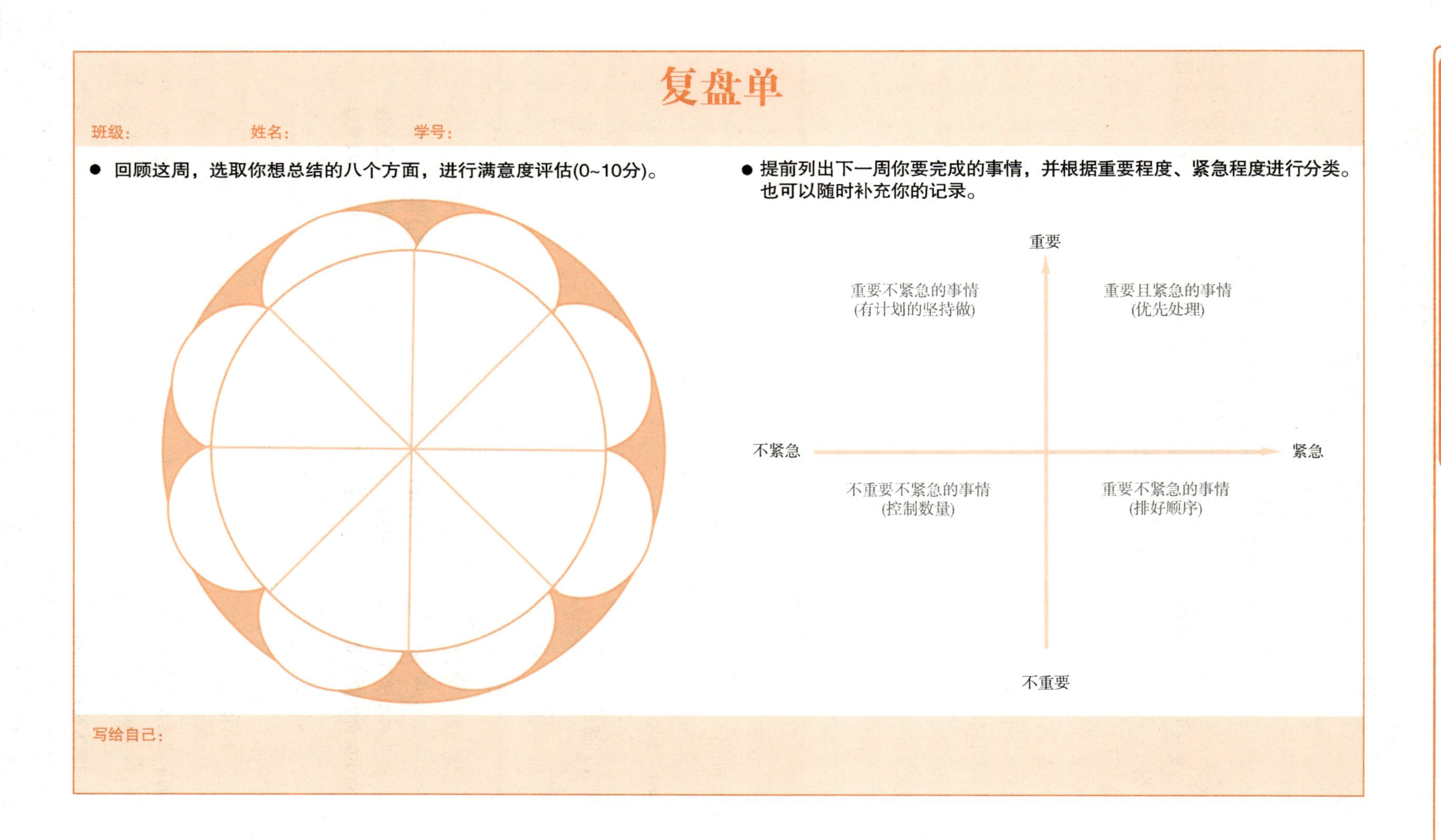
复盘单
班级：
姓名：
学号：
● 回顾这周，选取你想总结的八个方面，进行满意度评估(0~10分)。
● 提前列出下一周你要完成的事情，并根据重要程度、紧急程度进行分类。也可以随时补充你的记录。
重要
重要不紧急的事情
(有计划的坚持做)
重要且紧急的事情
(优先处理)
不紧急
紧急
不重要不紧急的事情
(控制数量)
重要不紧急的事情
(排好顺序)
不重要
写给自己：

雪压冬云白絮飞，万花纷谢一时稀。

——近现代·毛泽东《七律·冬云》

大雪，是二十四节气中的第二十一个节气，标志着仲冬时节的正式开始。通常在每年公历的12月6—8日交节，此时，太阳运行至黄经255°时。

《月令七十二候集解》中说：“大雪，十一月节。大者，盛也。至此而雪盛矣。”大雪时节，气温显著下降，寒流活跃，天气变得更加寒冷，降雪量逐渐增大，自然界呈现出一片银装素裹的景象。

大雪时节，南方农民们会进行冬季作物的种植和管理，如油菜、大豆等耐寒作物的种植。是进行农田基本建设和水利设施维护的好时机，为来年春耕做好准备。北方有“封河”的习俗，人们可以在结冰的河面上尽情滑冰嬉戏。人们则通过饮食进补来调理身体，增强抵抗力。此外，雪能够覆盖在农作物上，起到保温保湿的作用，为农作物提供充足的水分，促进作物的生长和发育。在中国传统文化中，大雪被视为来年丰收的预兆，有“瑞雪兆丰年”的说法。

复盘单

<table>
<tr><th colspan="12">学习过程回顾</th></tr>
<tr><td colspan="12">学到的新知识：

联想到的旧知识：

学习过程中的感受：</td></tr>
<tr><th colspan="12">自我复盘</th></tr>
<tr><td>2</td><td>你为本次学习
做出的努力和贡献</td><td colspan="10">☐ 搜集资料　☐ 主动合作，支持伙伴
☐ 执行任务　☐ 控制时间，推进进度
☐ 提供意见或建议　☐ 主动总结，积极复盘
☐ 其他补充：________</td></tr>
<tr><td rowspan="2">3</td><td rowspan="2">对自己的满意度
（1～10分）</td><td>1</td><td>2</td><td>3</td><td>4</td><td>5</td><td>6</td><td>7</td><td>8</td><td>9</td><td>10</td></tr>
<tr><td></td><td></td><td></td><td></td><td></td><td></td><td></td><td></td><td></td><td></td></tr>
<tr><td>4</td><td>如果想提升满意度，
你会做些什么</td><td colspan="10"></td></tr>
<tr><td>5</td><td>这种回顾方式对你的价值</td><td colspan="10"></td></tr>
</table>

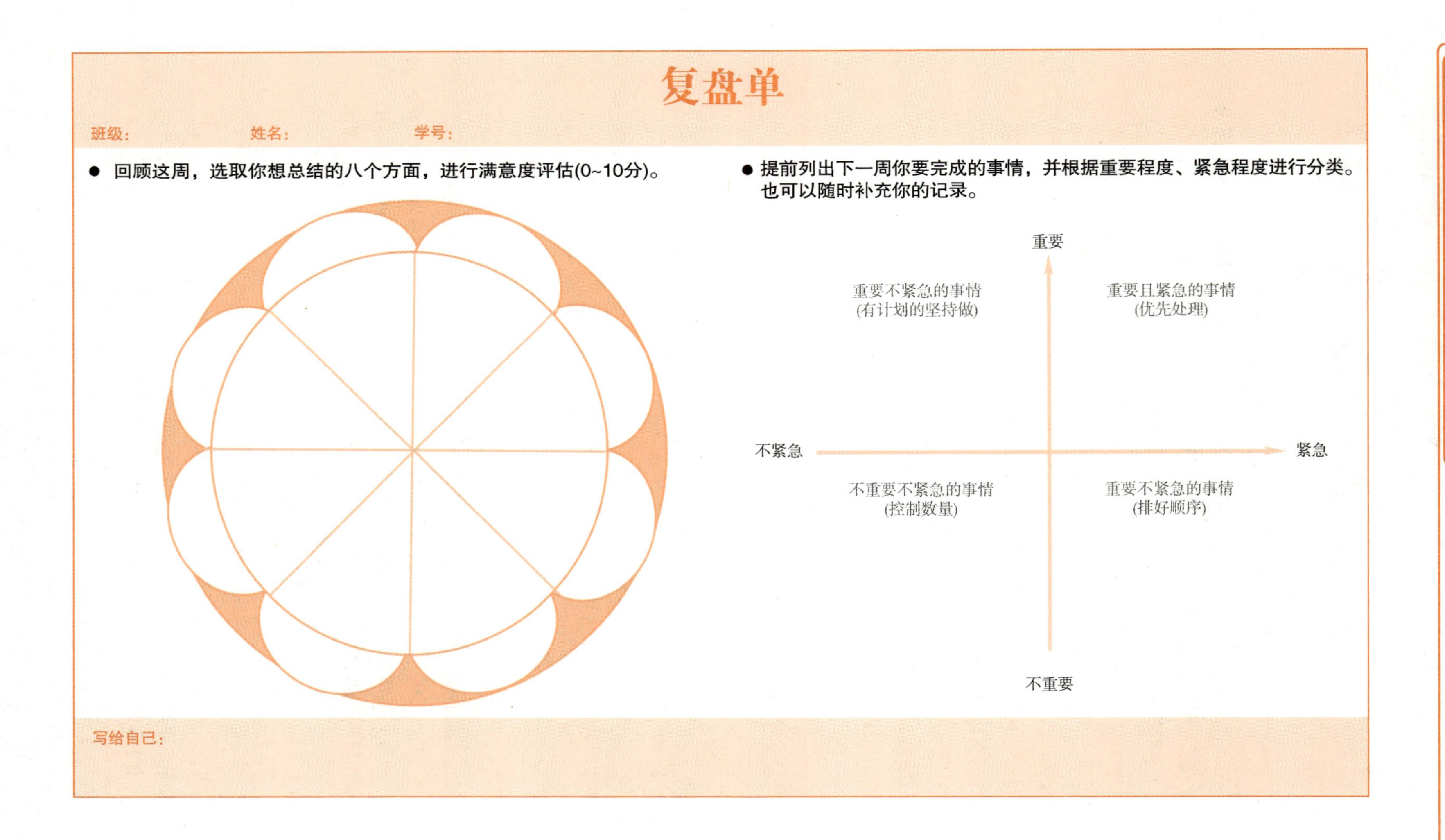
复盘单
班级：
姓名：
学号：
● 回顾这周，选取你想总结的八个方面，进行满意度评估(0~10分)。
● 提前列出下一周你要完成的事情，并根据重要程度、紧急程度进行分类。也可以随时补充你的记录。
重要
不重要
不紧急
紧急
重要不紧急的事情
(有计划的坚持做)
重要且紧急的事情
(优先处理)
不重要不紧急的事情
(控制数量)
重要不紧急的事情
(排好顺序)
写给自己：

冬至·蓄势

天时人事日相催，冬至阳生春又来。

——唐·杜甫《小至》

冬至，是二十四节气中的第二十二个节气，是最早被确定的一个节气。通常在每年公历的12月21—23日交节，此时，太阳运行至黄经270°时，太阳几乎直射南回归线，北半球的白昼达到最短，夜晚最长，太阳的高度角也最小。

《月令七十二候集解》中说：“十一月中，终藏之气，至此而极也。”冬至时节，白天将逐渐变长，夜晚逐渐变短，也是一年中气温最低的时候，天气寒冷，需要注意保暖，冬季的收藏之气在冬至这一天达到了顶点。

冬至是土地休养的关键时期。此时气温较低，大部分农作物已收割完毕，农田进入了休耕期。农民会利用这段时间对土地进行深耕、施肥等作业，为来年的春耕做好准备。这时也是冬季作物如小麦、油菜等的田间管理时期，关注作物生长，确保安全越冬。此时天寒，人体新陈代谢减缓，注意保暖、调整作息、合理饮食、适当锻炼，是休养生息的好时机。

复盘单

<table>
<tr><th colspan="12">学习过程回顾</th></tr>
<tr><td colspan="12">学到的新知识：

联想到的旧知识：

学习过程中的感受：</td></tr>
<tr><th colspan="12">自我复盘</th></tr>
<tr><td>2</td><td>你为本次学习
做出的努力和贡献</td><td colspan="10">□ 搜集资料　□ 主动合作，支持伙伴
□ 执行任务　□ 控制时间，推进进度
□ 提供意见或建议　□ 主动总结，积极复盘
□ 其他补充：________</td></tr>
<tr><td rowspan="2">3</td><td rowspan="2">对自己的满意度
（1~10分）</td><td>1</td><td>2</td><td>3</td><td>4</td><td>5</td><td>6</td><td>7</td><td>8</td><td>9</td><td>10</td></tr>
<tr><td></td><td></td><td></td><td></td><td></td><td></td><td></td><td></td><td></td><td></td></tr>
<tr><td>4</td><td>如果想提升满意度，
你会做些什么</td><td colspan="10"></td></tr>
<tr><td>5</td><td>这种回顾方式对你的价值</td><td colspan="10"></td></tr>
</table>

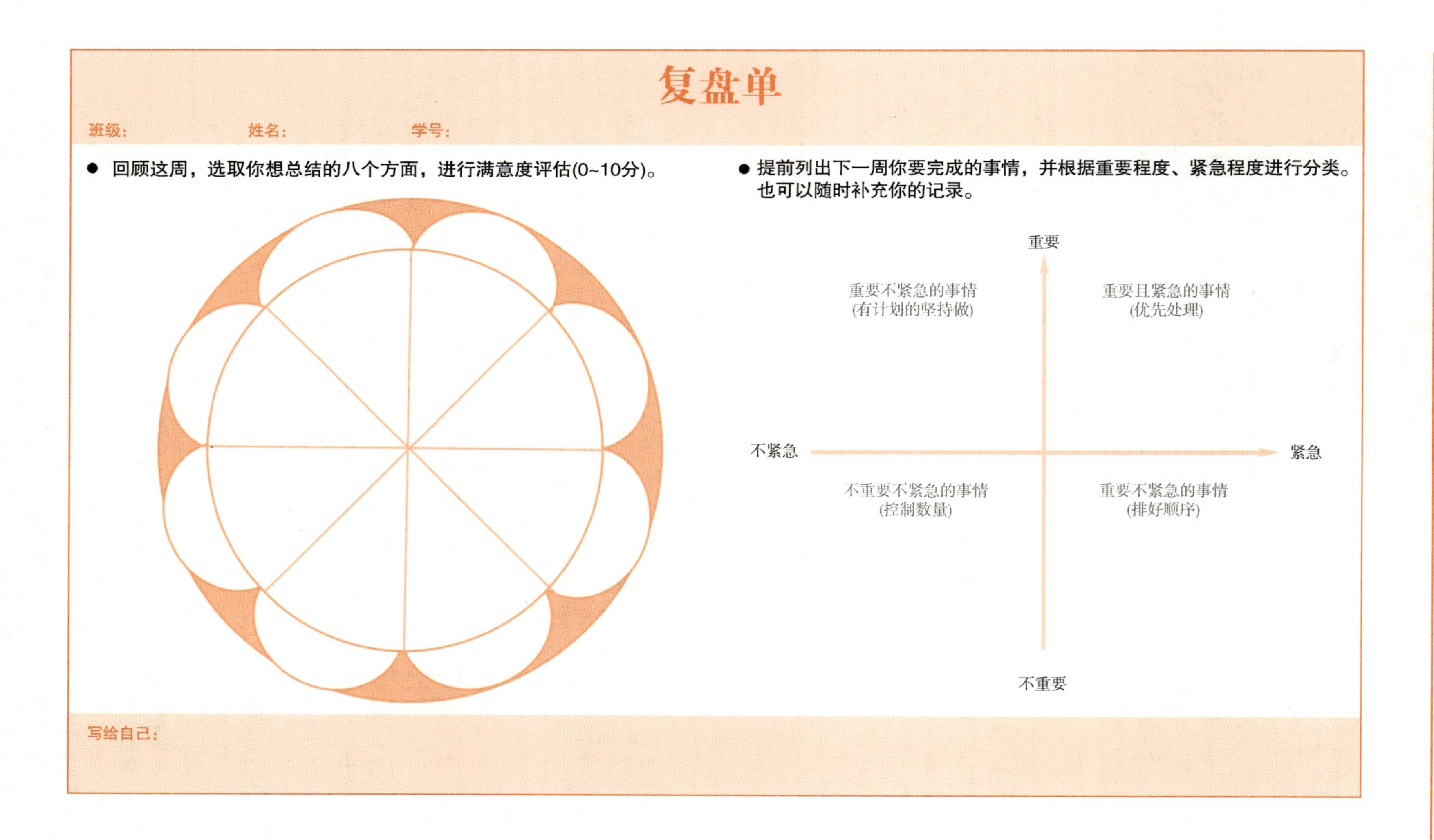

复盘单

班级：　　　　姓名：　　　　学号：

- 回顾这周，选取你想总结的八个方面，进行满意度评估(0~10分)。

- 提前列出下一周你要完成的事情，并根据重要程度、紧急程度进行分类。也可以随时补充你的记录。

写给自己：

小寒·磨砺

花外东风作小寒，轻红淡白满阑干。

——元·张昱《小寒》

小寒，是二十四节气中的第二十三个节气，也是冬季的第5个节气，标志着季冬时节的正式开始。通常在每年公历的1月5—7日交节，此时，太阳运行至黄经285°时。

《月令七十二候集解》中说："十二月节，月初寒尚小，故云，月半则大矣。"小寒时节，正值"三九天"和"四九天"的一半，气温持续降低，天气已经相当寒冷，但还未达到极致。

小寒时节，作物的根系生长活动减缓，但不代表停止。南方农民会选择能够适应低温环境、具有较强抗寒能力的作物品种进行种植，如小麦、油菜、甘蓝等。同时，也会采取一系列措施保护土壤，如覆盖保温，使用秸秆、稻草等材料覆盖在土壤表面，保持土壤湿润和温暖，并积极施肥，为作物提供足够的营养。民间有吃"腊八粥"和赏梅的习俗，寓意着丰收和吉祥。

复盘单

<table>
<tr><th colspan="12">学习过程回顾</th></tr>
<tr><td colspan="12">学到的新知识：

联想到的旧知识：

学习过程中的感受：</td></tr>
<tr><th colspan="12">自我复盘</th></tr>
<tr><td>2</td><td>你为本次学习
做出的努力和贡献</td><td colspan="10">□ 搜集资料　□ 主动合作，支持伙伴
□ 执行任务　□ 控制时间，推进进度
□ 提供意见或建议　□ 主动总结，积极复盘
□ 其他补充：________</td></tr>
<tr><td rowspan="2">3</td><td rowspan="2">对自己的满意度
（1~10分）</td><td>1</td><td>2</td><td>3</td><td>4</td><td>5</td><td>6</td><td>7</td><td>8</td><td>9</td><td>10</td></tr>
<tr><td></td><td></td><td></td><td></td><td></td><td></td><td></td><td></td><td></td><td></td></tr>
<tr><td>4</td><td>如果想提升满意度，
你会做些什么</td><td colspan="10"></td></tr>
<tr><td>5</td><td>这种回顾方式对你的价值</td><td colspan="10"></td></tr>
</table>

复盘单

班级：　　　　姓名：　　　　学号：

- 回顾这周，选取你想总结的八个方面，进行满意度评估(0~10分)。
- 提前列出下一周你要完成的事情，并根据重要程度、紧急程度进行分类。也可以随时补充你的记录。

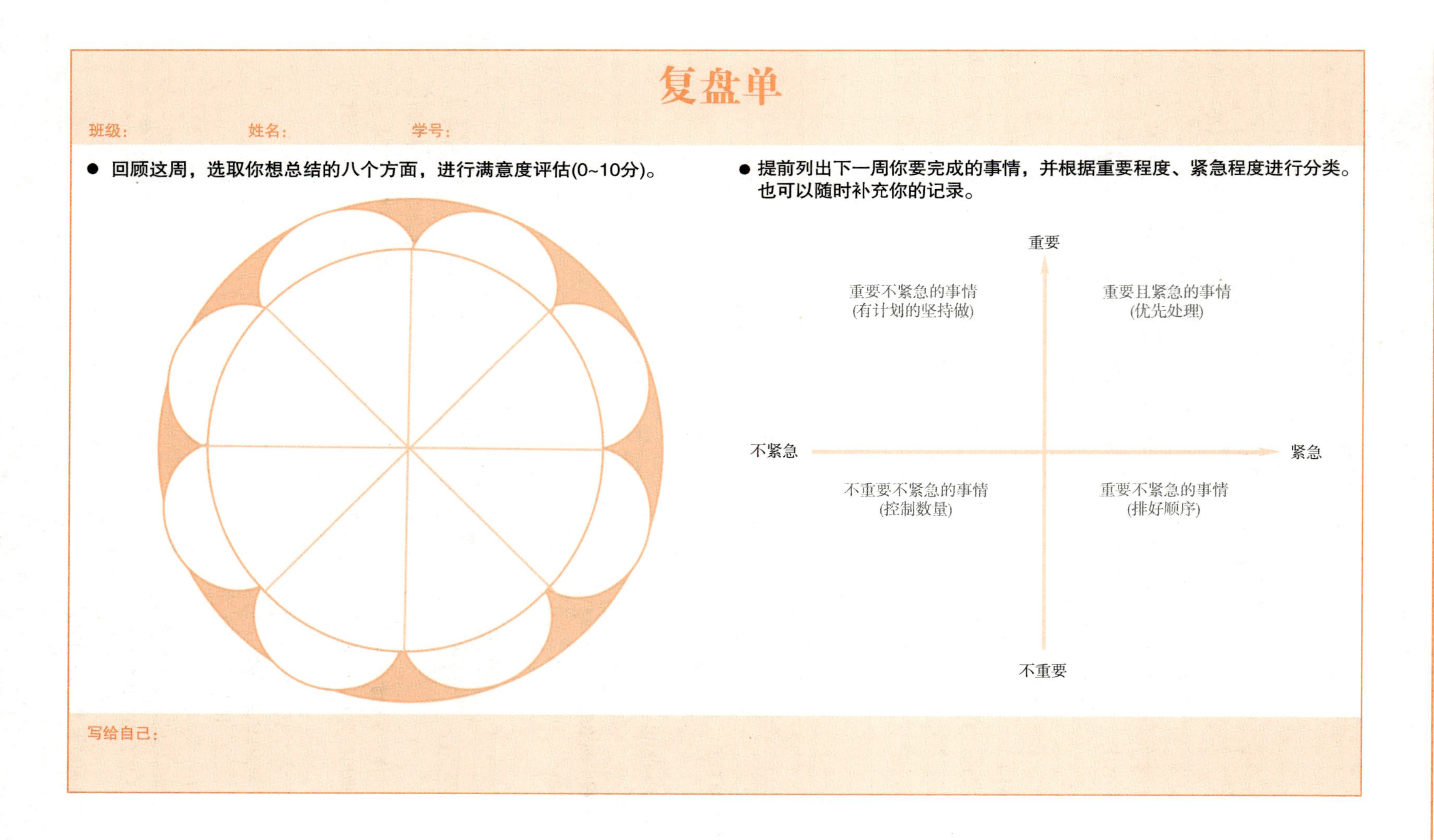

写给自己：

大寒·蜕变

劳君指生计，春近大寒天。

——明·成鹫《答杨砻侯》

大寒，是二十四节气中的最后一个节气。通常在每年公历的 1 月 20—22 日交节，此时，太阳运行至黄经 300°时。

《月令七十二候集解》中说：“大寒为中者，上形于小寒，故谓之大……寒气之逆极，故谓大寒。”大寒时节，冷空气活动频繁，气温极低，天气寒冷至极，但也开始逐渐显示出转暖的迹象，春气已经开始萌发，天气逐渐从极寒转向回暖。

大寒时节，是农事活动的重要节点。南方农民会忙着进行农作物的防寒工作，如加固农作物的支撑，防止被雪压倒；北方农民会忙于积肥堆肥。同时，这时也是准备春耕的重要时期，农民们会检修农具，进行农田的整治，为春耕做好充分的准备。此外，大寒节气也是人们准备年货、进行大扫除、除旧布新的时期，家家户户都会忙于置办年货、祭灶、扫尘等活动，以迎接新年的到来。

复盘单

<table>
<tr><th colspan="12">学习过程回顾</th></tr>
<tr><td colspan="12">学到的新知识：

联想到的旧知识：

学习过程中的感受：</td></tr>
<tr><th colspan="12">自我复盘</th></tr>
<tr><td>2</td><td>你为本次学习做出的努力和贡献</td><td colspan="10">□ 搜集资料　□ 主动合作，支持伙伴
□ 执行任务　□ 控制时间，推进进度
□ 提供意见或建议　□ 主动总结，积极复盘
□ 其他补充：________</td></tr>
<tr><td rowspan="2">3</td><td rowspan="2">对自己的满意度（1～10 分）</td><td>1</td><td>2</td><td>3</td><td>4</td><td>5</td><td>6</td><td>7</td><td>8</td><td>9</td><td>10</td></tr>
<tr><td></td><td></td><td></td><td></td><td></td><td></td><td></td><td></td><td></td><td></td></tr>
<tr><td>4</td><td>如果想提升满意度，你会做些什么</td><td colspan="10"></td></tr>
<tr><td>5</td><td>这种回顾方式对你的价值</td><td colspan="10"></td></tr>
</table>

复盘单

班级：　　　　姓名：　　　　学号：

- 回顾这周，选取你想总结的八个方面，进行满意度评估(0~10分)。
- 提前列出下一周你要完成的事情，并根据重要程度、紧急程度进行分类。也可以随时补充你的记录。

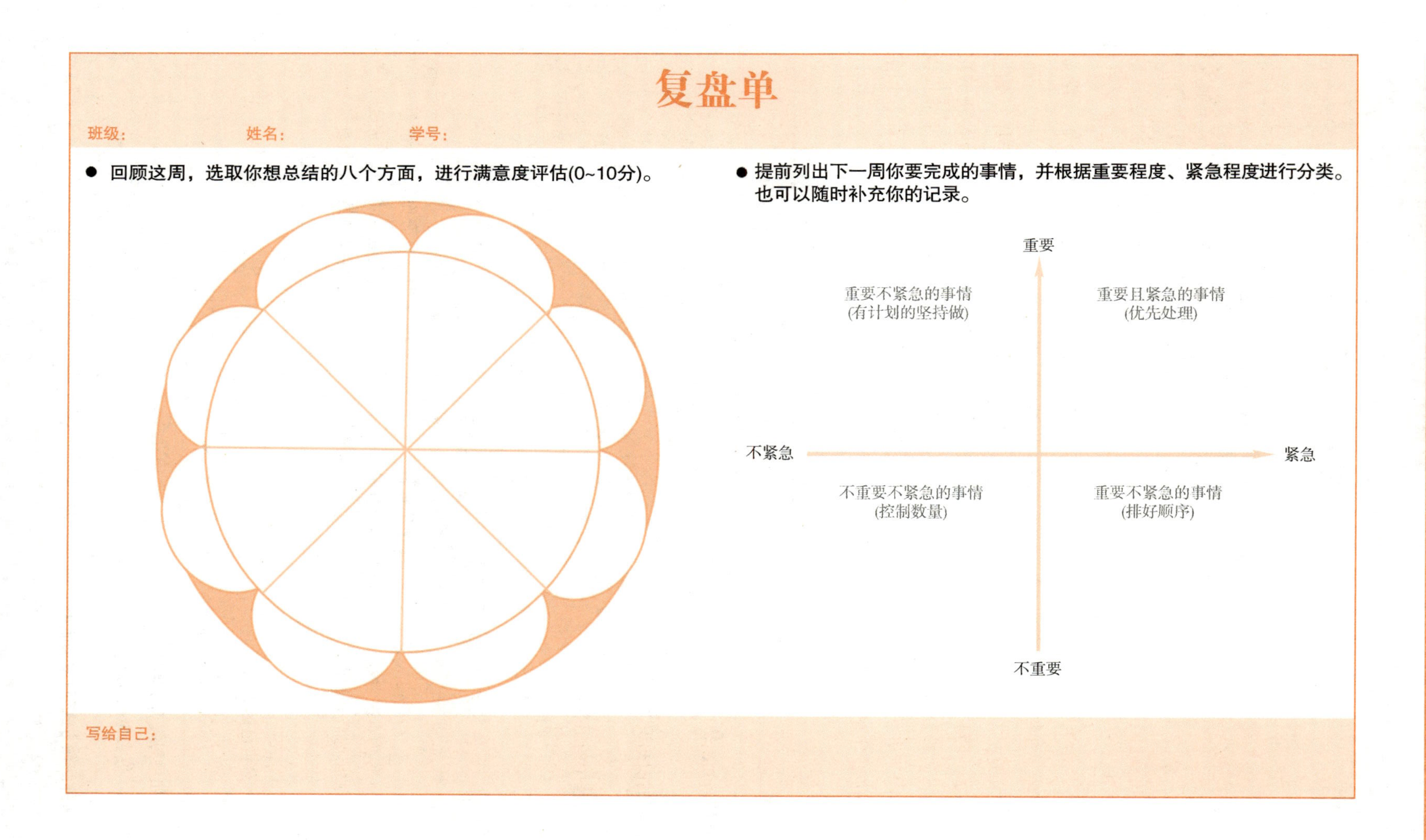

写给自己：

参 考 文 献

［1］盖笑松. 生涯规划指导（职教版）［M］. 长春：东北师范大学出版社.
［2］古典. 你的生命有什么可能［M］. 长沙：湖南文艺出版社.
［3］古典. 拆掉思维里的墙［M］. 长春：北方妇女儿童出版社.
［4］古典. 跃迁：成为高手的技术［M］. 北京：中信出版社.
［5］赵昂. 洞见［M］. 北京：文化发展出版社.
［6］赵昂. 人生拐角［M］. 北京：机械工业出版社.
［7］比尔·博内特，戴夫·伊万斯. 斯坦福大学人生设计课［M］. 北京：中信出版社.
［8］加里·德斯勒. 人力资源管理［M］. 12 版. 北京：中国人民大学出版社.
［9］仁康磊. 人力资源管理实操［M］. 2 版. 北京：人民邮电出版社.
［10］马海刚，彭剑锋，西楠. HR+三支柱［M］. 北京：中国人民大学出版社.
［11］盖笑松. 积极心理学［M］. 上海：上海教育出版社.
［12］陈海贤. 了不起的我［M］. 台北：台湾出版社.
［13］马丁·塞利格曼. 幸福三部曲［M］. 沈阳：万卷出版公司.